Strukturwandel der Arbeitswelt

Sven Sappelt

Strukturwandel der Arbeitswelt

PETER LANG

Frankfurt am Main · Berlin · Bern · Bruxelles · New York · Oxford · Wien

Bibliografische Information der Deutschen Nationalbibliothek
Die Deutsche Nationalbibliothek verzeichnet diese Publikation
in der Deutschen Nationalbibliografie; detaillierte bibliografische
Daten sind im Internet über http://dnb.d-nb.de abrufbar.

Zugl.: Hildesheim, Univ., Diss., 2011

Umschlaggestaltung:
© Olaf Glöckler, Atelier Platen, Friedberg

Hil 2
ISBN 978-3-631-60690-2
© Peter Lang GmbH
Internationaler Verlag der Wissenschaften
Frankfurt am Main 2011
Alle Rechte vorbehalten.

www.peterlang.de

Cela est bien dit, répondit Candide, mais il faut cultiver notre jardin.

Inhaltsverzeichnis

Einleitung

Bei allen wissenschaftlichen Objektivitätsbestrebungen bleibt die soziale Wirklichkeit der Arbeit letztlich doch eine sehr subjektive Angelegenheit. Sie ist eng mit Fragen unserer individuellen Lebensführung wie unserem sozialen Miteinander verwoben. Die Arbeitswelt sieht aus der Perspektive eines reichen Bankiers in Frankfurt anders aus als aus der Perspektive eines prekär Beschäftigten in Berlin. Wie lässt sich einer solchen Disparität gerecht werden? Die eine Möglichkeit besteht darin, spezifische quantitative oder qualitative Studien zu einer bestimmten sozialen Gruppe zu einer bestimmten Zeit an einem bestimmten Ort zu erstellen. Das Problem besteht dabei in der Regel darin, dass sich die daraus gewonnenen Erkenntnisse nicht weiter verallgemeinern lassen. Die andere Möglichkeit besteht darin, einen Schritt zurück zu treten und die größeren Zusammenhänge in den Blick zu nehmen. Der Blick in die Weite geht dabei bekanntlich auf Kosten der Tiefe. Das gilt selbst für das komplexe Erkenntnismodell der Systemtheorie. Die systemtheoretischen Analysen erfolgen häufig so abstrakt, dass konkrete historische Besonderheiten und individuelle Einzelfälle ebenso wie die Übergänge von einem zum anderen Subsystem unterbelichtet bleiben. Auf welche theoretischen Modelle könnte man sich bei einer umfassenderen Betrachtung der Arbeitswelt also beziehen? Die Gefahr, die bei einer kritischen Auseinandersetzung mit dem Arbeitsbegriff droht, besteht vor allem darin, in der großen Meistererzählung des 19. Jahrhunderts gefangen zu bleiben: dem Marxismus. Denn keine andere Theoriebildung hat die Arbeit so sehr ins Zentrum gerückt; und keine andere hat den zentralen Stellenwert, den die Arbeit in unserem modernen Leben einnimmt, engagierter zu analysieren versucht. Wenngleich man von Marx auch heute noch viel lernen kann, bleiben zentrale Begrifflichkeiten aber so sehr mit dem Ballast der Geschichte und einer menschenverachtenden Diktatur verbunden, dass größte Vorsicht im Umgang mit ihnen geboten ist.

Angesichts dieser Problemkonstellation wählt die vorliegende Studie einen bescheidenen Weg: sie erzählt die Geschichte des Strukturwandels der Arbeitswelt im 20. Jahrhundert aus einer kulturwissenschaftlich und sozialphilosophisch geprägten Perspektive. Dabei stellt sie mal individuelle, mal strukturelle Fragen in den Vordergrund. Am Horizont bleibt stets die Einsicht präsent, dass die Arbeit zwar im Zentrum unseres modernen Lebens steht, sich unser Leben aber keineswegs in der Arbeit erschöpft. Die entscheidende Frage lautet demnach letztlich, welchen Stellenwert wir der Arbeit in unserem Leben einräumen wollen und wie wir andere Tätigkeiten wie kulturelle Aktivitäten, soziales Engagement oder politisches Handeln demgegenüber positionieren, respektieren und honorieren wollen.

Die Studie ist in drei Teile gegliedert: Im ersten Teil wird der Strukturwandel der Arbeitswelt anhand konkreter Veränderungen in der betrieblichen Arbeitsorganisation und strategischen Unternehmensführung erläutert, wobei stets der Frage nach den daraus resultierenden Konsequenzen für die individuelle Lebensführung und das soziale Miteinander nachgegangen wird. Der zweite Teil spannt einen Bogen von ökonomischen Wachstumsperspektiven über die Funktionsweise der Finanzmärkte bis zur Frage nach einer gerechten Verteilung der erwirtschafteten Gewinne. Im dritten Teil werden schließlich verschiedene Konzepte alternativer Arbeitsverständnisse diskutiert. Insgesamt bietet das Buch damit einen weit reichenden Überblick über die wichtigsten Entwicklungen – und die daraus resultierenden Herausforderungen für unsere Gegenwart. Es geht um eine kritische Reflexion unseres gegenwärtigen Umgangs mit Arbeit und Arbeitslosigkeit – und mögliche Alternativen. Es ist deshalb vermutlich am ehesten für all diejenigen interessant, die sich vor allem für die wegweisenden Meilensteine, langfristigen Transformationsprozesse und größeren Zusammenhänge interessieren.

Wer diese Studie liest, wird hoffentlich einiges Wissenswertes über die Arbeit im Allgemeinen und vielleicht sogar über seine eigene persönliche Arbeitssituation erfahren. In diesem Sinne richtet sich die vorliegende Publikation ganz bewusst nicht ausschließlich an die akademische Fachöffentlichkeit, sondern an eine aufgeschlossene Leserschaft, die sich auf die eine oder andere Art und Weise für eine kritische Reflexion unseres gegenwärtigen Arbeitsverständnisses interessiert. Dabei geht es weniger darum, endgültige Antworten zu liefern, sondern vielmehr darum, eigene Fragen zu provozieren. Denn so selbstverständlich uns die tägliche Arbeit geworden ist, so selten stellen wir uns doch die Frage, was wir in unserem Leben wirklich wollen. Wofür wir unsere kostbare Lebenszeit nutzen und wie wir das soziale Miteinander gestalten wollen. In diesem Sinne stellt die vorliegende Studie weniger ein Ergebnis, sondern eher einen Ausgangspunkt für weitere Überlegungen dar.

Abschließend sei erwähnt, dass die vorliegende Schrift vom Fachbereich Erziehungs- und Sozialwissenschaften der Universität Hildesheim als Dissertation angenommen wurde. Prof. Dr. Tilman Borsche und Prof. Dr. Axel Honneth sei an dieser Stelle für ihre großzügige Unterstützung von Herzen gedankt.

1

1.1. Zum sozialen Status der Erwerbsarbeit

Kaum ein anderer Begriff steht so sehr im Mittelpunkt unseres Daseins, wie der Begriff der Arbeit. Bildungswege werden in Hinblick auf spätere Berufsmöglichkeiten beschritten. Die Erwerbsarbeit sichert unser materielles Wohlergehen, bezieht uns in die gesellschaftliche Arbeitsteilung und ihre solidarischen Sicherungssystemen ein. Sie ermöglicht es uns, ein positives Selbstbild auszubilden und soziale Anerkennung zu erfahren. Sie prägt soziale Identitäten und zwischenmenschliche Verhaltensweisen. Kurz: *Die Arbeit ist zentral für das kulturelle Selbstverständnis der Moderne.* In diesem Sinne haben sich die modernen Industriegesellschaften als *Arbeitsgesellschaften* definiert. Als Arbeitsgesellschaft wird eine Gesellschaft bezeichnet, in der andere Lebensbereiche auf die Berufsarbeit bezogen sind. Der moderne Sozialstaat wurde in Bezug auf die Erwerbsarbeit konzipiert. Die sozialstaatlichen Abgaben stammen aus direkten oder indirekten Arbeitseinkommen und die sozialstaatlichen Leistungen richten sich nach den Ansprüchen, die sich aus der Erwerbskarriere ergeben. In der Arbeitsgesellschaft dient die Arbeit nicht allein dem Gelderwerb, sondern beinhaltet eine ganze Reihe an sinnstiftenden Momenten im Leben des Einzelnen wie der Gesellschaft. Mit dem relativen Wohlstand in den westlichen Industrienationen nahmen die ideellen Ansprüche an die Erwerbsarbeit denn auch tendenziell zu. Anstatt die begrenzte Lebenszeit einer sinnlosen oder unbefriedigenden Arbeit zu opfern, wollten viele Menschen lieber etwas 'Vernünftiges' tun. Die Arbeit sollte nicht mehr nur die materielle Existenz sichern, sondern Freude bereiten. Sie sollte Spielräume der Eigenverantwortung eröffnen und es ermöglichen, individuelle Lebensentwürfe zu verwirklichen. Die Protagonisten der Arbeitwelt der Gegenwart betrachten die Arbeit denn auch mehr denn je als ein Medium der persönlichen Bereicherung und des gelingenden Lebens.

In der Vergangenheit war dieser Stellenwert der Arbeit nicht immer so hoch. Erst mit dem Aufstieg der modernen Industriegesellschaften im 19. Jahrhundert wurde die Arbeit in Form von Lohnarbeit zu einer zentralen Instanz der sozialen Organisation. In der bäuerlichen und handwerklichen Arbeit waren Arbeit und Leben zeitlich und räumlich integriert (Brandl 2002, 65). Mit der Industrialisierung wurde die Arbeit in fremdem Auftrag für Lohn und in der Regel außerhalb des eigenen Haushalts verrichtet. In das Abhängigkeitsverhältnis einer Lohnarbeit begab sich zunächst nur, wer nicht in der Lage war, sich aus eigenen Kräften zu ernähren, weil ihm etwa das Grundstück oder das Wissen fehlte. "Man war Lohnarbeiter, wenn man nichts war und ansonsten auch nichts anderes zu tauschen hatte als seiner Hände Arbeit" (Castel 2000, 11). Auf der Suche nach einer Lohnarbeit zogen Millionen von Menschen vom Land in die industriellen Ballungsgebiete. Die modernen Metropolen entstanden. Die Fabrik, die Arbeitersiedlung, die Eckkneipe wurden zu Zentren der sozialen Identifikation. Gleichzeitig brachen traditionelle Bindungen auf. Es entstanden neuartige Arbeitsmärkte, auf denen individuelle Arbeitsvereinbarungen getroffen werden mussten. Vor allem erwachsene Männer boten ihre Arbeitskraft als eine Ware zum Kauf an, um ein Einkommen zu erwirtschaften. Gelang ihnen das nicht, fielen sie aus der gesellschaftlichen Arbeitsteilung heraus und mit der Arbeitslosigkeit in einen Zustand einer neuartigen Form der sozialen Ausgrenzung. Das industrielle Arbeitsverständnis hatte erstmals einen Begriff von Arbeitslosigkeit impliziert. Mit der Verbreitung der Lohnarbeit wurde gleichzeitig der häuslichen Arbeit die Anerkennung als produktive Arbeit entzogen und zur unentgeltlichen Privatsache degradiert. In der Konsequenz bildet ein stabiles Arbeitsverhältnis bis heute die entscheidende Voraussetzung für eine erfolgreiche Integration des Einzelnen in die Sozialstruktur der Arbeitsgesellschaft (Castel 2000, 13). Ein festes Einkommen ist gemeinhin nur zu erzielen, wenn ein Arbeitsplatz zur Verfügung steht. Und da der Zugang zu den meisten staatlichen Gratifikationen nur jenen offensteht, die über ein solches Einkommen verfügen, ist die strukturelle Massenarbeitslosigkeit eine schwerwiegende Bedrohung des Einzelnen wie der zivilen Gesellschaft.

Zu Beginn des 21. Jahrhunderts ist dieses moderne Konzept der Erwerbsarbeit in eine tiefe Krise geraten. Gemeinhin ist dabei von zwei großen Problemkomplexen die Rede: zum einen von der Dezentralisierung der Erwerbsarbeit gegenüber anderen Lebensbereichen; zum anderen von der anhaltend hohen Massenarbeitslosigkeit (Kocka/Offe 1999, 9-15). In den letzten zwanzig Jahren haben die Reformen des Arbeitsmarktes weder in Europa, noch in den USA zu einer wirklich spürbaren Verbesserung der Situation geführt. 1982 lag der OECD-Durchschnitt der Nichtbeschäftigten bei zehn Prozent (Dahrendorf 1982, 25). Trotz eines beachtlichen Aufschwungs nach dem Krisenjahr 2009 waren in Deutschland 2010 durchschnittlich 3.244.000 Menschen arbeitslos gemeldet.[1] Das entspricht einer offiziellen Arbeitslosenquote von 7,2 Prozent. Nach wie vor schnitt der Westen mit 6,1 Prozent deutlich besser ab, als der Osten mit 11,2 Prozent. Die Zahl der arbeitslosen Ausländer lag bundesweit sogar bei 15,8 Prozent. Darüber hinaus gab es laut offizieller Statistik rund 200.000 Kurzarbeiter und 4.370.000 Unterbeschäftigte. Insgesamt haben 5.818.000 Menschen staatliche Lohnersatzleistungen erhalten. Nicht berücksichtigt sind dabei Teilzeitkräfte, die keine Vollzeitstelle finden, und Selbständige, die von ihren Ersparnissen leben. Ganz abgesehen von erwerbsfähigen Hausfrauen, unbezahlten Praktikan-

---

1 Alle nachfolgenden Daten sind zitiert nach: Bundesagentur für Arbeit (Hg)(2010) *Der Arbeits- und Ausbildungsmarkt in Deutschland im Monat Dezember und im Jahr 2010.*

ten und Frührentnern. Vergessen sollte man auch nicht die 67.700 Jugendlichen, die Ende des Jahres 2010 keinen Ausbildungsplatz gefunden haben. Kaum besser sind die Zahlen in der Europäischen Union mit 9,6 Prozent und Nordamerika. Entgegen der allgemeinen Annahme, dass die Arbeitslosigkeit in den USA ein weit geringeres Problem als in Europa darstelle, ist die Arbeitslosenquote in den Vereinigten Staaten nach einem vorübergehenden Tiefstand von 4% im Jahr 2000 wieder auf 9,6% im Jahr 2010 gestiegen.

Noch dramatischer sieht es aus, wenn man die Arbeitslosigkeit weltweit betrachtet: Von 1993 bis 2003 hat die Zahl der Arbeitslosen weltweit um 0,6 Prozent zugenommen. Laut einem Bericht der International Labour Organisation waren im Jahr 2003 insgesamt 185.9 Millionen Menschen rund um den Globus arbeitslos (ILO 2005b, 24). Dazu kommen mehr als 550 Millionen Menschen, denen es trotz einer Beschäftigung nicht gelingt, sich selbst und die eigene Familie über die Armutsgrenze von 1 US-Dollar pro Tag zu hieven (ebd.). Angesichts der explodierenden Bevölkerungsentwicklungen in Asien und Afrika ist zu erwarten, dass sich die Situation in den nächsten Jahrzehnten weiter verschlimmern wird. Demgegenüber erscheint die demographische Entwicklung in Deutschland eher als Marginalie. Die weltweite Massenarbeitslosigkeit und die daraus resultierenden Migrationsbewegungen stellen damit zwei der schwerwiegendsten Probleme des 21. Jahrhunderts dar.

Angesichts solcher Zahlen gibt es in den führenden Industrienationen einen offensichtlichen Widerspruch zwischen dem gesellschaftlichen Stellenwert der Arbeit auf der einen Seite und der sozialökonomischen Situation auf der anderen Seite. Der ökonomischen Notwendigkeit und moralischen Verpflichtung, die eigene Existenz kraft einer bezahlten Erwerbsarbeit zu sichern, steht eine soziale Konstellation gegenüber, die es Millionen von Menschen unmöglich macht, dieser Verpflichtung tatsächlich nachzukommen. Der normative Anspruch und die soziale Wirklichkeit stehen in einem Spannungsverhältnis, das die Gesellschaft vor eine Zerreißprobe stellt. Der Einzelne erfährt diese kollektive Zerrissenheit als individuellen Konflikt. Er befindet sich in der misslichen Lage, weder die ökonomischen, noch die moralischen Anforderungen, die an ihn gestellt werden, erfüllen zu können. Eine Entspannung des Konfliktes ist nur auf zweierlei Art und Weise denkbar: Entweder gelingt es, allen arbeitsfähigen Menschen tatsächlich eine Erwerbsarbeit in Aussicht zu stellen, so dass jeder einen Arbeitsplatz finden und den allgemeinen Moralvorstellungen folgen kann; oder aber man bricht mit den vorherrschenden Moralvorstellungen und findet andere Möglichkeiten der individuellen Lebenssicherung und sozialen Integration in die Gesellschaft.

Der Mensch ist weder von Natur aus zur Arbeit geboren, noch von einem Gott zur Arbeit verurteilt. Vielmehr sind es spezifische Konstellationen aus kulturellen Praktiken, technologischen Innovationen, ökonomischen Zwängen, sozialen Disziplinierungen, politischen Machtverhältnissen und nicht zuletzt weltanschaulichen Glaubenssätzen, welche die Wirklichkeit der Arbeit zu einer bestimmten Zeit in einer Gesellschaft bestimmen. Die Frage, die uns auf den folgenden Seiten beschäftigen wird, lautet denn auch, wie das spezifische Zusammenspiel der beteiligten Kräfte beschaffen ist, aus welcher Vorgeschichte es hervorgeht, welche Erscheinungsformen es erzeugt, welche sozialen Konsequenzen es impliziert und nicht zuletzt welche Möglichkeiten wir haben, es zu verändern.

1.2. Die Arbeit als ein begrenztes Feld von Möglichkeiten

Bevor im folgenden auf die verschiedenen Aspekte des aktuellen Strukturwandels der Arbeitswelt eingegangen wird, soll der Horizont zunächst noch einmal geweitet und die Frage nach der Arbeit in einen umfassenderen Kontext eingebettet werden. Dafür scheint es hilfreich zu sein, den einen oder anderen ‚unzeitgemäßen' Autor aufzusuchen, dessen weltanschauliche Orientierung auf andere Werte ausgerichtet war, als die der modernen, industrialisierten Gesellschaften. Einer derjenigen, der die menschliche Existenz explizit als einen aktiven Lebensvollzug oder – wie man heute sagen würde – eine bewusste Lebensführung betrachtete, war Søren Kierkegaard.

Für Kierkegaard war die menschliche Existenz nicht einfach natürlich gegeben. Sie gehe vielmehr erst aus einem mehr oder weniger bewussten Seinsvollzug hervor. Für Kierkegaard war die Existenz kein fertiges Sein, sondern ein Sein, das in Bewegung und im Werden begriffen ist. Existieren in diesem Sinne heißt, nicht einfach nur (in einem naturalistischen Sinne) *da* zu sein, sondern (in einem existentialistischen Sinne) *tätig* zu sein. Existieren sei eine *Tätigkeit*, in der sich der Einzelne selbst in seinem Sein hervorbringe, indem er sich als der bestimme, *der er sein will*. Das Individuum entwerfe sich selbst einer ungewissen Zukunft entgegen: „Träumend projektiert der Geist seine eigene Wirklichkeit [...] Die Wirklichkeit des Geistes zeigt sich ständig als eine Gestalt, die seine Möglichkeit versucht" (Kierkegaard 1992, 50). In diesem Sinne heißt Existieren tätige Selbstwerdung. Das Subjekt konstituiert sich, in dem es seine Beziehung zur Welt und zu sich selbst zu bestimmen sucht. Selbstbestimmung und Selbstwerdung sind deshalb weniger eine Frage der Theorie oder der Erkenntnis als vielmehr der Praxis und des praktischen Lebensvollzugs. Es sind Tätigkeiten, die sich *in actu* im alltäglichen Seinsvollzug bewähren müssen. Entscheidend ist nicht die Frage, ob sie wahr oder falsch sind, sondern ob sie gelingen oder misslingen.

Jede Existenz ist dabei von Anfang an in bestehende Lebenszusammenhänge eingebettet: „Jedes Individuum beginnt in einem historischen Nexus" (Kierkegaard 1992, 86). In diesem Sinne begreift auch Martin Heidegger das Dasein als In-der-Welt-sein (Sein und Zeit §12). Dieses In-der-Welt-sein bildet die Grundverfassung, aus der der Mensch heraus seine Möglichkeiten bestimmt. Selbst die Vorstellung von der individuellen Selbstverwirklichung ist durch die Gemeinschaft vermittelt. Der Prozess der individuellen Selbstbestimmung vollzieht sich also keineswegs autonom. Er unterliegt Bedingungen, über die man mitunter nicht bewusst verfügen kann. Manche Möglichkeiten stehen offen, manche sind verschlossen. Die menschliche Existenz bewegt sich innerhalb eines Feldes von Möglichkeiten, dem bestimmte Grenzen gesetzt sind. Mitunter entzieht sich eine Grenze dem bewussten Zugriff. Manche Bedingungen bleiben dem Bewusstsein unverfügbar. Aber ist man deshalb unfrei?

Unser Lebensweg folgt keiner vorgezeichneten Bahn. Sicher ist nur, dass er irgendwann irgendwo endet. Unser genetischer Code mag vorgegeben sein. Aber die historische Situation, in der er als Leben zur Welt kommt, ist einmalig. Die spezifische Konstellation von Familie und Freunden, von Entfaltungsmöglichkeiten und Einschränkungen, von Mächten und Gegenmächten, in die unser Leben eingebettet ist, fordert uns auf individuelle Art und Weise heraus. Der Blick in die Zukunft ist uns verwehrt. Wir können nicht vorhersehen, was geschehen wird. Wir sind gezwungen, Schritt für Schritt zu gehen, ohne zu wissen, wohin der Weg uns führen wird. Nach Kierkegaard sei dies unser Schicksal: Dass wir notwendigerweise gehen müssen, unser Gang aber dem Zufall gehorcht. Das Schicksal sei „die Einheit von Notwendigkeit und Zufälligkeit. Dies wird sinnreich damit ausgedrückt, dass das Schicksal blind ist; denn wer blind seinen Weg geht, der setzt seine Schritte ebenso notwendig wie zufällig. Eine Notwendigkeit, die sich ihrer selbst nicht bewusst ist, ist eo ipso im Verhältnis zum nächsten Augenblick Zufälligkeit" (Kierkegaard 1992, 114).

In diesem Sinne sind wir zur Freiheit verurteilt. Daran ändert auch unsere biologische Körperlichkeit nichts. Wir können uns nicht zurücklehnen und uns darauf verlassen, dass die Natur ihren Gesetzen folgen wird und unsere Gene das Gelingen unserer Existenz schon garantieren werden. Ein Leben kann auf vielfältige Art und Weise misslingen. Das menschliche Dasein bleibt stets gefährdet. In diesem Sinne kann es keine absolute Sicherheit geben. Zu existieren stellt ein Wagnis dar, das die Möglichkeit zu scheitern stets mit einschließt. Wir können nicht blind darauf vertrauen, dass der Lauf der Welt vor unseren Augen wie ein präzises Uhrwerk seinen Gang nimmt. Die menschliche Existenz vollzieht sich nicht einfach von selbst. Vielmehr sind wir gezwungen, ständig Entscheidungen zu treffen, deren Folgen wir niemals vollständig absehen können. Selbst wenn die Idee der Freiheit nur eine Illusion, unsere Schritte nur das Echo unbewusster oder vorbewusster Vorgänge wären und unser Weg einer genetisch vorgefassten Bahn folgen würde, so haben wir doch gar keine andere Wahl, als hier und jetzt einen Schritt hinter den anderen zu setzen – Entscheidungen zu treffen und intentionale Akte zu vollziehen. Wenn wir untätig bleiben, wächst die Gefahr. Daher sind wir zur Freiheit aufgerufen. Einmal aus den Händen der Götter entlassen, sind wir gehalten, unser Leben tatkräftig selbst zu gestalten. Letztlich muss die Herausforderung, sein Leben selbständig zu gestalten, jeder allein und aus eigenen Kräften meistern. Ob es gelingt, den eigenen Lebensentwurf zu verwirklichen, hängt allerdings neben persönlichen ganz entscheidend von gesellschaftlichen Bedingungen ab.

Der moderne Individualismus tendiert dazu, Erfolg und Misserfolg allein dem Einzelnen zuzuschreiben. Die gesellschaftliche Dimension des individuellen Schicksals wird unterschlagen. Die Verwirklichung eines individuellen Lebensentwurfes wird aber unwillkürlich von der Gesellschaft erleichtert oder erschwert. Deshalb ist es zu einfach, die Verantwortung für die individuelle Existenz einzig und allein dem Individuum zuzuschieben. Man muss immer auch fragen, welche Verantwortung die Gesellschaft für die Entwicklung des Einzelnen trägt. Welche Möglichkeiten werden ihm eröffnet? Welche Möglichkeiten werden ihm versperrt? Menschen beginnen ihr Leben unter völlig verschiedenen Voraussetzungen, für die sie weder in einem guten noch in einem schlechten Sinne etwas beigetragen haben. Die Ausgangssituation ist weder gerecht noch ungerecht, sie beruht einfach auf Zufall. Entscheidend ist die Frage, welche Wege von nun an offen stehen und welche versperrt sind. Gleichheit in diesem Sinne meint die gleiche Chance für alle, ihren Weg in einer gewissen Unabhängig-keit von widrigen oder günstigen Voraussetzungen selbständig zu beschreiten.

Vor diesem Hintergrund kann die Arbeitswelt als ein Feld von Möglichkeiten verstanden werden, innerhalb dessen das Individuum das eigene Sein zu vollziehen versucht. Sie eröffnet Chancen, birgt aber auch Risiken. Die Erwerbsarbeit setzt spezifische Rahmenbedingungen, innerhalb derer sich der Einzelne zurechtfinden muss. Sie konfrontiert ihn mit bestimmten Erwartungen, Normen, Verhaltensregeln. Das moderne Subjekt geht – zu einem guten Teil – aus seiner Auseinandersetzung mit der Arbeit und den mit der Arbeit einhergehenden Anforderungen hervor. In diesem Sinne ist die Arbeit das zentrale Medium der Subjektbildung in der Moderne. Die Erwerbsarbeit stellt ein zentrales Standardisierungs-, Normalisierungs- und Sozialisierungsinstrument der modernen Arbeitsgesellschaft dar.

Im folgenden sollen die spezifischen Rahmenbedingungen der heutigen Arbeitswelt in ihrer historischen wie systematischen Verfasstheit analysiert werden. Dafür ist es unumgänglich, sich noch einmal die wichtigsten Meilensteine der modernen Industrialisierung zu vergegenwärtigen und anschließend einen Blick auf die gegenwärtigen Formen der Arbeitsorganisation und ihre zahlreichen sozialen Implikationen zu werfen.

1.3. Meilensteine der industriellen Produktion

Die Geschichte der Industrialisierung und Maschinenproduktion ist schon unzählige Male erzählt worden. Es scheint daher unnötig, sie noch einmal darzustellen. Um die revolutionären Veränderungen unserer Gegenwart zu verstehen, ist es allerdings unabdingbar, sich zumindest einige Meilensteine in Erinnerung zu rufen. Darüber hinaus soll es im folgenden vor allem um die weit reichenden Zusammenhänge der verschiedenen Entwicklungen gehen und darum, wie technische Innovationen überlieferte Wertvorstellungen und kulturelle Praktiken verändert haben. Der Schwerpunkt liegt dabei nicht zufällig auf der Automobilindustrie – dem weltweiten Paradigma industrieller Massenproduktion im 20. Jahrhundert.

Die spezialisierte Arbeitsteilung von Adam Smith

Die Spuren der zeitgenössischen Großindustrie lassen sich bis zu den Anfängen der Industrialisierung im ausgehenden 18. Jahrhundert zurückverfolgen. Den prominentesten Bezugspunkt bildet die berühmte Nagelfabrik von *Adam Smith*. In *The Wealth of Nations* aus dem Jahre 1776 erläutert Smith, inwiefern Technik und Arbeitsteilung neue Möglichkeiten eröffneten, die Produktivität der Arbeit zu erhöhen und die Kosten der Produktion zu senken. Während die Leistungsfähigkeit eines vielseitig ausgebildeten Handwerkers begrenzt sei, ermögliche die Spezialisierung eines Arbeiters innerhalb eines ausgeklügelten Systems der Arbeitsteilung eine systematische Steigerung der Produktivität. Dazu werden die Arbeitsabläufe in einzelne Schritte zerlegt und jeder Schritt von einem anderen Arbeiter ausgeführt. Die Arbeiter entwickeln eine gewisse Routine, so dass der Arbeitsablauf insgesamt beschleunigt wird. Die Beschleunigung erhöhe die Produktivität. Die höhere Produktivität ermögliche niedrigere Preise. Die niedrigen Preise erhöhten wiederum die Nachfrage. Die erhöhte Nachfrage erfordere ein größeres Produktionsvolumen, infolgedessen der Betrieb zu wachsen beginne. Es ist ein ebenso faszinierendes wie allzu simples Modell. Immerhin war sich Smith durchaus der negativen Folgen bewusst, die eine fortschreitende Arbeitsteilung bedingte: Jemand, der tagtäglich nur wenige einfache Handgriffe ausführt, verlerne, seinen Verstand zu gebrauchen, und werde so stumpfsinnig und einfältig, wie ein menschliches Wesen nur eben werden kann: „as stupid and ignorant as it is possible for a human creature to be" (Smith 1776, 662). Deshalb sei es seines Erachtens in jeder zivilisierten Gesellschaft geboten, diese destruktive Kraft zu überwinden: „regulation in favour of the workmen is always just and equitable" (ebd.). Allem Unbehagen zum Trotz, das Adam Smith gegenüber der abstumpfenden Routine eines eindimensionalen Arbeitsalltags empfand, sollte die Vorstellung von der spezialisierten Arbeitsteilung in den modernen Industriekapitalismus münden. Eine Entwicklung, die vielen Menschen bis heute Kopfschmerzen bereitet.

Funktional ausdifferenzierte Organisationen

Mit der Industrialisierung gewannen soziale Zusammenschlüsse die spezifische Gestalt moderner Organisationen. Unter Organisation versteht man im weitesten Sinne ein soziales System, das einzelne Handlungen in Hinblick auf eine zu bewältigende Aufgabe, ein zu erreichendes Ziel oder ein gemeinsames Ergebnis auf rationale Art und Weise koordiniert. In der Vergangenheit hatten vor allem zwei Modelle die Vorstellung beherrscht, wie solche Zusammenschlüsse zu organisieren seien: die Kirche und die Armee. Beide waren hierarchisch geordnet und auf ein führendes Machtzentrum hin ausgerichtet. Das moderne Unternehmen blieb diesen historischen Vorbildern treu. An die Stelle willkürlicher Herrschaft trat allerdings die Idee funktionaler Rationalität. Die sozialen Beziehungen wurden anhand funktionaler Kriterien geregelt. Die Frage nach der leistungsstärksten Anordnung von menschlichen und maschinellen Produktivkräften wurde systematisch erörtert und methodisch ausgearbeitet. Im Laufe der Zeit führten diese Bestrebungen zu einer zunehmenden Verwissenschaftlichung der Betriebsführung, die bis heute fortwirkt.

Die wissenschaftliche Betriebsführung von Frederick W. Taylor

Im Jahr 1895 publizierte *Frederick Winslow Taylor* unter dem Titel *Scientific management* ein Programm, das die Effizienz der Produktion mit Hilfe von systematischen Arbeitsanalysen steigern sollte. In der Tradition von Adam Smith zerlegte Taylor den Arbeitsablauf in einzelne standardisierte Arbeitsschritte. Eine zentralisierte Planung und präzise Kontrollen sollten den Produktionsprozess mittels geeigneter Maschinen, unmissverstandlicher Arbeitsvorschriften und genauer Zeitvorgaben beschleunigen. Die *Zeit* wurde zu einem entscheidenden Faktor in der Berechnung des effizienten Verhältnisses von input und output. *Effizienz* bezeichnet dabei den maximalen Ertrag, der in der kürzesten Zeit unter dem geringsten Aufwand an Energie, Arbeit oder Kapital produziert werden kann. In der Folge sollten immer mehr Produkte mit immer weniger Mitteln produziert werden. Die Organisation der Arbeit unter dem Gesichtspunkt der Effizienz impliziert eine gezielte Einsparung von Zeit. *Time is money* lautet seither der Imperativ der Moderne. *Time* – so könnte man mit Derrida ergänzen – "das ist die Zeit, aber auch die Geschichte, und es ist die Welt" (Derrida 2004, 35). Spätestens mit Beginn der Moderne ist Zeit nichts Natürliches mehr, sondern der ökonomischen Rationalität angepasst: "Ökonomie der Zeit" (Altvater 1996, 114). Die Frage, die sich an dieser Stelle abzeichnet, lautet, was mit der eingesparten Zeit eigentlich anderes passiert, als den Arbeitsprozess nur weiter zu beschleunigen. Um der Forderung nach Effizienz nachzukommen, wird die Arbeitsorganisation rationalisiert, d.h. unter dem Gesichtspunkt maximaler Wirtschaftlichkeit gestrafft. Das Ziel besteht darin, alle Produktionsmittel optimal zu nutzen. Dies gilt auch für die menschliche Arbeitskraft. Auf der Suche nach der effizientesten Produktionsmethode betrachtete Taylor den Arbeiter als Teil des mechanischen Getriebes. Kopfarbeit und Handarbeit wurden strikt getrennt. Die Leistung eines Arbeiters wurde auf seine körperliche Leistungsfähigkeit beschränkt und seine individuellen Persönlichkeitsmerkmale als irrelevant bewertet. Bewegungsstudien ermittelten die beste Form, einen bestimmten Handgriff zu verrichten. Zeitstudien gaben die Sekundennorm vor, in der diese Verrichtung zu erledigen war. Unnötige Bewegungen wurden eliminiert. Die Stoppuhr diktierte den Takt. Der systematische Einsatz der Technik zwang die Arbeiter, sich in das mechanische Getriebe einzupassen. Der Mensch wurde zu einem Teil der Maschine. Die menschliche Arbeit wurde in kleinste Bewegungseinheiten und kleinste Zeiteinheiten zerlegt, bis nur noch arbeitsteilige Handgriffe blieben – und der Mensch als individuelles Subjekt verschwand.

Effizienzforderungen

Laut Max Weber bleibe der Prozess der fortschreitenden Rationalisierung niemals auf die soziale Praxis der Arbeit in den modernen Industriebetrieben beschränkt. Der Rationalisierungsgedanke wirke vielmehr als normierende Kraft weit über den Industriebereich hinaus. Und in der Tat wurden schon bald nicht nur Unternehmen, sondern auch die staatliche Bürokratie, das Bildungssystem, die privaten Haushalte mit dem Vorwurf der Ineffizienz konfrontiert. Mehr und mehr Lebensbereiche wurden den allgemeinen Effizienzanforderungen unterworfen. So wurden z.B. die Schritte der Hausfrau gezählt und Küchen neu gestaltet. Kunst und Design gaben dem allgemeinen Zeitgeist ein spezifisches Erscheinungsbild. Bereits 1912 schrieb ein amerikanisches Magazin: „Big things are happening in the development of this country. With the spreading of the movement toward greater efficiency, a new and highly improved era in national life has begun" (Rifkin 2004, 50). Mit der Zeit wurde Effizienz zusehends zu einem Wert, an dem sich nicht nur das wirtschaftliche, sondern auch das gesellschaftliche Leben orientierte: „The efficiency crusade reached into every area of American life" (Rifkin 2004, 51). So ist es kein Zufall, dass sich frühzeitig neoromantische Gegenbewegungen bildeten, die der Mechanisierung des alltäglichen Lebens das Unbewusste und Unberechenbare entgegenzusetzen versuchten.

Ihren politischen Ausdruck fand die Kritik an der Eindimensionalität des ökonomischen Weltbildes und dem simplifizierenden Glauben an den technischen Fortschritt bekanntlich in den Oppositionsbewegungen der 60er Jahre. So analysierte beispielsweise Jürgen Habermas in *Technik und Wissenschaft als Ideologie* wie die fortschreitende Rationalisierung einen permanenten Anpassungsdruck erzeuge, dem der Einzelne – am Arbeitsplatz, in der Schule, in der Familie – fortwährend ausgesetzt sei (Habermas 1969, 71). Laut Habermas sei ein Modernisierungszwang entstanden, der nach und nach alle Lebensbereiche erfasse: das Unternehmen, das Bildungssystem, die Familie,... Bei aller Historizität des Textes ist doch nicht ganz von der Hand zu weisen, dass es auch heute immer wieder Tendenzen einer Forderung nach Effizienz gibt, die uns als übertrieben und der Sache unangemessen erscheinen. Mit am drastischsten ist dies ausgerechnet im Gesundheitswesen zu beobachten (Spath 2005, 88f.). Um Kosten zu senken, wird die Pflege in Krankenhäusern oder Altenheimen in Serviceleistungen und Zeiteinheiten zerlegt und das Pflegepersonal dazu angehalten, nur das zu leisten, was abgerechnet werden kann.

Dass sich empathische Fürsorge und individuelle Betreuung pflegebedürftiger Menschen in standardisierte Arbeitsschritte und zählbare Leistungseinheiten zergliedern lassen soll, widerspricht – zu Recht – dem gesunden Menschenverstand und ist schlicht und ergreifend kontraproduktiv. Unwillkürlich gerät der soziale Anspruch der Beschäftigten, der sie einst veranlasst hatte, den Pflegeberuf zu ergreifen, in einen Konflikt mit den betriebswirtschaftlichen Ansprüchen der Einrichtungen. Die effiziente Erfüllung des Leistungskatalogs lässt keinen Spielraum für spontane Handlungen oder persönliche Zuwendungen. Die überzogenen Rentabilitätsforderungen führen letztlich dazu, dass die eigentlichen Aufga-ben überhaupt nicht mehr angemessen erfüllt werden können. Zum Leidwesen aller Betroffenen. Insofern wir eine Verantwortung gegenüber uns selbst und gegenüber unseren Mitmenschen haben, die wichtiger ist als die Verantwortung gegenüber der Forderung nach Effizienz, sollten wir uns von solchen absurden Ansprüchen nicht tyrannisieren lassen. Nicht jede Zeitersparnis ist tatsächlich ein Gewinn. Deshalb noch einmal Habermas: "Die Steigerung der Produktivität deckt sich nicht mit der Intention des 'guten Lebens', sie kann dieser allenfalls dienen" (Habermas 1969, 99).

Die Massenproduktion von Henry Ford

Zu Beginn des 20. Jahrhunderts wurde Taylors wissenschaftliche Betriebsführung vor allem von *Henry Ford* aufgegriffen und systematisch weiter entwickelt. In den Jahren 1910 bis 1914 galt das Automobilwerk *Highland Park* der *Ford Motor Company* in Detroit als fortschrittlichstes Beispiel einer mechanisierten Arbeitsteilung. Bis dahin war die Automobilproduktion weitgehend handwerklich bestimmt. Die Arbeiter führten selbständig verschiedene Tätigkeiten an einem Motor oder einer Karosserie aus. Die industrielle Produktion unter Ford beruhte dagegen auf einer Arbeitsteilung, in der spezialisierte Arbeiter einfache

Arbeiten verrichteten, die wenig Eigenständigkeit verlangten: Der Produktionsprozess wurde in einzelne Arbeitsschritte zerlegt; der Einsatz modernster Produktionstechniken wie Fließbänder ermöglichte die Anordnung der standardisierten Teilprozesse zu einem flüssigen Arbeitsablauf. Die Arbeiter wurden anhand klarer Arbeitsvorgaben zu entsprechenden Leistungen angehalten und un-
terstanden der ständigen Kontrolle der Direktion. Die Kontrolle des komplexen
Produktionsprozesses bereitete Ford allerdings große Schwierigkeit, da die einzelnen Arbeitsschritte präzise aufeinander abgestimmt werden mussten.

Dieses Problem sollte *Alfred P. Sloan*, Geschäftsführer von General Motors,
lösen, indem er das Prinzip der Arbeitsteilung nicht nur auf die Produktion, sondern auch auf das Management anwendete. In der Folge entstand eine moderne
Unternehmensstruktur, deren Steuerung hierarchisch organisiert war. Wie in einer Pyramide sitzt das Topmanagement in der oberen Spitze. Die Pyramide beinhaltet Sub-Pyramiden, in denen einzelne Bereiche ihrerseits hierarchisch
organisiert sind. Wie in einer militärischen Befehlsstruktur geht eine Entscheidung von oben nach unten, vom Topmanagement über das mittlere Management
oder die leitenden Angestellten bis zu den Arbeitern. Koordination und Kontrolle sollten die exakte Ausführung der Vorgaben garantieren. Prämien sollten Anreize schaffen, mehr zu leisten, als die Norm vorsah. Das Ergebnis war eine fest
gefügte Arbeitsorganisation, die eine effiziente Produktion großer Mengen an
standardisierten Massenprodukten ermöglichte.

Das tayloristisch-fordistische Arbeitsverständnis sollte als Paradigma in-
dustrieller Massenproduktion lange Zeit die Volkswirtschaften in den USA und
Europa beherrschen. Der Arbeitsalltag war geprägt von Gleichförmigkeit und
Uniformität. Der regelmäßige Maschinentakt diktierte den Arbeitsrhythmus. Die
Arbeiter wurden in die Nischen der Maschinen gepresst. Stechuhren strukturier-
ten den Tag, die Woche, das Jahr in den endlosen Wechsel von Arbeitszeit und
Freizeit. Es war eine Welt der hierarchischen Ordnung, in der das Individuum in
erster Linie in Hinblick auf seine Funktionalität im maschinellen Getriebe betrachtet wurde. Die technische Apparatur zwang dem Menschen die ihr eigenen
Bedingungen auf. Sie strukturierte die Arbeitsabläufe, sie diktierte das Arbeitstempo, sie präfigurierte den Spielraum dessen was möglich war und was nicht.
In diesem Sinne ist die technische Apparatur eine Macht, die der Mensch nicht
ohne weiteres zu beherrschen weiß. Die Maschinerie droht den Menschen ihren
eigenen Regeln zu unterwerfen. Die Bedrohung lag für viele Beobachter deshalb
noch in den 80er Jahren des 20 Jahrhunderts weniger darin, dass Maschinen zu
Menschen werden, sondern eher darin – wie es Herrmann Glaser formulierte -,
„dass Menschen zu Maschinen werden" (Glaser 1988, 112).

Die Ökonomiekritik von Karl Marx

Nicht zuletzt die Reduktion der menschlichen Arbeit auf einige standardisierte Handgriffe und einen monotonen Arbeitsalltag war es, die *Karl Marx* bereits Mitte des 19. Jahrhunderts zu einer umfassenden Kritik der bürgerlichen Ökonomie veranlasst hatte. Für Marx war Arbeit nicht einfach irgendein Wertschöpfungsfaktor, sondern eine Wesensbestimmung des Menschen. Durch Arbeit verwirkliche der Mensch sich selbst. Die ganze Weltgeschichte sei „nichts anderes als die Erzeugung des Menschen durch menschliche Arbeit" (Marx 1844, 574 und 546). Hätte Marx besser mal Kierkegaard und weniger Hegel gelesen, mag man denken. Wie sehr die Arbeit in der zweiten Hälfte des 19. Jahrhunderts – zumindest bei manchen Denkern – ins Zentrum der Überlegungen gerückt ist, bleibt auf alle Fälle frappierend. Im Gegensatz zur welterschaffenden Kraft der Arbeit á la Hegel musste die Arbeit in den Produktionsstätten der modernen Industrie zwangsläufig als fremdbestimmte Arbeit erscheinen, die den Menschen in das Elend der Entfremdung stürze. Die eigentliche Arbeit wurde demnach für Marx vom „automatischen System der Maschinerie" übernommen und der Arbeiter zum Zubehör degradiert (Marx 1867, 402). Deshalb sollte die maschinelle Produktion nicht länger die Versklavung des Menschen, sondern seine Befreiung befördern. Reich mache ohnedies nicht die Arbeit, sondern das Kapital – ein Gedanke, der uns heute nicht zufällig als besonders evident erscheint. Geringere Arbeitszeiten, bessere Arbeitsbedingungen, gerechtere Gewinnverteilung sollten deshalb zu einer konkreten Freisetzung des Individuums und seiner individuellen Entwicklungsmöglichkeiten führen. Eine Vision, die für viele Arbeitnehmer bis heute wenig von ihrer sozialpolitischen Attraktivität verloren hat.

Moderne Konsumkultur

Marx hellsichtiger Gesellschaftskritik sollte allerdings gerade in den kapitalistischen Zentren schon bald der Wind aus den Segeln genommen werden. Die Produktionsgewinne aus der Massenproduktion kamen den Arbeitern nämlich in Form von höheren Einkommen zu Gute. Freilich nicht aus reiner Menschenliebe, sondern aus ökonomischem Kalkül. Henry Ford zahlte seinen Arbeitern bewußt hohe Löhne, um ihnen den Kauf seiner Automobile zu ermöglichen. Er wusste, dass der Erfolg seines Geschäftes entscheidend von der Kaufkraft der Massen abhing. Nur wenn genügend Menschen an den Unternehmensgewinnen beteiligt würden, seien sie in der Lage, all die Produkte zu kaufen, die sie Tag für Tag produzierten. In der Folge zeichnete sich in den ersten Jahrzehnten des 20. Jahrhunderts – zunächst in den USA, später in Europa – eine moderne Kultur des Massenkonsums ab, in der Arbeiter und Angestellte aufgerufen waren, möglichst viele hergestellte Waren gleich wieder zu verbrauchen. Auf der

Grundlage der modernen Lohnarbeit entstand eine konsumorientierte Lebensweise.

Paradoxer Wertewandel

Die Entwicklung einer modernen Konsumkultur blieb dabei nicht ohne Konsequenzen für das kulturelle Wertefundament, auf dem die kapitalistische Wirtschaftsweise bis dahin aufgebaut hatte. In seiner berühmten Abhandlung über *Die protestantische Ethik und der Geist des Kapitalismus* aus dem Jahre 1905 hatte Max Weber erläutert, wie der Protestantismus die ideelle Grundlage für die Entwicklung des modernen Kapitalismus bildete. Demnach vererbe der Protestant dem Kapitalisten den Willen, sich selbst zu disziplinieren und seine Bedürfnisse zu verleugnen, also lieber zu sparen, als zu genießen. Im Protestantismus des 19. Jahrhunderts war die Vorstellung von der Arbeit als Gottesgebot erfüllt von Bewährungsbewusstsein, asketischem Fleiß, harten Arbeitsanforderungen gegenüber sich selbst und gegenüber anderen, aber ebenso von individuellem Gewinnstreben, effektivem Zeitgebrauch, weltlichem Wohlstand. Wenngleich die Bedeutung dieser Geisteshaltung für den Erfolg der ersten kapitalistischen Unternehmer umstritten ist, so begründete sie zumindest eine erhebliche Steigerung der ökonomischen Rationalität und wirtschaftlichen Aktivitäten.

In den Augen des amerikanischen Soziologen Daniel Bell mag die asketische Selbstdisziplin der protestantischen Ethik der kapitalistischen Wirtschaftsweise zur Geburt verholfen haben – im Laufe seiner Genese habe der Kapitalismus das puritanische Wertefundament, auf dem er aufbaute, aber bald untergraben. Zeichnete sich die protestantische Ethik durch Frömmigkeit, Einfachheit und Selbstbeherrschung aus, war die neue Kultur des Massenkonsums in erster Linie von hedonistischen Merkmalen gekennzeichnet: „The culture was no longer concerned with how to work and achieve, but with how to spend and enjoy" (Bell 1978, 70). „Marketing and hedonism [...] became the motor forces of capitalism" (Bell 1996, 293). Statt die erarbeitete Ernte sparsam zur Seite zu legen, werden die Massen von der Werbung ermutigt, ihre Wünsche sofort zu erfüllen und den Preis dafür später zu bezahlen. Slogans wie 'Buy now' oder 'Put the Money Back to Work' sollten die New Yorker an ihren Anteil am amerikanischen Wirtschaftswachstum erinnern (Rifkin 2004, 18). Geliehenes Geld sollte den Massenkonsum vorfinanzieren. Bell fasst die Situation denn auch folgendermaßen zusammen: „American capitalism changed its nature in the 1920s by heavily encouraging the consumers to go into debt, and to live with debt as a way of life" (Bell 1974, 242). In diesem Sinne stellt die Betonung der Lust, des Vergnügens, des Genusses das ergänzende Gegenstück zu der an Effizienz orientierten Arbeitsorganisation dar. Die moderne Massenproduktion kann gar keine enthaltsamen Konsumenten gebrauchen. Schließlich müssen all die schönen, wenn auch überflüssigen Dinge und angenehmen, wenn auch entbehrlichen Dienstleitungen konsumiert werden. Die moderne Massenproduktion braucht kaufkräftige Kunden, die gar nicht genug kriegen können. Sie braucht den Luxus und die Verschwendung. Konsumverzicht erscheint aus dieser Perspektive als schädlich, das Sparen als wachstumshemmend, der Geiz als Todsünde. Unwillkürlich müssen die massenhaft produzierten Güter massenweise konsumiert werden. Angebot und Nachfrage sind auf Gedeih und Verderb miteinander verwoben. Wer glaubt, sich mit der lustvollen Selbstverausgabung der wirtschaftlichen Disziplinierung zu widersetzen, geht deshalb ebenso in die Irre, wie derjenige, der von der hedonistischen Spaßgesellschaft mehr Disziplin verlangt, um die Wirtschaft zu beleben. Die strenge Produktionsordnung und die grenzenlose Konsumlust sind vielmehr beide integrale Bestandteile desselben Wirtschaftkreislaufes. Die moderne Industrie produziert den Bedarf immer schon mit. Darin bestand für Daniel Bell bereits Ende der siebziger Jahre einer der zentralen Widersprüche des Kapitalismus: Auf der einen Seite verlangt die Wirtschaft, dass die Menschen hart arbeiten und selbstdiszipliniert ihre Karrieren verfolgen, auf der anderen Seite dass sie die Lust suchen und exzessiv konsumieren. „The ‚new capitalism' [...] continued to demand a Protestant ethic in the area of production [...] but to stimulate a demand for pleasure and play in the area of consumption" (Bell 1978, 75). "One is to be ‚straight' by day and a ‚swinger' by night" (Bell 1978, 72).

In diesen Widerspruch bleiben die Forderungen der Wirtschaftsvertreter bis heute verstrickt: Auf der einen Seite fordert das moderne Wirtschaftsverständnis von den Menschen, härter zu arbeiten und mehr zu leisten – andernfalls drohten Verlustgeschäfte und schließlich Arbeitslosigkeit. Auf der anderen Seite verlangt dasselbe Wirtschaftsverständnis, dass sie mehr Geld ausgeben und mehr Güter konsumieren – andernfalls drohten Gewinneinbußen und schließlich Arbeitslosigkeit. Auf der einen Seite steht eine strenge Arbeitsmoral, die sich an Selbstdisziplin, Leistungswille und Verzicht auf unmittelbare Bedürfnisbefriedigung orientiert. Auf der anderen Seite eine Konsumkultur, die sich an unmittelbarer Bedürfnisbefriedigung, lustbetonter Freizeit und maßlosem Hedonismus orientiert. Der Widerspruch zwischen der Kultur der Produktion einerseits und der Kultur des Konsums andererseits ist offensichtlich. In diesem Sinne vollzieht die Industrialisierung eine doppelte Zurichtung des Menschen: einerseits für die Produktion und andererseits für die Konsumption.

Wertkonservative Irrtümer

Vor diesem Hintergrund erweisen sich die viel gescholtene *Freizeitgesellschaft* der 1980er Jahre ebenso wie die *Erlebnis-* und *Spaßgesellschaften* der 1990er Jahre als sehr viel besser als ihr Ruf. Sie waren nicht einfach nur die oberflächlichen Errungenschaften einer erfolgreichen Industrie, sondern deren zwangsläufige Konsequenz. Die kapitalistische Wirtschaft ist nun einmal darauf angewiesen, dass die Menschen das Geld wieder ausgeben, das sie mühsam erarbeitet haben. Folglich hemmt die Forderung, den Gürtel wieder enger zu schnallen, letztlich nur die Nachfrage. Konfrontiert mit der anhaltenden Massenarbeitslosigkeit, der Finanzkrise und der sozialen Unsicherheit tun sehr viele Menschen zu Beginn des 21. Jahrhunderts etwas sehr Vernünftiges: Sie geben weniger Geld für Dinge aus, die sie nicht unbedingt brauchen. Sie versuchen, günstig einzukaufen und nebenbei ein wenig zu sparen. In einer Zeit allgemeiner Verunsicherung ist es ratsam, sich nicht zu verschulden. Im Grunde eben eine kluge Entscheidung. Nicht allerdings aus der Perspektive der Wirtschaft. Aus deren Sicht ist der sparsame und besonnene Bürger ein Konjunkturrisiko. Seine Zurückhaltung wird als pessimistisch oder gar ängstlich kritisiert. Eine Wirtschaft, deren Kunden oder Käufer allzu sparsam sind, wird kaum expandieren. Die neue Bescheidenheit droht die Nachfrage und folglich das Wachstum zu schwächen. Entsprechend groß sind die Anstrengungen, die Konsumlust der Konsumenten anzuregen und sie zum Geldausgeben zu bewegen. Die Frage, wie sinnvoll oder erstrebenswert oder zukunftsfähig die gehandelten Produkte sind, spielt dabei nur in Hinblick auf ihren erfolgreichen Absatz eine Rolle. Bei den meisten Gütern handelt es sich längst nicht mehr um die Befriedigung von menschlichen Bedürfnissen, sondern um die Erfüllung von Wünschen. Der Kapitalismus ist eine großartige Wunschmaschine, die ständig neue Wünsche hervorbringt, um sie sogleich wieder zu verzehren. Die ökologischen Konsequenzen dieser Haltung liegen auf der Hand: Es kann niemals genug hergestellt, verbraucht und wieder vernichtet werden. Das kapitalistische Produktionssystem ist per se schöpferisch und zerstörerisch zugleich. Mit der Schöpfung materiellen Wohlstands geht allerdings bis heute eine ungleich größere Zerstörung natürlicher Ressourcen einher. So beträgt der durchschnittliche Pro-Kopf-Verbrauch von nicht nachwachsender Natur im Westen heute etwa 70 t pro Jahr und in der Technik etwa 30 kg pro kg Produkt (vgl. Schmidt-Bleek, 2004). Es ist klar, dass dieses Modell angesichts der Begrenztheit globaler Ressourcen keine wirkliche Zukunftsperspektive für die Weltbevölkerung darstellen kann. Es ist in dieser Form weder auf alle Menschen, noch auf alle Zeit anzuwenden, ohne die Zukunft des Planeten insgesamt zu gefährden. Dementsprechend muss es darum gehen, Produktionsverfahren und Konsummuster in Hinblick auf eine drastische Reduzierung des Ressourcenverbrauchs zu modifizieren. Dazu gibt es durchaus Ansätze, die oft allerdings nicht entschieden genug verfolgt werden.

Werbung

Das strategische Instrument der Wunschgenerierung ist die Werbung. Seit Beginn der Massenproduktion im frühen 20. Jahrhundert besteht ihre Aufgabe darin, die Kauflust der Konsumenten mit allerlei Reizen zu stimulieren. Dies gilt auch und in besonderem Maße für den strategischen Einsatz von Sex. Paradoxerweise mündet die protestantische Ethik deshalb am Ende in die Pornographie. Spätestens seit den zwanziger Jahren des 20. Jahrhunderts sind professio-nelle Werbefachleute damit beschäftigt, die Massen zum Kaufen zu verführen. Sie spielen mit unserem Begehren und versuchen mit allerlei tiefenpsychologischen Tricks, unsere Sehnsüchte zu wecken. Sie beobachten unser Konsumverhalten; ergründen unsere Bedürfnisse; gestalten Präsentationsformen; reizen unsere Sinne; erfinden Geschichten; bieten uns Identifikationsmöglichkeiten; nisten sich in unseren Phantasien ein. In diesem Sinne ist jede ambitionierte Reklame das Ergebnis einer strategischen Zusammenarbeit von Experten verschiedener Disziplinen.

Innovationskraft gegen Absatzschwierigkeiten

Zu Beginn des 20. Jahrhunderts und insbesondere nach den beiden Weltkriegen hatte die Massenproduktion der traditionellen Großindustrie einen riesigen Absatzmarkt und oft nur wenige Konkurrenten. Sie konnte sich mehr oder weniger darauf verlassen, dass die standardisierten Produkte aufgrund ihres Preisvorteils massenhaft gekauft wurden. Heute, zu Beginn des 21. Jahrhunderts sind die meisten Dinge erworben. Fast alle Haushalte in den westlichen Industrienationen besitzen mindestens einen Kühlschrank, eine Waschmaschine, einen Fernseher, eine Gefriertruhe, ein Auto, uvm. Unbestritten fehlt es vielen an vielem. Trotzdem gehören Mobiltelefone, Computer oder DVD-Player mittlerweile zur allgemeinen Grundausstattung. Mit anderen Worten: Die traditionellen Märkte in Europa und den USA sind tendenziell gesättigt. Die Nachfrage ist seit Jahren in der Krise. Es wird mehr produziert, als gebraucht wird. In der Konsequenz verschärft sich die Konkurrenz unter den Anbietern um das Geld der Konsumenten. In einer Gesellschaft, in der es ein Überangebot an Waren und Dienstleistungen gibt, herrscht ein harter Wettbewerb. Und der Wettbewerb fordert schnelle Reaktionen. Die Innovationszyklen werden immer kürzer und damit die Zeiten, in denen neue Produkte von ihrem Entwicklungsvorsprung profitieren. Gleichzeitig sind die Konsumenten so stark wie niemals zuvor. Sie haben eine immense Auswahl und sind ausgezeichnet informiert. Sie sind nicht mehr darauf angewiesen, das nächste beste Angebot zu akzeptieren. Sie können eine Kaufentscheidung auf unbestimmte Zeit verschieben, unzählige Angebote vergleichen und auf Alternativen ausweichen. Ihre Entscheidung, ein Produkt kollektiv zu boykottieren, kann ein Unternehmen in den Ruin treiben. In diesem Sinne hat der Wettbewerb die Position der Kunden gegenüber den Produzenten gestärkt.

Aufgrund dieser Situation – stärkere Kunden, härterer Wettbewerb, höheres Tempo – ist die Arbeitswelt der Gegenwart vor allem von zwei Tendenzen gekennzeichnet: Zum einen von einer *Intensivierung*, die dazu führt, dass die Sphäre der Wirtschaft bis ins Kleinste durchdrungen wird und die winzigsten Ressourcen verwertet werden. Zum anderen von einer *Extensivierung*, die dazu führt, dass die wirtschaftliche Sphäre mehr und mehr Lebensbereiche erfasst und noch der hinterste Winkel und die versteckteste Nische erschlossen werden. Die Unternehmen sehen sich gezwungen, auf einen rücksichtslosen Konkurrenzkampf zu reagieren. Sie müssen neue Strategien entwickeln, um den Absatz der eigenen Produkte und die Nachfrage nach den eigenen Angeboten auf den Märkten zu sichern. Diese Strategien erstrecken sich auf alle erdenklichen Aspekte des Wertschöpfungsprozesses: Der Betrieb wird rationalisiert und das Arbeitstempo beschleunigt. Die Produktivität wird erhöht und die Kosten werden gesenkt. Die Organisationsstrukturen werden schlanker und die Arbeitskräfte umfassender genutzt. Mit allen Mitteln versuchen Unternehmen, den Absatz ihre Angeboten zu vergrößern – sei es durch raffinierte Werbestrategien, individuelle Kundenbetreuung oder aggressive Verkaufsmethoden. Die Kunden werden umworben, umschmeichelt, gebunden. Die Firmen sammeln Unmengen an Informationen, um aus dem registrierten Kaufverhalten auf mögliche Kundenwünsche zu schließen. Die Unternehmen suchen ständig neue Geschäftsfelder und neue Marktnischen, um sie innerhalb kürzester Zeit zu besetzen. Um die immensen Absatzschwierigkeiten zu lösen, werden die Warenüberschüsse schließlich massenweise ins Ausland exportiert. Unwillkürlich kommen einem wieder einmal Marx und Engels in den Sinn: „Das Bedürfnis nach einem stets ausgedehnten Absatz für ihre Produkte jagt die Bourgeoisie über die ganze Erdkugel" (Marx / Engels 1999, 23). Doch im Zuge der Globalisierung ist es selbst auf dem Planeten eng geworden. Die westlichen Industrienationen haben ihre Vormachtstellung im Bereich der traditionellen Produktionstechnik weitgehend eingebüßt. Die internationalen Automobilkonzerne – ob Ford, Daimler oder Toyota – besitzen alle dasselbe technologische Know-How. Infolgedessen gibt es eigentlich kein wirklich schlechtes Auto mehr. Längst sind asiatische Ingenieure so gut ausgebildet wie ihre amerikanischen Kollegen. Sie alle überschwemmen den Weltmarkt ständig mit neuen Produktvarianten. Im Wettbewerb geht es deshalb nicht mehr um Motoren oder Karosserien, sondern um Service, Design oder Image. Die Hersteller versuchen den Kauf eines Autos gezielt zu emotionalisieren. Sie verkaufen kein Fortbewegungsmittel, sondern eine Geschichte, eine Inszenierung, einen Lebensstil.

Rasender Stillstand

Der Situation ist eine gewisse Tragikomik nicht abzusprechen: Die weltweite Konkurrenz treibt die Anbieter zu immer neuen Höchstleistungen, die innerhalb kürzester Zeit von einem Konkurrenten nachgeahmt werden. Stets darum bemüht, einen Tick schneller, einfallsreicher, besser zu sein, halten sich alle gegenseitig in Bewegung. Bloß nicht still stehen! Denn Stillstand wäre der Tod. Den Rat, den erfolgreiche Managementgurus geben, ist denn auch verblüffend simpel: "Es gibt nur einen Ausweg. Und dieser ist enttäuschend banal: Machen Sie etwas, was die Welt nie zuvor gesehen hat. Führen Sie Innovationen ein, damit Sie – für kurze Zeit – den Wettbewerbsvorteil der Einmaligkeit haben" (Ridderstrale 2000, 29).

Man muss weder Marx noch Kierkegaard gelesen haben, um zu ahnen, dass das irgendwie nicht alles gewesen sein kann. Innovationen schön und gut – aber im Grunde bleibt es doch immer dasselbe. Die Forderung nach Innovation ist paradoxerweise die Konvention der Gegenwart. Ihr zu entkommen ist innerhalb der vorherrschenden Denkschemata unmöglich und wird gegebenenfalls mit Geringschätzung oder Anfeindung bestraft. Die kulturelle Prägung wird vor allem deutlich, wenn man nach China blickt und dort beobachtet, welchen Stellenwert die Nachahmung besitzt. Was im Westen als Kopie oder Plagiat moralisch verurteilt wird, gilt im Osten als gängige Praxis ohne jedes Unrechtsbewusstsein. Aus globaler Perspektive ist die Frage gar nicht leicht zu beantworten: denn wem sollte man den Vorrang geben: dem Anspruch des Individuums auf Verwertung seiner Originalität? Oder dem Anspruch des Kollektivs, von den Ideen aller profitieren zu können? Das Paradox des westlichen Selbstverständnisses besteht vor allem darin, dass man bei aller Innovationsfreude in verschiedener Hinsicht doch letztlich auf der Stelle tritt. Während sich eine Erfindung an die andere reiht, bleibt das zugrunde liegende Fortschrittsmodell identisch. Man ist, wenn man so möchte, tatsächlich am Ende der Geschichte angekommen. Nur dass es von da aus nicht besser, sondern eher schlechter wird. Denn die Ungleichverteilung des Wohlstands, die Verschuldung der Staaten, die weltweite Armut nehmen seit Jahren weiter zu; es gelingt weder den grenzüberschreitenden Terror, noch die Zerstörung der Lebensgrundlagen ernsthaft in den Griff zu bekommen.

Vielleicht würde das wirklich Neue deshalb gerade in der Reformulierung unseres landläufigen Verständnisses von Innovationen bestehen. Vielleicht genügt es nicht, einfach nur der Innovativste, der Originellste, der Schnellste, der Erste, der Beste sein zu wollen. Vielleicht sollten wir uns eher die Frage stellen, welche Innovationen uns wirklich und auf Dauer weiterbringen? Individuell wie kollektiv? Was das Verhältnis von Erneuerung und Bewahrung, progressivem und konservativem Denken in der Gegenwart so kompliziert macht, ist schließlich die Tatsache, dass weder das eine noch das andere einen Wert für sich darstellt und folglich auch als politische Haltung völlig unbrauchbar ist. Ob etwas erhaltenswert oder erneuerungsbedürftig ist, muss von Fall zu Fall neu diskutiert werden. Ebenso, ob eine Innovation tatsächliche eine Verbesserung darstellt, oder einfach nur den Innovationserwartungen der Umwelt folgt. Mitunter kann es durchaus vernünftig sein, das Risiko einer verunsichernden Erneuerung zu scheuen und auf das Bewährte zu vertrauen. Und manchmal muss man einfach etwas Anderes versuchen. Das mag ebenso banal klingen wie der Ratschlag eines Managementgurus. Letztlich bleibt es aber die größere Herausforderung, nicht einfach nach Schema F, sondern von Fall zu Fall angemessen zu handeln. Denn gerade hierfür kann es keine Regel geben. Das wusste schon Kierkegaard.

1.4. Die Neuorientierung der postindustriellen Gesellschaft

Bereits zu Beginn der siebziger Jahre ließ die fordistisch-tayloristische Massenproduktion eine Reihe an kritischen Anzeichen erkennen. Die Produktionszuwächse fielen geringer aus. Die Ölkrise erschütterte die Volkswirtschaften. Die ökologischen Schäden drangen ins Bewusstsein einer breiten Öffentlichkeit. Es schienen erstmals die Grenzen des Wachstums erreicht. Die erfolgreiche Nachkriegsgeschichte war unwiderruflich vorüber. Es stellte sich die Frage, ob die technisch-wissenschaftlichen Utopien der Moderne nicht erschöpft waren. Zumindest war aller naive Fortschrittsoptimismus verflogen. Die zukunftsweisende Frage lautete, wo sich angesichts des enormen Beschäftigungsrückgangs in der industriellen Produktion und einer sinkenden Wachstumsrate noch größere Produktivitätsgewinne erzielen ließen. In den folgenden Jahren setzte eine Suche nach einer wirtschaftspolitischen Neuorientierung ein, die im Grunde bis heute anhält. Es sollten neue Märkte erschlossen werden, die neue Wachstumsperspektiven und neue Arbeitsbereiche eröffneten.

Vor diesem Hintergrund legte der amerikanische Soziologe Daniel Bell im Jahre 1973 einen Ausblick auf die gesellschaftlichen Entwicklungen der kommenden Jahrzehnte vor. In *The Coming of Post-Industrial Society* prognostizierte er angesichts des stagnierenden Wachstums der Großindustrie eine allmähliche Verlagerung von der industriellen Güterproduktion zu informationsbasierten Dienstleistungen: „A post-indus-trial society is based on services [...] What counts is not raw muscle power, or energy, but information. The central person is the professional" (Bell 1974, 127). Er konstatierte, dass die Zahl der in der Industrie beschäftigten Arbeiter beständig abnehme, während die Zahl der Angestellten in den Dienstleistungsbrachen weiter zunehme. Die Technologien gewännen insgesamt an Bedeutung. Die nachindustrielle Gesellschaft sollte daher insbesondere durch einen zentralen Stellenwert von Wissen gekennzeichnet sein (Bell 1974, 14). Infolgedessen steige das Ansehen hochqualifizierter Arbeitnehmer. Insofern die Leistungsfähigkeit einer Volkswirtschaft auf der Qualifikation ihrer Mitglieder beruht, spiele Bildung eine ganz entscheidende Rolle. In der Konsequenz müsse die Universität als Zentrum der Wissensgenerierung in den Focus der Wirtschaftspolitik rücken. Damit sind im Grunde alle Begriffe im Spiel, welche die Diskussionen um den Strukturwandel der Arbeitsgesellschaft bis heute beherrschen: *Dienstleistung, Information, Wissen*. Gleichzeitig führt der kurze Rückblick vor Augen, dass es sich bei den aktuellen Entwicklungen trotz aller oberflächlichen Turbulenzen im Grunde um einen sehr langsamen gesellschaftlichen Transformationsprozess handelt, dessen Tiefendimensionen noch immer nicht recht zu ermessen sind.

Die Idee einer *service economy* war schon Anfang der siebziger Jahre nicht mehr neu. Bereits 1949 hatte der französische Ökonom *Jean Fourastié* die künftige Bedeutung von Dienstleistungen aller Art betont. In *Le Grand Espoir du XXe siècle* beschreibt er die langfristige Entwicklung von Volkswirtschaften als eine allmähliche Verlagerung vom primären Sektor der Land- und Forstwirtschaft über den sekundären Sektor der Industrie bis zum tertiären Sektor der Dienstleistungen. In diesem Sinne markiert die Rede von der Dienstleistungsgesellschaft das Ende der industriell geprägten Wirtschaft, wie sie sich seit Ende des 18. Jahrhunderts herausgebildet hatte. Zuvor wurden Dienstleistungen in der Regel als unproduktiv angesehen. Erst Mitte des 20. Jahrhunderts betrachteten Ökonomen den Ausbau der *service economy* als einen Ausweg aus der Arbeitslosigkeit der 1930er Jahre.

In der Regel wird der Dienstleistungssektor in verschiedene Kategorien eingeteilt. Man unterscheidet personenbezogene Dienstleistungen (Kinderbetreuung, Erziehung, Pflege, Gastgewerbe, Reiseagenturen, usw.) von wirtschaftsbezogenen Dienstleistungen (Finanzverwaltung, Versicherungen, Beratung) und Dienstleistungen, die sich andernorts nicht einordnen lassen, wie in den Bereichen Gesundheit, Unterhaltung, Kommunikation, Bildung, Forschung. Letztlich kann demnach alles unter *Dienstleistung* subsumiert werden, was nicht Landwirtschaft oder Industrie ist. Es handelt sich also um keine sonderlich spezifische Kategorie. Die Gemeinsamkeiten bestehen lediglich darin, dass die Arbeit kein materielles Endprodukt hervorbringt, sondern sich im performativen Vollzug erschöpft. Im Grunde beruht das Geschäftsprinzip auf der einfachen Voraussetzung, dass kein Mensch ganz allein leben kann, sondern jeder auf seine Mitmenschen angewiesen ist. In der Dienstleistungsgesellschaft werden letztlich alle Tätigkeiten kapitalisiert, die Menschen füreinander erbringen können. Von kleinen Erleichterungen im Alltag bis zur Bewältigung größerer Aufgaben, vom guten Rat bis zur konkreten Problemlösung. Der professionelle Service zeichnet sich dabei vor allem dadurch aus, dass man ihn bezahlt und er Einen darüber hinaus zu nichts weiter verpflichtet.

Bei Dienstleistungen bezahlt man allerdings in der Regel für Leistungen, die sich schwer quantifizieren lassen. Eigentlich geht es eher um Qualität als um Quantität. Dennoch liegt dem Dienstleistungsdenken das industrielle Effizienzprinzip zu Grunde: möglichst viele Arbeitsschritte in möglichst wenig Zeit zu erledigen. Der inhärente Widerspruch ist offensichtlich: Die sorgfältige Pflege steht im Widerspruch zur Forderung, Zeit zu sparen; die vertrauensvolle Beratung im Widerspruch zur Forderung, viel zu verkaufen; die individuelle Betreuung im Widerspruch zur Forderung, alles gemäß eines standardisierten Leistungskatalogs abzurechnen. Die angemessene Vergütung einer Dienstleistung ist daher ebenso problematisch, wie die Beurteilung dessen, was eine gute Dienstleistung auszeichnet. Es fehlt schlicht der Berechnungsmaßstab. Mal ist es ein schneller Service, der erwünscht ist, ein andermal ein intensiver. Zudem führt der strategische Einsatz persönlicher Zuneigung mitunter zu Irritationen bei den Beteiligten. Hat man das Lächeln, das einem entgegnet wird, bezahlt oder gilt es einem persönlich? Hat man einen Anspruch darauf, freundlich bedient zu werden, oder stört einen gerade die freundliche Fassade? Kann man sich auf die Signale des anderen verlassen, oder sind sie bewusst kalkuliert? Die Kapitalisierung des sozialen Miteinanders stellt spezifische Herausforderungen an die soziale Kompetenz des Einzelnen. Wer nicht in der Lage ist, in einer neuen Situation spontan und angemessen zu reagieren, läuft Gefahr, sich nach antrainierten Verhaltensstandards zu bewegen, die dem individuellen Einzelfall nicht gerecht werden. Die Folge ist unwillkürlich ein Vertrauensverlust. Authentizität wird zum entscheidenden Erfolgsfaktor.

Ungeachtet dieser nicht ganz unproblematischen Begleiterscheinungen ist eine Zunahme der Zahl der Beschäftigten gegenwärtig vor allem in den Dienstleistungsbereichen zu beobachten. Der langfristige Wandel von eher industriegeprägten zu eher dienstleistungsorientierten Volkswirtschaften lässt sich mittlerweile in den meisten Ländern der Welt tatsächlich nachvollziehen: „In Westeuropa und Nordamerika [...] ist heute kein einziges Land mehr zu finden, in dem der Dienstleistungssektor nicht mindestes 50% des Bruttoinlandsproduktes (BIP) ausmacht" (Albert 1999, 211). Deutschland sei dabei mit 53.6% verhältnismäßig gering tertiarisiert (Albert 1999, 211). Es bestehen also vermutlich noch Entwicklungsmöglichkeiten. Die tatsächliche Leistungsfähigkeit des dritten Sektors bleibt allerdings bis heute fraglich. So werden oft nicht wirklich neue Arbeitsplätze geschaffen, sondern althergebrachte Dienste – wie Transport-, Bewachungs-, Reinigungs-, Kantinendienste – einfach aus dem sekundären Sektor ausgelagert. Im Zuge einer Restrukturierung der Arbeitsorganisation wurden Aufgaben, die früher innerhalb eines Unternehmens erfüllt wurden, an externe Betriebseinheiten, Zulieferer oder selbständige Mitarbeiter abgegeben. Darüber hinaus stehen dem Abbau anspruchsvoller Arbeitsplätze oft nur weniger qualifizierte Tätigkeiten gegenüber, die das ehemalige Lohnniveau nicht mehr erreichen. So wächst in erster Linie der Bereich der niederen Dienstleistungen und Billigjobs, die geringfügig bezahlt werden und keinerlei Wachstumsoptionen eröffnen.

Da Dienstleistungen in der Regel prozessual oder performativ verlaufen, wird es außerdem möglich, den Kunden in den Arbeitsprozess mit einzubeziehen und dadurch bestimmte Aufgaben von ihm selbst erledigen zu lassen. Einerseits wird es dadurch möglich, auf individuelle Kundenwünsche einzugehen;

andererseits können dadurch einzelne Arbeitsschritte systematisch an die Kunden ausgelagert – sei es bei der Informationsvermittlung via Homepage, dem Lösen einer Fahrkarte am Automaten, dem Einchecken am Computer, dem Abholen von Paktpost beim Postamt, der Montage von Möbeln, uvm.

Ganz bewusst wird ein Teil der Arbeitszeit und Arbeitskraft der Kunden mit in den Arbeitsprozess einkalkuliert. In der Konsequenz können die entsprechenden Stellen gestrichen werden. So werden die Kunden gezielt an der Effizienzsteigerung des Betriebs beteiligt. Die betrieblichen Rationalisierungsstrategien beziehen die Arbeitsbeteiligung des Endverbrauchers in ihre Rechnung mit ein. Bei den Eigenbeiträgen des Verbrauchers handelt es sich nicht um eine autonome Form der Eigenarbeit, sondern um Komplementärleistungen zur formellen Ökonomie. Der Endverbraucher leistet damit nicht nur einen Beitrag zum Bruttosozialprodukt, der nirgendwo verrechnet wird, er ersetzt häufig auch die Arbeitskraft eines Angestellten. Von Fall zu Fall wird diese Komplementärleistung sogar erzwungen: Wer sich keine Bahnfahrkarte am Automaten kauft, wird gegebenenfalls mit einem höheren Preis im Zug bestraft, selbst wenn der Fahrkartenautomat defekt war. Das Unternehmen zwingt die Käufer dazu, sich mit ihrer Lebenszeit am Erfolg des Unternehmens zu beteiligen, in dem sie lange Wartezeiten in Kauf nehmen oder sich selbst bedienen. Der Konsument profitiert von seinem Einsatz und den dadurch eingesparten Kosten nur teilweise in Form von niedrigeren Preisen. Der Großteil kommt den Unternehmen zu Gute. Bei Post, Bahn oder Krankenkassen kam es bekanntlich trotz großer Personaleinsparungen seit Jahren zu keinerlei nennenswerten Preissenkungen. Ob sich die großen Hoffnungen, die man einst mit der Dienstleistungsgesellschaft verknüpfte, letztlich wirklich einlösen lassen, bleibt daher nach wie vor ungewiss.

1.5. Die digitale Revolution

Waren die achtziger Jahre von einer tiefen Skepsis gegenüber naiven Wachstumsoptimismen geprägt, wollte man in den neunziger Jahren von solcher Schwarzmalerei nichts mehr wissen. Die Entwicklung neuartiger Technologien hatte neue Bedürfnisse, neue Märkte und neue Absatzmöglichkeiten im In- und Ausland geschaffen. Neben der Genese der Dienstleistungsgesellschaft wurde der Strukturwandel der Arbeitswelt vor allem von den neuen Informations- und Kommunikationstechnologien vorangetrieben.

Ein Großteil der gegenwärtigen Entwicklungen wäre ohne die technologischen Innovationen im Bereich der Datenverarbeitung und Mikroelektronik gar nicht möglich gewesen. Vor gerade einmal fünfzig Jahren standen riesige Computer in alarmgesicherten Rechenzentren. Der erste Computer mit dem Namen Mark I, der im Jahre 1944 in Betrieb ging, war gut fünfzehn Meter lang und zweieinhalb Meter hoch. Angesichts solcher Dimensionen räumte IBM der neuen Technologie wenig Potential ein. Sie schätzen den weltweiten Bedarf an Computern auf lediglich 25 Stück (Rifkin 2004, 65). In technischer Hinsicht dominierte die Idee eines zentralen Machtorgans, eines allwissenden Superhirns. Die Verwurzelung dieser Vorstellungen in die westliche Kulturgeschichte ist offensichtlich. Die zentrale Steuerung konnte aber viele Probleme nicht lösen. Sie scheiterte an der Komplexität der dynamischen Systeme. Erst die Dezentralisierung der einzelnen Komponenten eröffnete neue Perspektiven. Die Entwicklung elektronischer Vermittlungsknotenpunkte war dafür ebenso eine Voraussetzung wie die Entwicklung geeigneter Verbindungsformen – also Transmissionstechnologien.

Den entscheidenden Schritt machte der Intel-Ingenieur Ted Hoff in Silicon Valley, als er 1971 den Mikroprozessor erfand. Mitte der siebziger Jahre brachte Apple den ersten Mikrocomputer auf den Markt. IBM folgte 1981 mit einem eigenen Modell, das den einfachen Namen *Personal Computer* trug. Die Erfindung des PCs sollte einen gewaltigen Entwicklungsschub auslösen. Die revolutionären Erneuerungen beruhen allerdings nicht auf einer einzelnen Erfindung, sondern auf der Kombination einer ganzen Reihe an innovativen Technologien, die wie in einem Baukasten zusammengesetzt werden: Mikroelektronik, Personalcomputer, Mobiltelefon, Telekommunikation, Glasfaserkabel, Satellitentechnik uvm. Als *Informations- und Kommunikationstechnologien* (IuK) wird deshalb eine konvergierende Gruppe von mehreren verschiedenen Technologien verstanden. Dabei werden bislang gesonderter Entwicklungslinien zu einer neuen gemeinsamen Ordnung zusammengeführt. In seinem Opus Magnum zum Informationszeitalter spricht der amerikanische Soziologe Manuel Castells deshalb von der "*Konvergenz spezifischer Technologien zu einem hochgradig integrierten System*" (Castells 2001, 76f.). Diese Konvergenz bildet die technologische Grundlage eines tiefgehenden gesellschaftlichen Transformationsprozesses. Manche Autoren sprechen von einem historischen Ereignis, das mit dem der industriellen Revolution im 18. Jahrhundert vergleichbar sei (Castells 2001, 32).

Tatsächlich vollzieht sich seit Beginn der Computerisierung in den vierziger und fünfziger Jahren ein geschichtlicher Wandel, den bis heute niemand in seinem ganzen Ausmaß abzusehen vermag. Mehr und mehr wirtschaftliche Aktivitäten werden mit Hilfe von Computern vollzogen. Ein Großteil der Arbeitsplätze ist mittlerweile ohne Rechner gar nicht mehr vorstellbar. Die informationsverarbeitenden Maschinen sind zu festen Bestandteil unseres Lebens und Informationen zu einem zentralen Wirtschaftsgut geworden. Die neuen Technologien ermöglichen es, die wichtigsten Arbeitswerkzeuge – Computer und Mobiltelefon – ständig mit sich herum zu tragen. So können die meisten Aufgaben an verschiedenen Orten erledigt werden. In der Folge ist ein modernes Arbeitsnomadentum entstanden, das mit Hilfe von öffentlichen Internetzugängen wie Hot Spots fast überall auf benötigte Informationen zugreifen kann. Inzwischen dringt die elektronische Datenverarbeitung in immer kleinere Lebensbereiche vor. Die stetige Miniaturisierung und Leistungssteigerung sowie die fallenden Preise machen es möglich, Mikrochips in jedes Gerät unseres Alltagslebens einzubauen. Konzepte wie *ubiquitous computing* oder *pervasive computing* sehen vor, winzige Mikroprozessoren und mikroelektronische Sensoren unsichtbar und allgegenwärtig in unsere Umwelt zu integrieren (Adamowsky 2003, 3). Smarte Alltagsgegenstände sollen die Benutzer überall und jederzeit mit Informationen versorgen und ihn von lästigen Routineaufgaben befreien. So könnte uns schon bald ein Bordcomputer in einem Einkaufswagen begrüßen, der uns anhand eines digitalen Einkaufszettels und integrierten Navigationssystems durch intelligente Regalreihen führt, die ihren Nachschub bei Bedarf selbst aus dem Lager ordern (Langheinrich 2003, 6). Zu Hause erwartet uns ein Kühlschrank, der seine Temperatur steuert und in einer Küche steht, die aufgrund unserer nahen Ankunft schon einmal das Licht einschaltet und die Heizung aufdreht. Die Integration der IuK-Technologien in Alltagsprozesse schafft eine Welt, die ganz und gar von mehr oder weniger intelligenter Technik durchdrungen ist. Damit erscheint die alte Dichotomie von Kultur und Technik als endgültig erledigt. Die neuen Technologien sind nicht nur allgegenwärtiger Bestandteil unseres Lebensumfeldes geworden, sondern – Heidegger paraphrasierend – ein *Gestell* in das unser alltägliches Handeln eingebunden ist. Mit anderen Worten: Wir lernen nicht einfach mit einem neuen Gerät umzugehen, sondern wir richten unser Verhalten danach aus. Wir folgen der Befehlsstruktur eines Computerprogramms. Wir schreiben eine SMS in einem anderen Stil als eine E-Mail oder einen Brief. Wir sind mobil und ständig zu erreichen. Und wer sich den Anforderungen durch die neuen Technologien zu entziehen versucht, muss unwillkürlich mit sozialen Konsequenzen rechnen.

Die Emergenz digitaler Netzwerke

In den Augen Castells verändern sich mit der Dezentralisierung der Datenverarbeitung nicht nur die technischen Systeme, sondern auch die sozialen Interaktionsformen (Castells 2001, 48). Das *Netzwerk* avanciert zum sozialen Organisationsprinzip. Netzwerke sind offene Strukturen, die grenzenlos expandieren können. Ein Netzwerk kann für alle möglichen Ziele gebildet werden. Seine Stärke beruht auf der kreativen Kraft direkter Interaktionen (Castells 2001, 76f.). Netzwerke verbinden alle Beteiligten mit einer zentralen Datenbank oder direkt miteinander. Sie integrieren einzelne Beschäftigte, Abteilungen oder Arbeitsgruppen in informationelle Systemarchitekturen und komplexe Netzwerkorganisationen. Dabei bildet das Internet die technische Infrastruktur. Vernetzte Organisationen können durch ein Rearrangement ihrer Komponenten jederzeit verändert werden. Diese Fähigkeit zur Rekonfiguration ermöglicht es, auf wechselnde Anforderungen mit organisatorischer Flexibilität zu reagieren (Castells 2001, 76f.). Die Informationsnetzwerke aus technischen und menschlichen Komponenten können sich mitunter rund um den Globus erstrecken. Aufgrund der Digitalisierung haben räumliche Distanzen an Bedeutung verloren. Das Tempo, mit dem Informationen rund um die Welt geschossen werden, missachtet alle historisch gewachsenen und sozial festgelegten Zeitmaße und Raumgrenzen. Die computergesteuerte Echtzeit formiert die Zeiterfahrungen unterschiedlicher Kulturen zu einer einzigen Weltzeit. Das „neue Zeitregime" des globalen Marktes hat deshalb mit traditionellen Raum- und Zeitvorstellungen wenig zu tun (vgl. Altvater 1996, 115). Die "augenblickliche Verfügbarkeit von Informationen" – wie es Marshall McLuhan bereits Ende der sechziger Jahre nannte – ermöglicht es, viele Wege zu vermeiden, die früher lange Wartezeiten bei der Bearbeitung einer Aufgabe verursachten (McLuhan 1969, 520). Wichtige Nachrichten müssen nicht mühselig weitergereicht werden, sondern können weltweit direkt und gleichzeitig an alle Beteiligten geschickt werden. In der Folge werden Kommunikationswege verkürzt, herkömmliche Grenzziehungen innerhalb des Unternehmens überschritten und traditionelle Hierarchien niedergerissen. Die herkömmlichen Unternehmenseinheiten werden tendenziell entgrenzt. Es entstehen überbetriebliche Kooperationsnetzwerke, die nicht allein die Grenzen des Unternehmens, sondern auch der Nationalstaaten überschreiten. In der Folge haben die neuen IuK-Technologien zur Entwicklung transnationaler Netzwerkorganisationen beigetragen, die sich in ihrer Reichweite, ihrer Intensität und Komplexität und nicht zuletzt in Bezug auf das Tempo mit dem Informationen innerhalb des Netzwerkes zirkulieren, von allem zuvor Gewesenen unterscheiden. Es scheint daher angemessen, nicht nur von einem neuen Kapitel der Technikgeschichte, sondern von einem grundlegenden Wandel der globalen Wirtschaftsordnung zu sprechen.

Die Neustrukturierung des Kapitalismus

Erinnert man sich an die Krise, in der sich die kapitalistische Wirtschaft der westlichen Industrienationen in den siebziger Jahren befand, erscheint es nicht übertrieben, die neuen Technologien als die entscheidende Erneuerung zu betrachten, die dem Kapitalismus noch einmal eine völlig neue Dynamik verleihen sollte. So lautet denn auch die These von Castells: "Man kann sagen, daß ohne die neuen Informationstechnologien der globale Kapitalismus eine höchst begrenzte Realität gewesen wäre" (Castells 2001, 20). Die zunehmende Bedeutung der neuen IuK-Technologien für wirtschaftliche Aktivitäten führt die amerikanische Medientheoretikerin D. Linda García auf mehrere Gründe zurück (Sassen 2002, 51ff): Zunächst erlaube die höhere Kapazität der Netzwerktechnologien einen schnelleren und dichteren Informationsfluss. Dank der in den letzten Jahren geschaffenen Infrastruktur erstreckten sich die elektronischen Netzwerke tatsächlich rund um den Globus. Der Zugang zum Netz sei damit leichter und seine Reichweite größer denn je. Schließlich hätten schnellere Computer und bessere Software die Leistungsfähigkeit der Netzwerkkommunikation zusätzlich erhöht. Insgesamt stellen die Informations- und Kommunikationstechnologien damit mächtige Werkzeuge bei der Generierung wirtschaftlicher Prozesse dar.

Angesichts der skizzierten Entwicklungen ist es kaum verwunderlich, dass sich die alltägliche Praxis des Wirtschaftens verändert hat. Die Kombination aus Hochtechnologie, globaler Vernetzung und erbittertem Wettbewerb hat ein neues sozioökonomisches Paradigma hervorgebracht, das die Funktionsweise des Kapitalismus radikal dynamisiert. Das Ergebnis dieser Dynamisierung ist eine gewaltige Beschleunigung, mit deren hohem Tempo immer mehr Menschen große Schwierigkeiten haben. Der deutsche Kommunikationswissenschaftler Peter Glotz spricht diesbezüglich von einem „digitalen Kapitalismus" (Glotz 1999, 10). In den Augen von Anthony Giddens ist es schlicht ein härterer, schnellerer, rücksichtsloserer Kapitalismus als zuvor: „It's a capitalism that is much harder, more mobile, more ruthless and more certain about what it needs to make it tick" (Giddens 2000, 9).

Aus all diesen Gründen handelt es sich bei den technologischen Innovationen der Gegenwart um sehr viel mehr als nur um ein weiteres Instrument, das uns die Arbeit erleichtert und unsere Gestaltungsmacht erweitert: „It is much deeper than just talking about information technology, satelite communication and financial markets. The argument has to be that the changes are of such a degree that there has been a fundamental challenge to the operation and our understanding of capitalism" (Giddens 2000, 3). Die digitale Revolution hat die technischen Voraussetzungen für eine fundamentale "Neustrukturierung des Kapitalismus" geschaffen, deren gesellschaftlichen Auswirkungen noch immer nicht vollends abzusehen sind (Castells 2001, 13).

1.6. Die fortschreitende Computerisierung

Seit Beginn der Industrialisierung ist die fortschreitende Technisierung und zunehmende Verwissenschaftlichung der Arbeitswelt ein maßgeblicher Wesenszug der Moderne. Die Integration der neuen Informations- und Kommunikationstechnologien in den Arbeitsalltag hat die Möglichkeiten einer Automatisierung standardisierter Arbeitsschritte und folglich die Möglichkeiten einer Beschleunigung des Arbeitsprozesses tendenziell erweitert. Mit dem Eindringen intelligenter Steuerungssysteme in die Industriebetriebe der achtziger Jahre hat die Automatisierung der Arbeitswelt eine neue Dynamik entfaltet.

Nach Marshall McLuhan besteht das Charakteristikum der elektrischen Automation in erster Linie im synchronisierten Zusammenspiel verschiedener Arbeitsabläufe (McLuhan 1968, 536). Hatte die Suche nach der effizientesten Anordnung der einzelnen Arbeitsschritte einst große Schwierigkeiten bereitet, ermöglicht die Automatisierung ein müheloses Ineinandergreifen mehrerer Prozesse, die gleichzeitig ausgeführt werden. Diese flexible Anpassungsfähigkeit des automatischen Systems an die vielfältigen Erfordernisse der Produktion unterscheidet die elektrische Automation von der vergleichsweise unflexiblen Arbeitsteilung und Spezialisierung der mechanischen Systeme: "Die Mechanisierung hängt von der Aufgliederung eines Prozesses in gleichartige, aber beziehungslose Teilchen ab. Die Elektrizität vereinigt diese Bruchstücke wieder zu einem Ganzen" (McLuhan 1968, 530). In diesem Sinne führt der Weg der Automation über die Zerlegung des Arbeitsprozesses und die lineare Aneinanderreihung isolierter Arbeitsschritte wieder zurück zur Gleichzeitigkeit und Vielseitigkeit handwerklicher Fertigungsweisen. Wie die frühen Automobilbauer führt der Roboter nicht einen einzelnen Handgriff aus, sondern eine Vielzahl an Aufgaben, die zudem ständig modifiziert werden können. In den Augen McLuhans hat die Synchronisation verschiedener Handlungen der monotonen Linearität mechanischer Fließbandproduktionen ein Ende bereitet. Unwillkürlich verändere sich damit auch die Rolle der Arbeiter. Sie müssen sich laufend die erforderlichen Fachkenntnisse und Fertigkeiten aneignen, um mit den technischen Entwicklungen mitzukommen. Es wird unerlässlich, sich regelmäßig fortzubilden. Angesichts der Tatsache, dass die Automation einer Fabrik einen Teil der Belegschaft entbehrlich werden lässt, erhält lebenslanges Lernen für McLuhan allerdings noch einen anderen Sinn: Das elektronische Zeitalter befreie den Menschen von der "mechanischen und spezialisierten Routinearbeit des vergangenen Maschinenzeitalters" (McLuhan 1968, 538). Was uns bevorstehe, sei deshalb eine "Befreiung, die unsere inneren Kräfte der Selbstbeschäftigung und des schöpferischen Einsatzes in der Gemeinschaft mobilisiert" (ebd.). Dem Menschen werde die Rolle des Künstlers in der Gesellschaft angeboten. Deshalb solle man lieber "nicht fürs Leben lernen, sondern leben lernen" (McLuhan 1968, 520).

Inzwischen treiben hochleistungsfähige Mikrochips und fallende Preise von Hardware und Software eine Automatisierungswelle völlig neuen Ausmaßes voran. Hatten es bereits einfache Mechanisierungen erlaubt, die Produktivität zu erhöhen und zugleich die Zahl der Beschäftigten zu senken, wird es mit der Weiterentwicklung intelligenter Technologien möglich, die traditionellen Produktionsbetriebe mit einem Bruchteil der Beschäftigten zu betreiben, die dafür früher notwendig waren. Der Einsatz produktiverer Maschinen, leistungsstarker Hardware und intelligenter Software erlaubt es den Unternehmen, noch mehr Arbeit mit noch weniger Arbeitern zu leisten – und folglich Stellen zu streichen. Laut Jeremy Rifkin ist diese Tendenz nicht allein auf die industrielle Produktion beschränkt. Intelligente Maschinen ersetzen die menschliche Arbeitskraft in ganz unterschiedlichen Arbeitsbereichen – von der Landwirtschaft, über die Industrie, bis zum Dienstleistungssektor (Rifkin 2004).

Längst haben sich traditionelle Bauernhöfe in hocheffiziente Landwirtschaftsbetriebe verwandelt, auf denen automatisierte Landmaschinen, chemische Kunstdünger, biotechnologische Pflanzenzüchtungen und industrielle Massentierhaltung das Bild beherrschen. Genetische Manipulationen bringen schädlingsresistente Getreidesorten hervor. Mit Hormonen wird das Wachstum von Schweinen beschleunigt, die Milchproduktion von Kühen und die Eierproduktion von Hühnern erhöht (Rifkin 2004, 118ff.). Im Zuge der Modernisierung konnten die Erträge enorm gesteigert werden. Gleichzeitig sollten die Überproduktion und der mit ihr einhergehende Preisverfall die Zahl der Bauernhöfe und der dort Beschäftigten gewaltig dezimieren.

Ähnliches lässt sich bei der Entwicklung leistungsstarker Produktionsanlagen in der Industrie beobachten – allen voran in der Automobilindustrie. Die automatische Fabrik war bereits seit Mitte des 20. Jahrhunderts in aller Munde. Dank der fortschreitenden Technisierung sollte die Fabrik der Zukunft bald fast ganz ohne menschliche Arbeitskräfte auskommen. Tatsächlich wurde die Arbeitskraft der Arbeiter mehr und mehr durch Maschinen ersetzt. In den automatisierten Montagehallen im VW-Werk in Wolfsburg, bei BMW in Leipzig oder Mercedes-Benz in Stuttgart führen heute geschmeidige Roboter den größten Teil der Arbeiten aus. Dank effizienter Technologien können sehr viel mehr Produkte mit sehr viel weniger Personal produziert werden. Die intelligente Fabrik des 21. Jahrhunderts besteht aus flexiblen Fertigungssystemen, auf deren Produktionslinien Hunderte von Produktvarianten hergestellt werden können – es genügt, den Produktionsprozess entsprechend zu programmieren. Die Selbststeuerung des Systems erlaubt es, Fehler selbständig zu identifizieren und sofort zu korrigieren. Den Arbeitern bleibt nichts anderes zu tun, als den eruierten Lösungs-vorschlag anzuerkennen oder nicht. Aus der Perspektive der Hersteller erlaubt die Automatisierung eine Einsparung von Personalkosten und folglich eine Er-höhung der Profite. Aus der Perspektive der Arbeiter profitieren von den mit Hilfe der Maschinen erwirtschafteten Gewinnen am Ende immer weniger.

Hatte man lange geglaubt, die in den alten Industrien abgebauten Arbeits-plätze könnten vollständig in den neuen Dienstleistungsbranchen aufgefangen werden, so hat sich diese Hoffnung nur teilweise erfüllt. Mittlerweile sind die meisten Routinetätigkeiten automatisiert. Telefonanrufe werden von Voice-Mail-Systemen entgegengenommen. In Büros wird ein Großteil der Geschäfte elektronisch erledigt. Der Zahlungsverkehr wird online abgefertigt. Interaktive Benutzeroberflächen ermöglichen komplexe Interaktionen zwischen Mensch und Maschine. Ob Geldautomaten, Briefmarkenautomaten, Fahrkartenautoma-ten, Parkautomaten, Getränkeautomaten, von Internetshopping oder Onlineban-king bis zu interaktiven Kommunikationsprogrammen und Lernsoftware über-nehmen Automaten, Roboter und Computer die Aufgaben von Kassierern, Ver-käufern und Verwaltungsangestellten.

In Folge des technologischen Wandels stirbt ein großer Teil der älteren In-dustriearbeiten aus. Das ist nicht ungewöhnlich. Das Verhältnis von Mensch und Maschine war stets gespalten. Auf der einen Seite ermöglicht die Technik die Entwicklung neuer Produkte und Produktionsverfahren, so dass Arbeitsplätze geschaffen werden. Auf der anderen Seite stellt sie eine beständige Bedrohung althergebrachter Arbeitsformen dar. Auch die innovativen Technologien des Computerzeitalters machen zwar alte Arbeitsplätze obsolet – schaffen aber auch neue. Die in den aussterbenden Industrien verlorengegangenen Arbeitsplätze sollten deshalb vor allem durch neue Arbeitsplätze in den zukunftsweisenden Technologiebranchen ersetzt werden. Doch so sehr dieser Wandel (durch Fort-bildungen und Umschulungen) bis heute forciert wird, so wenig ging diese Rechnung bislang auf.

In *The end of work* hat Jeremy Rifkin eindrücklich verdeutlicht, in welchem Ausmaß die fortschreitende Technologisierung der Arbeitswelt die körperliche und geistige Arbeitskraft des Menschen mehr und mehr ersetze. So gibt es zwar unendlich viele Wege, um Stellen abzubauen, aber nur wenige, um sie zu schaf-fen. Oder in den Worten des amerikanischen Unternehmensberater John C. Skerritt: „'We can see many, many ways that jobs can be destroyed [...] but we can't see where they will be created" (Rifkin 2004, 7). Der Manager Percy Barnevik beurteilte die Situation bereits 1993 ganz ähnlich: „If anybody tells me, wait two or three years and there will be a hell of demand for labor, I say, tell me where? What jobs? In what cities? Which companies? When I add it all together, I find a clear risk that the 10% unemployed or underemployed today could easily become 20 to 25%" (Rifkin 2004, 12). Nach und nach wurde zahlreichen Beobachtern klar, dass ausgerechnet die technologische Innovationskraft und die daraus resultierende Produktivität die Gesellschaft vor neue, selbst geschaffene Herausforderungen stellt.

Die Substitution der menschlichen Arbeitskraft

Bereits zu Beginn der Industrialisierung waren die Besitzer von Maschinen bestrebt, die Muskelkraft ihrer Arbeiter durch Maschinen zu ersetzen. Nicht zuletzt aufgrund ihrer Unzulänglichkeit sollte die menschliche Arbeitskraft möglichst systematisch aus dem Produktionsprozess eliminiert werden. In seinem Hauptwerk zur politischen Ökonomie *Das Kapital* von 1872 beschreibt Karl Marx die Auseinandersetzung zwischen Arbeiter und Maschine deshalb als einen „Kampf" (Kapital 1872, 414). Die Maschine mache die Muskelkraft entbehrlich und trete an die Stelle des „unvollkommene[n] Produktionsinstrument[s]" Mensch (Kapital 1872, 367): „Die Maschine, wovon die industrielle Revolution ausgeht, ersetzt den Arbeiter" (Kapital 1872, 367). Es finde ein „Deplacement der Arbeit" statt (Kapital 1872, 380). Insofern der Gewinn „aus der Verminderung nicht der angewandten, sondern der bezahlten Arbeit entspringt" (Kapital 1872, 383), messe sich die Produktivität der Maschine „an dem Grad, worin sie die menschliche Arbeitskraft ersetzt" (Kapital 1872, 380). Die Maschine erscheint als das „gewaltigste Mittel" das vermag, „die Produktivität der Arbeit zu steigern, d.h. die zur Produktion einer Waare nöthige Arbeitszeit zu verkürzen" (Kapital 1872, 392). Die Produktivitätssteigerung wirke sich unvermeidlich auf die Situation der Arbeiter aus. Die Maschinerie beginne sich zu verselbständigen. Sie werde „zum Konkurrenten des Arbeiters" (Kapital 1872, 416). Die Sichtweise erklärt den vehementen Widerstand, den viele Arbeiter gegen maschinelle Betriebe bereits zu Beginn des 19. Jahrhunderts in England leisteten, der in eine massenhafte Zerstörung von Maschinen in den englischen Manufakturdistrikten mündete. Dabei wollten die Menschen sich nicht einfach nur dem Fortschritt in den Weg stellen. Sie wehrten sich vielmehr gegen die fortschreitende Entlassung von Arbeitern und die fortdauernde Eliminierung von Arbeitsplätzen. Die Verselbständigung der Maschinerie versetzte die Arbeitgeber in die Lage, sich allmählich aus der Abhängigkeit von den beschäftigten Arbeitern zu lösen. Deren Forderung verloren dementsprechend an Gewicht. Die Maschinerie wurde zu einem „Kriegsmittel zur Niederschlagung der Arbeiteraufstände" (Kapital 1872, 420). Die Konkurrenz auf dem Arbeitsmarkt sollte die Position der Arbeiter gegenüber den Arbeitgebern zusätzlich schwächen. Insofern „der Arbeiter seine Arbeitskraft als Waare verkauft", erlösche mit dem Einsatz der Maschine der Gebrauchswert und folglich der Tauschwert der Arbeitskraft: "Der Arbeiter wird unverkäuflich, wie außer Kurs gesetztes Papier. Der Theil der Arbeiterklasse, den die Maschinerie so in überflüssige [...] Bevölkerung verwandelt [...] überfüllt den Arbeitsmarkt und senkt daher den Preis der Arbeitskraft unter ihren Wert" (Kapital 1872, 416). In diesem Sinne „erschlägt" das Arbeitsmittel den Arbeiter (Kapital 1872 417). Die Kapitalisten profitierten nicht nur von der erhöhten Produktivität und den gesenkten Lohnkosten, sondern auch von der Reservearmee arbeitsloser Arbeiter, deren Konkurrenz die Löhne tiefer und tiefer drückte.

Freiheitspotenziale

Was aus der marxistischen Perspektive als ein dramatisches Problem erschien, eröffnete aus einem anderen Blickwinkel heraus betrachtet durchaus neue Chancen. Nicht allein die Hoffnung des Deutschen Idealismus bestand denn auch lange darin, dass die Technik den Menschen von der Mühsal und Plage der Arbeit erlöse. In diesem Sinne wohne der Automatisierung der Arbeitswelt ein Moment der Befreiung inne. Schon für Hegel erlaube gerade die Mechanisierung, die Arbeit des Einzelnen zunächst zu erleichtern, um sie am Ende vollends durch eine Maschine zu ersetzen (Hegel 1999b, § 198). Im Grunde ist die Substitution der Arbeiter durch die Technik deshalb nichts Schlechtes. Schließlich hatten diese lange unter den bedrückenden Zuständen in den Fabriken gelitten. Lange Arbeitstage von 14 bis 16 Stunden waren normal. Dass die düsteren Industriebetriebe verschwinden und die Luft nicht mehr schwarz von Abgasen ist, kann nur als Fortschritt betrachtet werden. Die Freiheit, die daraus resultieren könnte, war allerdings niemals garantiert. Hegel betrachtete die Arbeit als *Bewegungsprinzip* im allgemeinen Fortschritt der Menschheit, das die Verwirklichung des *Prinzips der Freiheit* im weltgeschichtlichen Prozess vorantrieb. Die Erniedrigung des Einzelnen im mechanischen Getriebe der neuen industriellen Produktion stand dazu in dialektischem Widerspruch. Hegel enthielt sich deshalb eines utopischen Optimismus. Freiheit konnte mittels Arbeit und Technik zwar ermöglicht, aber ebenso zunichte gemacht werden.

Eingedenk dieser Geschichte stehen wir heute im Grunde noch vor demselben Problem: Die modernen Technologien ermöglichen es, die Arbeit zu einem großen Teil in die Hände von intelligenten Maschinen zu legen. Die entscheidende Frage lautet, inwiefern es uns gelingt, die daraus resultierenden Freiheitspotentiale gesellschaftlich zu nutzen. Die entscheidende Frage lautet auch heute, wer von den mit Hilfe der Technik erwirtschafteten Gewinnen in erster Linie profitiert. Es ist durchaus vorstellbar, dass alle Bürger zu einem gewissen Grad an dem erarbeiteten Reichtum partizipieren und ihr Leben in gemäßigtem Wohlstand mit weniger Arbeit und mehr Freizeit verbringen. Es ist aber ebenso vorstellbar, dass eine Minderheit sehr viel arbeitet, während der Mehrheit eine Erwerbsarbeit verwehrt wird. Und in der Tat zeichnet sich derzeit eher ab, dass ein kleiner Teil der Bevölkerung immer reicher und reicher wird, während ein Großteil zunehmend verarmt. Für Jeremy Rifkin sind deshalb zwei entgegengesetzte Szenarien realistisch: „The new high-technology revolution could mean fewer hours of work and greater benefits for millions. For the first time in modern history, large numbers of human beings could be liberated from long hours of labor in the formal marketplace, to be free to pursue leisure time activities. The same technological forces could, however, as easily lead to growing unemployment and a global depression" (Rifkin 2004, 13). „The question is wether the technologies [...] will fulfill the economists' dream of endless production and profit or the public's dream of greater leisure. [...] The vision of the entrepreneurs keeps us locked in to a world of market relations and commercial considerations. The second vision [...] brings us into a new era in which the commercial forces of the marketplace are tempered by the communitarian forces of an enlightened society" (Rifkin 2004, 41). Die Antwort auf diese Frage wird davon abhängen, inwiefern sich die Bürger für das eine oder andere entscheiden und bereit sind, diese Entscheidung gegen Widerstände durchzusetzen. Denn eines ist sicher: Die emanzipatorischen Möglichkeiten der Moderne werden sich nicht einfach von selbst erschließen. Sie müssen intellektuell begriffen und politisch gestaltet werden. Wer sich damit begnügt, lediglich vermeintlichen Sachzwängen zu folgen, dessen Gestaltungskraft ist längst geschwächt.

1.7. Von der Informationsverarbeitung zur Wissensverwertung

In der mechanistischen Arbeitswelt von Taylor und Ford waren Kopfarbeit und Handarbeit strikt getrennt. Der Arbeiter wurde als funktionaler Bestandteil des mechanischen Getriebes betrachtet und unterstand der ständigen Kontrolle eines Vorgesetzten. In einer Zeit, in der viele Menschen ohne Ausbildung eine Arbeit suchten, kam diese Beschränkung auf die körperliche Arbeitskraft vielen Arbeitsuchenden durchaus entgegen. Mit der rasanten Verbreitung informationsverarbeitender Maschinen rückt die intellektuelle Leistungsfähigkeit der Beschäftigten in den Mittelpunkt der Aufmerksamkeit. Die entscheidende Folge der fortschreitenden Computerisierung ist deshalb vor allem die neue Bedeutung der kognitiven gegenüber der körperlichen Arbeit. Unbestritten besteht nach wie vor ein großer Teil der menschlichen Arbeit in nicht selten schwerster körperlicher Anstrengung. Entscheidend ist aber, dass die Perfektionierung der körperlichen Bewegungsabläufe nicht mehr im Fokus des strategischen Managements steht. Mit der fortschreitenden Technisierung bestehen zahlreiche berufliche Tätigkeiten darin, täglich mit abstrakten Informationen und theoretischem Wissen umzugehen: „information and knowledge have now become media of production, displacing many kinds of manual work" (Giddens 2000, 22). An die Stelle der körperlichen Arbeit tritt die Verarbeitung von Informationen in den Köpfen der Mitarbeiter. Das Gehirn wird zur entscheidenden Produktivkraft: "Zum ersten Mal in der Geschichte ist der menschliche Verstand eine unmittelbare Produktivkraft und nicht nur ein entscheidendes Element im Produktionssystem" (Castells 2001, 34).

Kognitionswissenschaft

Kaum eine andere Entwicklung markiert deshalb den Übergang von der industriellen in die postindustrielle Gesellschaft klarer als die der *Kognitionswissenschaften*. Die Kognitionswissenschaften machten es sich zur Aufgabe, kognitive Prozesse zu operationalisieren. Dazu werden intellektuelle Tätigkeiten in einzelne Schritte zerlegt. Die Schrittfolge wird in ein mathematisches Verfahren transformiert, das ein Rechner generieren kann. Die Formalisierung erlaubt es, den Operationsprozess zu automatisieren. Die Anknüpfung an Denkfiguren in der Tradition von Ford, Taylor oder Smith ist offensichtlich. Die Rationalisierung des Geistes schlug sich nieder in der Informatik, der Kybernetik, der Künstlichen Intelligenz (KI). Die KI-Forschung ging davon aus, dass menschliche und künstliche Intelligenz eine essentielle Gemeinsamkeit hätten – nämlich informationsverarbeitende Systeme zu sein. Der KI-Forschung liegt die Annahme zugrunde, dass der menschliche Geist vollständig durch das Modell formalisierbarer Informationsverarbeitung beschrieben werden könnte.

Nun zeichnet den menschlichen Geist tatsächlich aus, dass er mit Zeichen und Symbolen operiert. Die Computerspezialisten versuchen, diesen Zeichengebrauch zu formalisieren. Aus sprachphilosophischer Perspektive, wird die technische Formalisierung der Komplexität menschlicher Kommunikationsprozessen allerdings nicht gerecht. Die Abstraktion ignoriert den Kontext, in den alle zwischenmenschliche Verständigung eingebettet ist. Begriffe haben keine ein für allemal definierte Bedeutung. Ein und derselbe Satz kann in verschiedenen Situationen etwas anderes bedeuten. Seine Bedeutung kann von einem Augenzwinkern oder einer Melodieführung verändert werden. Insbesondere der Übergang von einem Satz zum nächsten Satz kann nicht formalisiert, sondern nur *kreativ* bewerkstelligt werden. Wie Günter Abel erläuterte, zeichnet den menschlichen Geist deshalb nicht allein aus, dass er mit Zeichen und Symbolen umzugehen weiß, sondern dass er diese Zeichen erfinden, modifizieren, revidieren oder einfach aufgeben kann (Abel 2004, 290f.). Dies alles sind Prozesse, die sich bislang einer computationalen Formalisierung entziehen. Die formalisierten Verfahren eines Computerprogramms sind zu solch kreativen Leistung nur sehr bedingt in der Lage. Trotz ihrer enormen Schnelligkeit und ungeheuren Leistungsfähigkeit sind Computer letztlich ziemlich unbeweglich. Computer verstehen buchstäblich keinen Spaß. Das Funktionsprinzip der meisten Programme beruht auf einer simplen Struktur: Befehl geben – Befehl ausführen – Befehl ändern. Letztlich ist dieser Befehlsstruktur nicht zu entkommen. Ob er will oder nicht - der Benutzer muss sein Verhalten nach der Maschine ausrichten und nicht umgekehrt. Genau betrachtet ist dies nichts anderes als traditioneller Fordismus – nur in der Größenordnung der Mikroelektronik. Wie Taylor sind die Programmierer damit beschäftigt, möglichst effiziente Arbeitsabläufe zu ermöglichen. Im Mittelpunkt stehen nicht mehr leibliche Bewegungsstudien, sondern intellektuelle Operationen und mentale Prozesse. Könnte es angesichts dieser Tatsache sein, dass mit der zunehmenden Selbständigkeit intelligenter Maschinen, wie sie manch ein Forscher erträumt, der Mensch einem subtilen, aber allgegenwärtigen Diktat der Apparate unterworfen zu werden droht?

Von der Informationsgesellschaft in die Wissensgesellschaft

Nicht zuletzt aufgrund der Reduzierung des menschlichen Denkens auf eine technisch verengte Perspektive, wurde die Kritik am Begriff der *Informationsgesellschaft* schon nach kurzer Zeit laut. Es wurde bezweifelt, dass der Informationsbegriff den vielfältigen Formen relevanten Wissens, sowie dessen Aneignung, Vermittlung und Anwendung, gerecht werde. Tatsächlich geht es ja nicht einfach um die Verarbeitung von Informationen, sondern um einen verständigen

Umgang mit Zeichen und Symbolen, der auf einem sachkundigen Urteilsvermögen beruht. In den Worten von Günter Abel: "Information ist Information stets im Lichte eines Wissens und eines vorausgesetzten (syntaktischen und/oder semantischen) Zeichen- und Interpretationssystems, nicht umgekehrt" (Abel 2004, 328). In diesem Sinne beruht die Interpretation einer Information immer schon auf einem mehr oder weniger ausbuchstabierten Vorwissen, das den Interpretationsakt von vorne herein perspektiviert. Eine Information zu besitzen, heißt noch lange nicht, ihre Bedeutung zu verstehen oder gar irgend etwas zu wissen. Die Informationsflut kann ständig ansteigen, während unser Wissen von der Welt verarmt.

Im Rahmen seines Forschungsprojektes *Formen, Praktiken und Dynamiken von Wissen* hat Günter Abel eine hilfreiche Ausdifferenzierung von verschiedenen Wissensformen vorgelegt (Abel 2004, 319ff). Er unterscheidet darin zunächst einen *engen* Wissensbegriff, der im wesentlichen den intersubjektiv überprüfbaren Erkenntnissen der Wissenschaften zu Grunde liegt, von einem *weiten* Wissensbegriff, der subjektive Kenntnisse und Fertigkeiten umfasst. Er unterscheidet darüber hinaus zwischen *alltäglichem, theoretischem, praktischem* und *moralischem* Wissen. Zu guter Letzt stellt er *explizites* und *implizites*, *sprachliches* und *nicht-sprachliches*, *propositionales* und *nicht-propositionales* Wissen einander gegenüber. Diese Gegenüberstellung zielt in erster Linie auf die Unterscheidung eines Wissens, das sprachlich artikuliert werden kann, von einem Wissen, das spezifische Handlungskompetenzen und erfahrungsgespeiste Verhaltensweisen beinhaltet, die sprachlich nicht (vollständig) auszubuchstabieren sind.

Nicht zuletzt in Folge der heftigen Kritik an dem Begriff der Informationsgesellschaft wurde die professionelle Verarbeitung von Informationen häufig unter dem Begriff *Wissensarbeit* subsumiert. Im Vergleich mit der eher technisch konnotierten Informationsverarbeitung liegt die Betonung auf einer reflexiven Aneignung und einem kreativen Umgang mit Wissen. Die Enquete-Kommission des Deutschen Bundestages für *Globalisierung und Weltwirtschaft* sprach im Jahr 2002 etwas metaphorisch von einer ,Veredelung von Informationen'. Laut einer Definition des Fraunhofer Instituts in Stuttgart aus dem Jahr 2005 leiste Wissensarbeit „wer Wissen erwirbt oder bestehende Wissenshalte so umwandelt [...], dass neue Einsichten und Erkenntnisse entstehen" (Spath 2005, 54). Entscheidend sei ein innovatives Moment. Nicht enzyklopädisches Wissen sei gefragt, sondern ein Wissen, das die bestehenden Wissensbestände erweitere, modifiziere, erneuere. Der wirtschaftliche Mehrwert entstehe zum einen aus der innovativen Anwendung von Wissen und zum anderen aus der Erweiterung der Wissensbestände. Freilich nicht des Wissens an sich, sondern einer spezifischen

Form des Wissens, das sich in kreativen Problemlösungen und innovativen Entwicklungen ausdrücke.

Beschäftigungsprofile

In der Wissensökonomie bestehen zahlreiche berufliche Tätigkeiten demnach im täglichen Umgang mit Informationen und Wissen. In der Folge haben sich die Anforderungen an die kognitiven, kommunikativen und kreativen Fähigkeiten der Beschäftigten tendenziell erhöht. Der Anteil an anspruchsvollen Aufgaben ist insgesamt gestiegen. Die eigentlichen Gewinner der Wissensgesellschaft sind daher diejenigen, die in den maßgeblichen Segmenten der digitalen Informationsverarbeitung und Informationswirtschaft beschäftigt sind – also Naturwissenschaftler, Ingenieure, Softwareentwickler, Manager, Finanzdienstleister, Marketingstrategen. Insofern solche ertragreichen Dienstleistungen höhere Anforderungen an die Angestellten stellen, nimmt die Zahl der beschäftigten Hochqualifizierten tendenziell zu. Aufgrund der Kapitalintensität sind diese hoch qualifizierten Dienstleistungen aber einem besonderen Konkurrenzdruck ausgesetzt. Kaum einer dieser Jobs lässt sich nebenbei oder als Teilzeitbeschäftigung ausführen. Am Ende bleiben die wirklich qualifizierten Jobs der Wissensgesellschaft einem kleinen Kreis von Fachkräften vorbehalten, die sich früh und unter günstigen Umständen auf den Weg in die Forschungslabore, Entwicklungsbüros, Programmierstuben, Kommunikationszentralen, Medienagenturen, Verlagsanstalten, Vermittlungsdienste, Anwaltskanzleien, usw. gemacht haben. Daniel Bell hatte dies bereits in den 70er Jahren vorausgesehen: „The postindustrial society, in its initial logic, is a meritocracy" (Bell 1974, 409). Und so ist es auch kein Zufall, dass seit geraumer Zeit der Ruf nach Eliten und Elitenförderung wieder lauter wird.

Die Kommerzialisierung des Wissens

Im so genannten Informationszeitalter besteht ein Großteil der wirtschaftlichen Aktivitäten also in der Verarbeitung von Informationen und der Verwertung von Wissen. Im Grunde ist das nicht verwunderlich. Die menschliche Produktivität beruhte niemals ausschließlich auf körperlicher Arbeit. Stets spielten die Nutzung von besonderen Kenntnissen oder Fertigkeiten eine wichtige Rolle. In diesem Sinne hatte sich die sozialistische Arbeiterromantik stets einem simplifizierenden Trugbild hingegeben. Die Arbeitskraft der Arbeiter hätte niemals gereicht, um das römische Kolosseum oder den Dom zu Speyer zu errichten. Natürlich bedarf es handwerklicher Fähigkeiten – ebenso bedarf es aber der Architekturlehre, der Arbeitsorganisation, der Finanzierungsmöglichkeiten und nicht zuletzt der Vision, eine solche Idee zu verwirklichen.

Das spezifisch Neue des Informationszeitalters besteht deshalb vor allem darin, dass Wissen und Informationen in erster Linie dafür eingesetzt werden, neues Wissen und neue Geräte zur Informationsverarbeitung zu erzeugen: "Die Informationsverarbeitung konzentriert sich auf die Verbesserung der Technologie der Informationsverarbeitung als Quelle der Produktivität" (Castells 2001, 18). Das Wissen selbst wird zu einem Wirtschaftsgut, das wie eine Ware gehandelt wird. Der Handel mit Wissen setzt allerdings voraus, dass es als privates Eigentum beansprucht werden kann. In der Regel kann man nur verkaufen, was einem gehört. Um eine Information verwerten zu können, muss sie isoliert und dem öffentlichen Zugriff entzogen werden. Infolgedessen gewinnt der rechtliche Schutz von Ideen oder Erkenntnissen an Bedeutung. Viele Produkte, die unter einem hohen Forschungsaufwand entwickelt worden sind, können billig nachgeahmt werden, so dass den Nachahmern ein Kostenvorteil entsteht. Urheberrechte und Patentrechte sollen das geistige Eigentum vor fremden Zugriffen schützen und so seine privatwirtschaftliche Verwertbarkeit garantieren. Der Terminus *Geistiges Eigentum* soll das Ergebnis einer intellektuellen Leistung in einen rechtlich verhandelbaren Rahmen einbetten. Mit der Privatisierung des Wissens im Rahmen einer Patentierung geht allerdings primär seine Kommerzialisierung einher. In der Folge ist ein ganz neuer Typ von Informationsdienstleistern und Datenhändlern entstanden, die den *Wissenstransfer* primär unter wirtschaftlichen Gesichtspunkten betreiben. „Deren Interesse liegt in der exklusiven Zuteilung von Daten und nicht in einer Befriedigung des Informationsbedürfnisses der Öffentlichkeit oder des Staates" (Albert 1999, 278). Das Monopol auf Wissen und Ideen sichert Marktpositionen und Wettbewerbsvorteile. Dementsprechend funktioniert die Unternehmenspolitik im Grunde noch immer wie ein Geheimdienst: so wenig wie möglich von sich preisgeben und so viel wie möglich vom Gegner wissen.

Immer öfter greifen bei diesen Entwicklungen wissenschaftliche und wirtschaftliche Interessen ineinander. Insbesondere im Bereich der technisch sehr aufwändigen Mikro- und Biotechnologie sind Forschungslabore auf Investitionskapital angewiesen, welches das Risiko, das mit der Entwicklung zukünftiger Technologien einhergeht, nicht scheut. Letztlich sind es deshalb in erster Linie praktische Anwendungsmöglichkeiten und konkrete Gewinnerwartungen, die über die Richtung eines Forschungsverlaufes entscheiden.

Mit der fortschreitenden Digitalisierung dringen die Naturwissenschaften in immer feinere Verästelungen der Lebenswelt vor. Längst sind Molekularbiologen in der Lage, in genetisches Material einzugreifen. So können neue Mikroorganismen geschaffen werden, die in der Natur nicht vorkommen. Mittlerweile sind bereits Tausende solcher Mikroorganismen und Pflanzen patentiert. Mit dem Patenschutz für genmanipulierte Lebensformen wird die belebte Materie ohne Einschränkung zur industriellen Bearbeitung und ökonomischen Verwertung freigegeben (Rifkin 2004, 119). Der Verwertung von pflanzlichem, tierischem, menschlichem Leben ist dabei keine prinzipielle Grenze gesetzt. Patente auf pharmazeutische Stoffe wie AIDS-Medikamente sind seit langem die Regel. Laut des Abschlussberichtes der Enquete-Kommission des Deutschen Bundestages *Globalisierung und Weltwirtschaft* aus dem Jahr 2002 wurde 1980 in den USA das erste Patent auf eine Bakterie erteilt. 1988 ließ Harvard offiziell eine genetisch veränderte Maus patentieren (Castells 2001, 60). Im Rahmen der TRIPS-Vereinbarung (*Trade-Related Aspects of Intellectual Property Rights*) ist es seit 1995 sogar erlaubt, die wissenschaftliche Analyse eines biologischen Organismus als geistiges Eigentum zu beanspruchen. In der Folge wurde 1998 das erste Säugetier patentiert. Darüber hinaus versuchen westliche Unternehmen, exklusive Rechte auf die genetischen Ressourcen der Pflanzenwelt wie z.B. das Saatgut der Dritten Welt zu erhalten. Das Ziel ist kein anderes, als die Inbesitznahme dieser Ressourcen und die Kontrolle der dazugehörigen Märkte. Die Folge sind nicht nur willkürliche Preisabsprachen, sondern eine Kontrolle des gesamten Verwertungsprozesses – von der Produktion bis zum Verbrauch. In diesem Sinne ist die Kolonialisierung der Lebenswelt alles andere als beendet. Sie wird nur mit raffinierteren Methoden betrieben. Die endlose Suche nach neuen Produkten, neuen Märkten, neuen Profiten, treibt die Unternehmer nicht nur rund um den Globus, sondern ebenso hinein in die Tiefen des Mikrokosmoses. Der technisch-wissenschaftlichen Erschließung der Nanowelt folgt die wirtschaftliche Kapitalisierung auf den Fuß. Die modernen Formen der Ausbeutung, Manipulation und Kontrolle müssen dort gesucht werden. Dem groben Auge der industriellen Moderne bleiben sie verborgen.

Die alte Großindustrie

Mit der umfassenden Digitalisierung ist die alte Großindustrie allerdings nicht einfach erledigt. Sie prägt nach wie vor soziale Wirklichkeiten. Sie verändert aber ihr Erscheinungsbild. Der Einsatz des Computers hat die Arbeit in der produzierenden Industrie tendenziell erleichtert. Im Gegensatz zur Wissensarbeit der Angestellten sind die Arbeitsanforderungen für die Arbeiter eher gesunken. Mit der Automatisierung sind viele Arbeitsbereiche anspruchsloser geworden. So wird der Arbeitsprozess von der Software vorstrukturiert und das individuelle Vorgehen muss dieser Struktur angepaßt werden. Nicht selten bleibt die Arbeit auf das Bedienen einer standardisierten Benutzeroberfläche beschränkt, während der eigentliche Gegenstand der Arbeit nur abstrakt erfahren wird. Dafür ist es nicht unbedingt notwendig, dass die Beschäftigten irgend etwas von den Arbeitsvorgängen selbst verstehen. Es genügt zu wissen, wann welches Icon auf dem Bildschirm anzuklicken ist. Mit der Automatisierung eines Großteils aller

Routinearbeiten fallen viele Aufgaben daher auf eintönige Formen der abhängigen Dienstleistung zurück. Mitunter besteht eine Aufgabe sogar lediglich darin, darauf zu warten, dass etwas geschieht. Auf einem Kontrollbildschirm beobachten die Beschäftigten, ob der automatisierte Produktionsprozess fehlerfrei abläuft. Oft sind sie nicht in der Lage, ein Problem gegebenenfalls selbständig zu lösen. Ihre Kompetenz erschöpft sich darin, den Fehler zu erkennen und die zuständigen Fachleute zu informieren. Richard Sennett hat diese Entwicklung anhand einer automatisierten Bäckerei anschaulich erläutert (Sennett 2000, 81ff): Die geringfügig Beschäftigten der Bäckerei verstehen es weder, ein Brot zu backen, noch technische Schwierigkeiten zu bewältigen. Es ist ihnen gleichgültig, ob die Maschine, die sie bedienen, Brot backt, Kleider näht, Papier bedruckt. Sie identifizieren sich nicht mit ihrer Arbeit und entwickeln keinerlei Berufsethos. Die niedrigen Arbeitsanforderungen spiegeln sich in einer niedrigen Entlohnung wieder. Und da mit den niedrigen Arbeitsanforderungen häufig eine Unterforderung der Arbeitnehmer einhergeht, bringt die Automatisierung vielfältige Formen seelischen Leidens hervor.

Gespaltene Welt

Bekanntlich haben aufgrund der fortschreitenden Deindustrialisierung unzählige Menschen ihren Arbeitsplatz verloren. Und wer seinen Arbeitsplatz verloren hat, absolviert in vielen Fällen eine Fortbildung. Doch den Wenigsten gelingt es, sich am Ende gegen die ausgebildete Fachkonkurrenz durchzusetzen. Ein Crashkurs in Wirtschaftsenglisch, Betriebswirtschaftslehre oder Computeranwendungen reicht selten aus, um neue Stellenangebote in Aussicht zu stellen. Wer die Wahl hat, wird Bewerber mit fachlicher Berufserfahrung bevorzugen. Aufgrund des fehlenden Einkommens drohen die Betroffenen am Ende aus dem gesellschaftlichen Leben ausgeschlossen zu werden. Was sich abzeichnet, ist daher ein zunehmender Konflikt zwischen hochqualifizierten Eliten auf der einen und niedrigqualifizierten Dienstleistungskräften auf der anderen Seite. Diejenigen, die dank der neuen Technologien reich geworden sind, beschäftigen allerlei Bedienstete, die ihnen das Leben erleichtern. Viele davon dienen eher dem Vergnügen, wie der Golflehrer, der Skipper, die Prostituierte. Andere sorgen für die Befriedigung sozialer Bedürfnisse wie Tagesmütter, Krankenschwestern, Altenpfleger. Wieder andere erfüllen alltägliche Anforderungen wie Reinigungskräfte, Haushaltshilfen, Servicepersonal, Wartungsdienste, Taxifahrer. Schließlich behalten Wachmänner und Sicherheitskräfte das private Eigentum im Auge. Sie alle werden dafür bezahlt, dass sie Aufgaben erfüllen, zu denen die Gewinner der Wissensgesellschaft keine Zeit mehr finden. Während die einen, von den notwendigen Plagen des Alltags befreit, die eigene Karriere verfolgen, bleiben die anderen in den alltäglichen Sorgen der eigenen Existenzsicherung gefangen. Während die einen ihre Wissensbestände, Berufserfahrungen und Beziehungsnetzwerke permanent ausbauen, fallen die anderen weiter zurück. Hegels hoffnungsvolle Parabel von Herr und Knecht hat seine Geltung verloren. Der Knecht wird Knecht bleiben, während der Herr an neuen Herausforderungen wächst. So nehmen die sozialen Unterschiede im Laufe der Zeit weiter zu. Und letzten Endes provoziert die meritokratische Wissensgesellschaft eine Gesellschaft mit extremen Ungleichheiten, die Spannungen und Konflikte erzeugt. Am Ende erweist sich die Wissensgesellschaft als eine – wie es Ralf Dahrendorf formulierte - „Gesellschaft des bewussten Ausschlusses vieler aus der modernen Arbeitswelt" (Dahrendorf 2003, 59). Die daraus resultierenden Konflikte finden sich im globalen Maßstab als Benachteiligung ganzer Bevölkerungsgruppen wieder: „Der Informationskapitalismus schafft eine gespaltene Welt" (Dahrendorf 2003, 72).

Zukunftsperspektiven

Angesichts dieser aufeinanderprallenden Perspektiven stellt sich die Frage, in welche Richtung es weiter geht. Zwei entgegengesetzte Zukunftsvisionen sind vorstellbar: Das optimistische Szenario verheißt uns ein lichtes Informationszeitalter mit endlosem Wachstum. Demnach eröffne das Ende des industriellen Zeitalters in erster Linie erfreuliche Perspektiven. In den Augen seiner Vertreter ist zu erwarten, dass das Leiden der Arbeiter in den Fabriken ein für allemal ein Ende hat; dass die verseuchten Industriegelände sich allmählich regenerieren; dass neue Technologien alternative Energien nutzen und die natürlichen Ressourcen schonen. Die Wissensarbeit ist interessant und anregend, der Wissensarbeitsplatz sauber und angenehm. Mit anderen Worten: Es ist, als ob der Traum von der emanzipatorischen Kraft der Technik einfach weiter geträumt wird, um der Menschheit endlich jenen Wohlstand, jene Selbstbestimmung, jene Freiheit zu verschaffen, welche ihr die industrielle Moderne schon vor zweihundert Jahren verheißen hatte. Das pessimistische Zukunftsszenario prophezeit uns dagegen eine düstere Zeit mit Millionen von Menschen, die aus dem globalen Dorf ausgeschlossen sind und in kümmerlicher Armut ums Überleben kämpfen; in der wenige Inseln extremen Reichtums in einem Meer von Elend schwimmen; in der die natürlichen Ressourcen aufgrund eines maßlosen Energieverbrauchs aufgezehrt sind und sauberes Trinkwasser zu einer seltenen Kostbarkeit geworden ist. So schwer es uns fällt, es einzugestehen: Dieses Bild entspricht gegenwärtig in vielen Regionen der Welt eher der Realität.

Bildung

Aufgrund der besonderen Anforderungen, welche die Wissensgesellschaft an die Erwerbstätigen stellt, wird Bildung zur alles entscheidenden Grundvoraussetzung für eine erfolgreiche Erwerbsbiographie. Ohne einen entsprechenden Bildungsgang erscheint der Zutritt zu einem der begehrten Hochlohnarbeitsplätze von vornherein als aussichtslos. Status und Einkommen beruhen entscheidend auf technischen Fertigkeiten und höherer Bildung. Ohne diese Fähigkeiten sind die Anforderungen der wissensorientierten Arbeitsteilung nicht zu erfüllen. In einer ständig sich wandelnden Arbeitswelt wird zudem die Bereitschaft, sich ein Leben lang fortzubilden, zu einem festen Bestandteil der strategischen Karriereplanung. Der amerikanische Wirtschaftswissenschaftler Lester Thurow sah die Notwendigkeit, sich aufgrund einer verschärften Wettbewerbssituation unter den qualifizierten Fachkräften laufend fortzubilden, bereits 1972 voraus: „As the supply of educated labor increases, individuals find that they must improve their educational level simply to defend their current income position. If they don't, others will, and they will find their current job no longer open to them. [...] *In effect, education becomes a defensive expenditure to protect one's ‚market share‘“* (zitiert n. Bell 1974, 414). Im Gegensatz dazu laufen diejenigen, die – aus welchen Gründen auch immer – nicht in der Lage sind, einen Hochschul- oder gar Schulabschluss zu erreichen, Gefahr, langfristig vom ersten Arbeitsmarkt ausgeschlossen zu werden. Umso wichtiger erscheint es, möglichst vielen Bürgern den Zugang zu dem Wissen zu ermöglichen, das sie für die Bewältigung ihrer beruflichen wie privaten Herausforderungen benötigen.

In der Wissensgesellschaft geht man relativ naiv davon aus, dass Informationen ständig und überall zur Verfügung stehen. Die technische Verfügbarkeit von Informationen sagt aber weder etwas über die freie Zirkulation von Wissen aus, noch darüber, wer in der Lage ist, diese Informationen für sich zu nutzen. Eine Information zu haben, heißt noch nicht ihre Bedeutung zu verstehen. Informationen erschließen sich nicht von selbst, sondern bedürfen entsprechender Interpretationsfertigkeiten. Die Interpretation einer Information bedarf eines Vorwissens, das sich im Laufe eines Bildungsganges angeeignet wurde. Gerade in der Wissensgesellschaft besteht ein grenzenloser Bedarf an Bildungs- und Fortbildungsmöglichkeiten. Insofern die ökonomische Produktivität einer Gesellschaft entscheidend von der Bildung, dem Wissen, den Ideen der Bürger abhängt, kann die Rolle der öffentlichen Bildungseinrichtungen gar nicht hoch genug eingeschätzt werden. Ganz zu schweigen von den sozialen und kulturellen Aktivitäten, die zum Gelingen des individuellen und gesellschaftlichen Lebens beitragen. Mit dem Übergang von der Industrie- in die Wissensgesellschaft nimmt der Stellenwert der Universitäten und Forschungseinrichtungen daher in der Tat prinzipiell zu. Wir erinnern uns noch einmal an Daniel Bell: „In the post-industrial society, the chief problem is the organization of science, and the primary institution the university or the research institute where such work is carried out" (Bell 1974, 116). Bei genauer Betrachtung wird allerdings deutlich, dass in der Praxis keineswegs alle Fakultäten in gleichem Maße von dieser Entwicklung profitieren. Während die Natur- und Technikwissenschaften aufgrund der von ihnen zu erwartenden volkswirtschaftlichen Impulse verstärkt gefördert werden, laufen die Kultur- und Geisteswissenschaften tendenziell Gefahr, vernachlässigt zu werden. Insofern sich deren Fachvertreter eher selten mit sozioökonomischen Fragen beschäftigen, sind sich viele dieser Bedrohung nicht einmal bewusst. Dass die neuen Eliteuniversitäten in erster Linie an technischen und naturwissenschaftlichen Forschungseinrichtungen ausgerichtet werden, sollte ihnen zumindest zu denken geben.

Es gehört zum moralischen Grundbestand demokratischer Gesellschaften, dass niemand aufgrund seines Einkommens oder seines Elternhauses vom Erwerb von Wissen abgehalten werden darf. Mündige Bürger müssen wissen, was geschieht, um Handlungsoptionen entwickeln zu können. Information ist ein wesentliches Element einer funktionierenden Öffentlichkeit. Sinnfälligster Ausdruck dieses Grundsatzes sind öffentliche Bibliotheken. Die freie Zirkulation von Informationen und Wissen, bildet nicht nur eine der Grundlagen demokratischer Gesellschaft, sie stellt auch eine entscheidende Kraft in der zivilisatorischen Entwicklung der Menschheit dar. Im Gegensatz dazu droht die Kommerzialisierung des Wissens die freie Informationsbeschaffung einzuschränken. Die Privatisierung des Wissens droht den öffentlichen Austausch von Wissen – vor allem in besonders profitablen Forschungsbereichen – zu blockieren. Es entstehen neue Konfliktpotentiale, in denen sich öffentliche und private Nutzer gegenüberstehen. Die Privatisierung des Wissens begünstigt einen Gebrauch von Wissen als Machtinstrument. In der Wissensgesellschaft stellt sich deshalb die Frage, wie ihre wertvollste Ressource, eben das Wissen, verteilt wird, mit besonderer Brisanz.

Selbstverständlich wird nicht die ganze Gesellschaft gleichzeitig von den skizzierten Tendenzen erfasst. Die soziale Wirklichkeit ist voller Ungleichzeitigkeiten und Widersprüche. Die gewagte Generalisierung ermöglicht aber eine Orientierung, die ansonsten verloren zu gehen droht. Dabei ist es offensichtlch, dass der Begriff der Wissensgesellschaft ebenso wie der einer Informations- oder Dienstleistungsgesellschaft problematisch bleibt. Einige Einwände wurden bereits vorgebracht. So bauten die ökonomischen Entwicklungen beispielsweise stets auf das spezifische Wissen einer bestimmten Zeit auf. Ob Berichte über brauchbare Ressourcen, die Kenntnis nützlicher Techniken, die Erfindung neuer Erzeugnisse, die Erschließung neuer Handelsmöglichkeiten, der Überblick über Finanzierungsmöglichkeiten – stets setzte erfolgreiches Wirtschaften ein bestimmtes Wissen voraus, das tradiert, vermittelt, verkauft wurde. Nichtsdestotrotz gehen mit der Entwicklung der so genannten Wissensgesellschaft spezifische soziale Konsequenzen einher, die – unter welcher soziologischen

Bezeichnung auch immer – genauer betrachtet werden sollten. Eines sollte dabei zumindest deutlich geworden sein: Die vielfältigen Metamorphosen, welche die postindustriellen Gesellschaften derzeit vollziehen, bleiben keineswegs auf die Arbeitswelt beschränkt. Sie berühren die alltägliche Lebensführung des Einzelnen ebenso wie die Grundlagen des gesellschaftlichen Zusammenlebens.

1.8. Die Restrukturierung der Arbeitsorganisation

In der Geschichte der Arbeit gingen technische und organisatorische Entwicklungen stets Hand in Hand. Die neuen IuK-Technologien haben die technischen Voraussetzungen für eine grundlegende Neustrukturierung der Arbeitsorganisation geschaffen, welche die Arbeitswelt tiefgreifend und folgenreich verändern sollte. Den entscheidenden Impuls zu dieser Erneuerung gab vor allem der härtere Wettbewerb auf den nationalen und internationalen Märkten. Zum einen übertrafen die Produktionskapazitäten der Güterindustrie die tatsächliche Nachfrage, so dass sich der Kostenwettbewerb unter den Anbietern verschärfte. Zum anderen kauften sich mehr und mehr ausländische Investoren in inländische Unternehmen ein und etablierten so einen aggressiveren Kapitalismus, der sich am Weltmarkt orientierte. In Folge des politisch forcierten Freihandels drängten schließlich neue Wettbewerber auf die internationalen Märkte. Vor allem asiatischen Unternehmen gelang es, innovative Spitzentechnologien mit niedrigen Preisen und hoher Qualität zu exportieren.

Angesichts dieser Situation sahen sich westliche Unternehmen im Laufe der achtziger und neunziger Jahre gezwungen, den eigenen Betrieb von Grund auf neu zu organisieren. Die dominierenden Managementstrategien reagierten mit einer radikalen Restrukturierungsoffensive. Im Grunde ging es wie gehabt um die Erschließung neuer Rationalisierungspotentiale. Die herkömmlichen Produktivitätssteigerungen reichten allerdings als Reaktion auf die drastisch verschärften Marktanforderungen nicht mehr aus. Mit der Vollautomatisierung des Produktionsprozesses war die Steigerung der Produktivität in den großen Industriebetrieben an eine gewisse Grenze gestoßen. Weitere Produktionssteigerungen waren von ihr kaum zu erwarten. Gleichzeitig wurde die standardisierte Massenproduktion des 20. Jahrhunderts den wechselnden Anforderungen des Weltmarktes nicht mehr gerecht. Die Unbeständigkeit der Nachfrage und die wechselnden Marktanforderungen ließen die traditionelle Großindustrie als einen schwerfälliger Riesen erscheinen, der nicht in der Lage war, auf unerwartete Veränderungen zu reagieren. Aufgrund der Schnelligkeit und Beweglichkeit der globalen Konkurrenz erschien es dringend erforderlich, die Arbeitsorganisation insgesamt zu flexibilisieren. Das Unternehmen sollte schneller und beweglicher werden. In den Blick geriet der gesamte Geschäftsbetrieb: von der Personalpolitik über Produktentwicklung und Produktion bis zu Vertrieb und Vermarktung. Nach und nach wurden sämtliche Aspekte der Arbeitsgestaltung in Frage gestellt: der Arbeitsplatz, die Arbeitszeit, die Arbeitsbeziehungen, die Arbeitsbedingungen, die Arbeitsentlohnung, uvm. Die Forderung nach Flexibilität brachte eine ganze Reihe an Problemen ans Licht, die als logische Konsequenz aus der systematischen Arbeitsteilung im Sinne Adam Smiths resultierten. Die Fragmentierung des Arbeitsprozesses erlaubte zwar eine Spezialisierung der Arbeitsaufgaben, brachte aber zugleich die Schwierigkeit mit sich, die einzelnen Arbeitsschritte in einem einzigen Arbeitsablauf zu integrieren. Daraus resultierten endlose Wege, die eine Information von einer Abteilung zur anderen Abteilung zurücklegen musste, um am Ende ihren Adressaten zu erreichen. Die Folge war ein hierarchisch organisierter Verwaltungsapparat, dessen Vorgesetzte vor allem die Aufgabe hatten, die Arbeit und Arbeitsaufträge der anderen zu kommunizieren. So manche Idee musste in einem herkömmlichen Unternehmen die gesamte Hierarchie hinauf wandern, um am Ende von der Direktion akzeptiert zu werden. Dagegen genügt ein einziges Nein, um sie unterwegs zurückzuweisen. Viel Kreativität wurde und wird so im Keim erstickt. Dennoch besteht das Problem nicht einfach in der Bürokratie. Im Gegenteil: Die Verwaltung hält die verschiedenen Abteilungen eines Betriebes zusammen. Das eigentliche Problem besteht in der Integration der einzelnen Arbeitsschritte in einen kohärenten und effizienten Arbeitsvorgang.

In diesem Zusammenhang haben die neuen IuK-Technologien neuartige Möglichkeiten geschaffen, die beteiligten Arbeitsbereiche in einen gemeinsamen Arbeitsprozess zu integrieren. Das Internet eröffnet den Zugang zu zentralen Datenbanken, auf die alle Mitarbeiter zur selben Zeit zugreifen können. Nachrichten müssen nicht mühsam weitergereicht werden, sondern können direkt an Kollegen geschickt werden. So lassen sich Kommunikationswege verkürzen und traditionelle Grenzziehungen innerhalb des Unternehmens überschreiten. Um innerhalb kürzester Zeit auf erhöhte Flexibilitätsanforderungen reagieren zu können, können feste Hierarchien zu Gunsten flexibler *Netzwerke* aufgelockert werden. Netzwerkartige Strukturen lassen sich leichter verändern als starre Befehlspyramiden und so einfacher an wechselnde Arbeitsaufgaben anpassen. Ein wichtiges Merkmal dieser Strategie ist deshalb die *Dezentralisierung* in bewegliche Unternehmenseinheiten, die weitgehend selbständig agieren. Was Mitte der neunziger Jahre noch unter dem Titel *Small Companies, Large Networks* als ein Zukunftsszenario am *Massachusetts Institute of Technology* (MIT) gehandelt wurde, ist inzwischen immer öfter Wirklichkeit: "nearly every task is performed by autonomous teams of one to ten people, set up as independent contractors or small firms, linked by networks, coming together in temporary combinations for various projects, and dissolving once the work is done" (Laubacher 1997). Computer, Mobiltelefone und Internet ermöglichen es, die traditionellen Organisationsstrukturen tendenziell aufzulösen und die Mitarbeiter in neuartige Netzwerke einzubinden, die sich mitunter rund um den Globus erstrecken. Die neuen Informationstechnologien integrieren die einzelnen Teams und selbständigen

60

Unternehmenseinheiten in temporäre Kooperationsgebilde. Die flexiblen Organisationsstrukturen sind allerdings nicht nur beweglicher, sondern auch zerbrechlicher als traditionelle Hierarchien. *Instabilität* wird zu einem wesentlichen Merkmal flexibler Arbeitsverhältnisse. Angesichts dieser Implikationen geht die angestrebte Restrukturierung der Arbeitsorganisation weit über eine simple Automatisierung hinaus. Die neuen Technologien sind nicht einfach nur ein neuer Bestandteil des Arbeitsplatzes. Als umfassendes Kooperationsmedium haben sie die Organisationsformen der Arbeit verändert. Die neuen Technologien sind nicht einfach nur Werkzeuge, die man benutzt, sondern Prozesse, die gestaltet werden (müssen) (vgl. Castells 2001, 34).

Die japanische Avantgarde von Toyota

Primäres Vorbild solcher Restrukturierungsmaßnahmen war das größte Unternehmen des asiatischen Wirtschaftsraumes: der japanische Automobilbauer *Toyota*. Toyota hatte seit vielen Jahren mit neuen Formen der Arbeitsorganisation experimentiert. Seit Beginn der neunziger Jahre gilt das japanische Konzept der *Lean Production* beinahe weltweit als Königsweg der betrieblichen Modernisierung (Kißler 1996). Schlanke Unternehmen sind in der Lage, mit weniger Personal und weniger Produktionsfläche mehrere hochwertige Produktvarianten zu produzieren. Die hohe Produktivität beruht dabei nicht allein auf modernen Produktionsanlagen, sondern auf einer optimalen Abstimmung von technischen und menschlichen Leistungspotentialen. Um mehr Output mit weniger Input zu produzieren, konzentriert sich das Unternehmen auf *Kernkompetenzen*. Die vorhandenen Ressourcen sollen bestmöglich genutzt und alle unnötigen Aktivitäten eliminiert werden. Dazu zählt der Abbau von Lagerbeständen ebenso wie der Abbau von entbehrlichem Personal. Die Güter werden nicht lange gelagert, sondern direkt auf LKWs oder Güterzüge verteilt. Die Zahl der Beschäftigten wird dezimiert und deren Arbeitsleistung perfektioniert. Die Mitarbeiter werden eingeladen, sich an der Optimierung des Produktionsprozesses zu beteiligen. Das Prinzip der kontinuierlichen Verbesserung nennt sich *kaizen*. Um die Schwachstellen zu eliminieren, ist die Kreativität eines jeden einzelnen Arbeiters gefragt. In diesem Sinne handelt es sich um *lernende Organisationen*, die um eine ständige Verbesserung der eigenen Leistung bemüht sind. Die Grundlage dieser beständigen Selbstoptimierung bildet die *Gruppenarbeit*. Sie bildet in der japanischen Automobilindustrie den Ausgangspunkt für ein integratives Arbeitsverständnis, für die Flexibilisierung des Arbeitseinsatzes und die Qualifizierung der Arbeitskraft (vgl. Kißler 1996, 25). Die Arbeiter kooperieren in kleinen Teams direkt an den Produktionsstätten. Wissenschaftler, Ingenieure und Arbeiter tauschen Ideen und Erfahrungen aus. Entgegen der tayloristischen Arbeitsteilung zeichnet sich die Teamarbeit durch die Integration vielfältiger Kompetenzen aus. Die Teammitglieder überschauen den gesamten Produktionsprozess und können deshalb gezielt eingreifen. So können die Anforderungen jeder Abteilung berücksichtigt und Fehler früh vermieden werden. In diesem Sinne vermag *Lean Production* die Vorteile von Handarbeit und Massenproduktion zu kombinieren.

Das Verfahren beinhaltet allerdings auch einige Nachteile für die Beschäftigten. Die beständige Optimierung des Produktionsprozesses führt zu einer allmählichen Beschleunigung des Arbeitstempos. Die Beschleunigung verursacht Stress. Dieser Stress ist durchaus kalkuliert. „The idea is to continually speed up and stress the system to find out where the weaknesses and soft spots are, so that new designs and procedures can be implemented to increase the pace and performance" (Rifkin 2004, 185). Unter solchen Bedingungen erfolgt die Selbstoptimierung der Mitarbeiter nicht ganz und gar freiwillig. Gelingt es einem Team nicht, eine Aufgabe erfolgreich zu bewältigen, droht die Auslagerung der Tätigkeiten aus dem Unternehmen. *Outsourcing* avanciert zum Grundprinzip der Arbeitsorganisation. Die internen Arbeitsleistungen werden mit den Leistungen externer Anbieter verglichen und unrentable Prozesse aus dem Betrieb ausgelagert, um sie preisgünstiger einzukaufen. In diesem Sinne wird der Wettbewerb gewissermaßen in das Unternehmen hereingeholt. Oder wie es ein ehemaliger Vorstandsvorsitzender von Mercedes Benz formulierte: „Wir führen die Brutalität des Marktes im Unternehmen ein" (Baecker 2002, 51). Mitunter werden einzelne Aufgaben sogar im Internet ausgeschrieben. Dann haben Bewerber weltweit die Möglichkeit, sich gegenseitig zu unterbieten, um den Zuschlag zu bekommen. In der Folge werden zahlreiche Aufgaben oder Arbeitsschritte, die ein Unternehmen früher selbst erledigte, an externe Anbieter, an kleine Firmen oder Einzelpersonen, abgegeben. Die Unternehmensstruktur löst sich bis zu einem gewissen Grad in einen lockeren Verbund von selbständigen Teams, freien Mitarbeitern und ungebundenen Zulieferern auf, die sich für eine bestimmte Zeit um ein gemeinsames Ziel herum gruppieren. So entstehen überbetriebliche Kooperationsformen, die die engen Grenzen eines Unternehmens überschreiten. Das sogenannte *Contract Manufacturing* (CM) geht sogar soweit, die gesamte Produktion an spezialisierte Vertragspartner abzugeben, so dass lediglich die Produktentwicklung beim Hersteller verbleibt (Greven 2005, 104f.). Ein modernes Unternehmen stellt damit ein Archipel dar, eine Gruppe einzelner Inseln, die lose miteinander verbunden sind. Den Zusammenhalt gewährleistet der Computer, indem er Kommunikationsstrukturen erzeugt, die die einzelnen Inseln digital miteinander vernetzen.

Die Entgrenzung des Unternehmens wird durch eine starke *Corporate-Identity* (CI) kompensiert. Die Marke suggeriert die Einheit. Ein unverwechselbares Bild soll das Unternehmen im Bewusstsein der Kunden und Mitarbeiter verankern. Aus der Perspektive des Kunden erscheint das lose Kooperationsgefüge als eine einzige Firma. In Wirklichkeit handelt es sich aber um ein verwickeltes Beziehungsgeflecht, das auf formalen Verträgen und informellen Vereinbarungen beruht. Nach innen soll die Marke den Mitarbeitern die Identifikation mit dem Unternehmen erleichtern. Im Wissen um den Wert der Einsatzbereitschaft ihrer Angestellten ließen sich viele Firmen die Pflege ihrer *CI* einiges kosten. Firmenlogos, Firmenausflüge, Firmenfeste, uvm. sollten die Mitarbeiter enger miteinander und mit dem Betrieb verbinden. Infolgedessen bildet das Unternehmen den Lebensmittelpunkt der Beschäftigten. Das soziale Leben spielt sich weitgehend unter Kollegen ab. Es wird gemeinsam gearbeitet, gegessen, gefeiert. „The companies become 'total institutions' [...] 'exerting influence over many aspects of social life'" (Rifkin 2004, 184). Gleichzeitig drohen andere soziale Aktivitäten, die nichts mit dem Beruf zu tun haben, aus dem persönlichen Handlungsfeld gedrängt zu werden. Davon kann auch gesellschaftliches oder politisches Engagement betroffen sein. Und entsprechend schmerzhaft wird die einseitige Kündigung eines solchen nahezu familiären Verhältnisses erfahren.

Der amerikanische Gegenschlag am MIT

Die wirtschaftlichen Herausforderungen durch die asiatische Konkurrenz sollten im Westen nicht lange auf ehrgeizige Reaktionen warten lassen. Im Jahre 1993 legten der Wirtschaftswissenschaftler *Michael Hammer* und der Unternehmensberater *James Champy* am MIT das Manifest *Reengineering the Corporation* vor, in dem sie mit missionarischem Eifer eine radikale Umstrukturierung der betrieblichen Arbeitsorganisation forderten. „Reengineering is the search for new models of organizing work" (Hammer 1993, 49). Das Buch sollte in wenigen Jahren zu einem internationalen Bestseller avancieren. Die Autoren beanspruchten nicht weniger, als die Arbeitswelt in einem ähnlichen Ausmaß zu revolutionieren wie Adam Smith: „We believe that the application of the principles of business reengineering will have effects as significant and dramatic as those created by Smith's principles of industrial organization" (Hammer 1993, 6). Insofern diese Prinzipien an den revolutionären Tendenzen ansetzen, welche die Arbeitswelt ohnedies verändern, erscheint dieser Anspruch nicht einmal als übertrieben. Ziel war es, ein neues Unternehmensmodell zu konzipieren, das amerikanischen Managern ermöglichen sollte, sich im internationalen Wettbewerb zu behaupten: „Reengineering [...] is the fundamental rethinking and radical redesign of business processes to achieve dramatic improvements in critical, contemporary measures of performance, such as cost, quality, service, and speed" (Hammer 1993, 32). Angesichts der skizzierten Defizite der traditionellen Arbeitsorganisation ist die Stoßrichtung der betrieblichen Umstrukturierung klar: „The core message of our book, then, is this: It is no longer necessary or desirable for companies to organize their work around Adam Smith's division of labor. [...] Instead, companies must organize work around *process*" (Hammer 1993, 27f.). „Processes, not organizations, are the object of reengineering [...] Processes are what companies do" (Hammer 1993, 117).

Dem theoretischen Entwurf ging eine Analyse der betrieblichen Praxis besonders erfolgreicher Unternehmen voraus. Sie alle hatten anscheinend ganz ähnliche Strategien verfolgt. Auf der Grundlage dieser Ergebnisse arbeiteten Hammer und Champy das radikale Konzept einer betrieblichen Umstrukturierung aus, das sich nicht damit begnügte, lediglich einzelne Arbeitsschritte effizienter zu gestalten. Zur Diskussion stand die gesamte Unternehmensstruktur: „Business reengineering means starting all over, starting from scratch" (Hammer 1996, 2). Um ein Unternehmen zu erneuern, sei es notwendig, sich aus allen althergebrachten Grundsätzen zu lösen, denen die traditionelle Großindustrie seit dem ausgehenden 18. Jahrhundert folgte: „Business reengineering [...] means forgetting how work was done in the age of the mass market and deciding how it can best be done now" (Hammer 1993, 2).

Im Grunde besteht das Programm des Business Reengineering darin, die Probleme, die aus der industriellen Arbeitsteilung resultieren, zu lösen, indem die einst auseinander genommenen Arbeitsschritte in einen gemeinsamen Arbeitsprozess integriert werden: „Work is organized around process and the teams that perform them" (Hammer 1993, 78). Die Arbeiter sind nicht mehr nur auf eine Aufgabe spezialisiert, sondern vielseitig ausgebildet. „They are generalists. Their work is multidimensional" (Hammer 1993, 68). Sie arbeiten in Teams, verrichten eine ganze Reihe relevanter Arbeiten und überschauen den gesamten Arbeitsverlauf. Die Aufgabe eines Teams ist es, im Rahmen eines Projektes auftretende Probleme selbständig zu lösen. Dafür werden ihm größere Freiräume eingeräumt. Die Angestellten avancieren zu einer Art selbständiger Unternehmer innerhalb des Unternehmens. Charakteristische Führungseigenschaften wie Selbständigkeit, Leistungsbereitschaft, Selbstdisziplin, gewinnen neben professionellen Berufserfahrungen an Bedeutung. Beansprucht werden alte – 'amerikanische' – Tugenden wie Individualismus, Selbstvertrauen, Risikobereitschaft und die Neigung, neu zu beginnen (Hammer 1993, 3).

Das Management ermutigt die Angestellten, selbst kreative Problemlösungen zu entwickeln. Es kontrolliert nicht mehr jeden einzelnen Schritt, sondern schafft Rahmenbedingungen und Kontexte für die Selbststeuerung der Teams. Es nimmt die Gefahr eines Missbrauchs des Freiraums zu einem gewissen Grad in Kauf und gewinnt dadurch selbständigere Mitarbeiter und eingesparte Kosten. Das traditionelle Management verliert dagegen an Bedeutung. Die Entscheidungskompetenzen wandern in der Hierarchie von oben nach unten. Der Infor-

64

mationsaustausch erfolgt in kürzester Zeit auf allen Ebenen und löst die klassischen Hierarchien auf. Die Führungsaufgaben bestehen nicht mehr primär darin, Arbeitsaufträge zu verteilen, sondern das kreative Potential der Mitarbeiter zu mobilisieren. Die Rolle der Führungskräfte sei nicht mehr die des Kommandanten, sondern die des Mentors, coaches, enablers (Hammer 1993, 77).

Bei allen Gemeinsamkeiten, sind die Unterschiede zwischen *Lean Management* und *Reenigineering* allerdings sehr groß. So erscheint letzteres als sehr viel aggressiver. Setzt *Lean Management* eher auf eine allmähliche Verbesserung des Produktionsprozesses mittels vieler kleiner Schritte, forciert Reengineering den radikalen Schnitt: „Reengineering [...] can't be carried out in small and cautious steps. It is an all-or-nothing proposition" (Hammer 1993, 5). Hatte die entscheidende Frage des Lean Management gelautet, wie man das, was man tut, besser tun kann, geht *Reengineering* noch einen Schritt weiter: „Reengineering is about beginning again with a clean sheet of paper" (Hammer 1993, 49). Aber was heißt das nun eigentlich?

Die neuen IuK-Technologien ermöglichen es, den Betrieb in seine einzelnen Bestandteile zu zerlegen und dank umfassender Informationssysteme von Grund auf neu anzuordnen. Im Grunde folgt dieser Weg den Anweisungen, die Adam Smith in seiner Nagelfabrik skizzierte. Die Kunst besteht nun allerdings nicht einfach darin, eine technische Lösung für ein bestimmtes Problem zu suchen, sondern das Potential zu erkennen, das eine bestimmte Technologie impliziert. Für Hammer lautet die maßgebliche Frage: „How can we use technology to allow us to do things that we are *not* already doing?" (Hammer 1993, 85). Aus dieser Perspektive geht die technische Entwicklung der sozialen Entwicklung gewissermaßen voraus. Ironischerweise ist dieser Gedanke geradezu marxistisch: Die technischen Produktionsmittel bilden die Grundlage, auf der die Organisation des Arbeitsprozesses aufbaut, und folglich die Ordnung der Gesellschaft.

Das Versprechen des *Business Reengineering* lautet dabei nicht, dass es allen einmal etwas besser gehen wird. „Reengineering isn't to everyone's advantage" (Hammer 1993, 212). Das Versprechen lautet, dass es denjenigen, die es schaffen, sich an die Spitze zu setzen, einmal sehr viel besser als allen anderen gehen wird. Die Verheißung besteht darin, die Gewinne auf eine beeindruckende Art und Weise zu erhöhen. Wer sich dieser Erlösung widersetze, sei unwillkürlich dazu verurteilt, im Wettbewerb unterzugehen: „In this book we offer [...] business reengineering as the single best hope for restoring the competitive vigor of American businesses" (Hammer 1993, 5). Gleichzeitig ist der Erfolg des Unternehmens niemals gesichert: „Change becomes constant" (Hammer 1993, 23). Es gehe vielmehr darum, einen gewissen Sinn für die Notwendigkeit ständiger Veränderung zu pflegen. Dieser Sinn entstehe nur in Krisenzeiten von selbst. Dass die Betroffenen eine radikale Veränderung ihres Arbeitsalltages akzeptieren, bedürfe einer langen Kampagne. Hammer sagt es in aller Deutlichkeit: „Getting people to accept the idea that their work lives [...] will undergo radical change is not a war won in a single battle" (Hammer 1993, 148). Dementsprechend ist das Management ständig darum bemüht, die Angestellten beweglich zu halten und für ihre Bereitschaft, sich auf Veränderungen einzustellen, zu sorgen. Die Verunsicherung der Beschäftigten wird unter strategischen Gesichtspunkten verfolgt, um die gewünschten Veränderungen leichter verwirklichen zu können. Hammer spricht von der *forceful message*: „Here is where we are as a company and this is why we can't stay here" (Hammer 1993, 149). Der allgegenwärtige Wettbewerb dient dabei als Totschlagargument. Egal, wie gut die Geschäfte laufen, die Konkurrenz schlafe nicht: „We're still very profitable today, but if we don't take comprehensive remedial actions soon, our continued success is at risk" (Hammer 1993, 153). Wenn ein Unternehmen ohnedies an der Spitze positioniert ist, gelte es, den Vorsprung weiter auszubauen: „What a splendid time, they decide, to stop and build up a wall for the other guys" (Hammer 1993, 35). Aus dieser Perspektive scheint allzuviel Sicherheit, einzig gefährlich lähmende Bequemlichkeit zu begünstigen. Unsicherheit wird zu einem festen Bestandteil der Unternehmenskultur. So geht es niemals um einmalige Erneuerungen. Der Erneuerungsprozess dauert unentwegt an: „Reengineering is not a project; it must be a way of life" (Hammer 1993, 170).

Trotz aller Bedenken hat sich *Reengineering* innerhalb kürzester Zeit und mit atemberaubender Geschwindigkeit auf alle möglichen Arbeitsbereiche ausgebreitet. Es gibt kaum ein Unternehmen, das nicht damit beschäftigt ist, die eigenen Organisationsstrukturen zu erneuern. Ob Banken, Versicherungen, Handelsketten, Fluglinien, Zeitungen – alle ergreifen sie mehr oder weniger erforderliche Umstrukturierungsmaßnahmen. Auch staatliche Einrichtungen werden auf das Ziel eines schlanken, schnellen, beweglichen Staatsapparates verpflichtet. Wie das Effizienzprinzip zu Beginn des 20. Jahrhunderts, so erfasst das Flexibilitätsprinzip die hintersten Winkel der Gesellschaft. Eigentlich sollten die Reformanstrengungen dabei dem wirtschaftlichen Grundsatz *getting more from less* folgen. Statt die Verwaltung tatsächlich leistungsfähiger zu machen, geht es den Verantwortlichen allerdings oft nur um einseitiges *downsizing*. Sie versuchen mit allen Mitteln, irgendwie Bürokratie abzubauen. Dafür werden in erster Linie Stellen gestrichen und Personalkosten gespart.

Bei solchen Umstrukturierungen macht es in den meisten Fällen wenig Unterschied ob dieser oder jener Unternehmensberater in diesem oder jenem Land zur Seite steht. Die Rezeption des Reengineering berücksichtigt zwar nationale Besonderheiten, die Kernaussagen bleiben aber immer dieselben. Dabei ist seine Leistungsfähigkeit bisher nicht wirklich belegt. Die Maßnahmen, die die Leistungsfähigkeit eines Unternehmens steigern sollen, können kurzfristig so kostspielig sein, dass sie sich langfristig gar nicht auszahlen. Selbst Hammer und Champy weisen auf die Risiken hin: „Sadly, we must report that [...] many companies that begin reengineering don't succeed at it" (Hammer 1993, 200). Die Autoren schätzen sogar, dass 50-70 Prozent der Projekte scheitern (ebd.). Die Gründe dafür seien vielfältig. In den Augen der Autoren beruhten sie letztlich auf einer fehlerhaften Umsetzung. Vieles spricht allerdings dafür, dass selbst die persönliche Beratung der beiden Experten nichts garantieren kann. Regelmäßig kommt es aufgrund betrieblicher Umbauten zu Funktionsstörungen. Der Personalabbau beeinträchtigt die Produktivität, weil einzelne Abteilungen überfordert werden oder aufgrund der Entlassungswellen verunsichert sind. Erprobte Geschäftsstrategien werden einfach ausgesondert. Erwartete Erfolge bleiben aus. Kostspielige Kurskorrekturen werden erforderlich, die dazu führen, dass verkaufte Geschäftszweige wieder erworben werden müssen. Zu guter Letzt sind die wenigsten Unternehmen in der Lage, ihren vorübergehenden Wettbewerbsvorteil langfristig zu nutzen. Eine Studie der American Management Association belegt, dass nur ein Drittel der in den Jahren 1989 bis 1995 umstrukturierten Unternehmen ihre Produktivität steigern konnten (Wolman 1998, 106). Die meisten wiesen nur mittelmäßige Leistungen auf. Summiert man die Vor- und Nachteile des Reengineering, deutet vieles darauf hin, dass zwar die Gewinne der Unternehmen kurzfristig enorm gesteigert werden konnten, weil Lohnkosten gekürzt wurden, nicht aber die Produktivität erhöht wurde (Wolman 1998, 108). Trotz dieser Risiken sehen sich die meisten Unternehmen mit der Forderung nach einer solch radikalen Umstrukturierung konfrontiert. Die Umstrukturierung steigert den Aktienwert unabhängig davon, ob sie tatsächlich erfolgreich ist. Das Signal, dass sich das Unternehmen bewegt, genügt, um die Organisation gewinnträchtig erscheinen zu lassen.

So attraktiv die Vision eines ganz und gar effizienten Betriebes in den Augen der Arbeitgeber erscheint, so verunsichernd ist doch ihre Schattenseite aus der Perspektive der Arbeitnehmer. Die soziale Neuordnung der Arbeitsorganisation führt zu einem Abbau von Arbeitsplätzen auf allen Ebenen. Der Grundsatz lautet: „*Principle*: As few people as possible should be involved in the performance of a process" (Hammer 1993, 144). Betroffen sind davon keineswegs nur geringqualifizierte Hilfsarbeiter, die gegenüber hochqualifizierten Facharbeitern auf der Strecke bleiben. Betroffen ist zu einem großen Teil die traditionelle Mittelschicht. Weil die Hierarchien flacher werden und Entscheidungsfähigkeiten nach unten wandern, wird die Schicht der Verwaltungsangestellten und des mittleren Managements dünner. So erzählt zum Beispiel Daniel Bell die Geschichte eines Harvard-Absolventen, der erstmals in den neunziger Jahren mit der Entlassung seiner Altersgenossen konfrontiert wurde: „I was watching my peers getting fired. It was gut-wrenching. It suddenly brought home that there was no security. I thought, ‚It could happen to me next, and all the Harvard diplomas in the world might not save me'" (Bell 1996, 318). Selbst wenn es den Betroffenen nach einer Entlassung gelingt, in einer anderen Firma unterzukommen, bleibt die Verunsicherung.

Die Beschäftigungsbilanzen der Unternehmen, die ihren Betrieb restrukturierten, sehen in der Regel dramatisch aus: „The re-engineering of work is eliminating jobs of all kinds and in greater numbers than any time in recent memory" (Rifkin 2004, 105). Vor allem in der Automobilindustrie wurden in den letzten Jahren Zehntausende von Mitarbeitern entlassen – sei es bei Mercedes, Volkswagen oder BMW. Gleichzeitig stellen Konzernchefs wie Dieter Zetsche von Daimler Chrysler keine neuen Stellen in Aussicht: "Es ist in der Tat unwahrscheinlich, dass die Beschäftigung bei den hiesigen Automobilherstellern wächst".[2] Im Gegenteil. Bei voller Ausnutzung aller Ressourcen könnten sogar 25 von 90 Millionen Arbeitsplätzen in der Privatwirtschaft wegfallen (Gorz 2000, 71). Selbst Michael Hammer resümiert: „re-engineering typically results in the loss of more than 40 percent of the jobs in a company and can lead to as much as 75 percent" (Rifkin 2004, 7). Auch in Deutschland ist das Rationalisierungspotential längst nicht ausgeschöpft. Nach einer Studie von McKinsey aus dem Jahr 1993 könnte dasselbe Produktionsvolumen in der Industrie mit 30 - 40 % weniger Beschäftigten produziert werden. „Das entspräche bei einer Gesamtzahl von 39 Millionen Erwerbspersonen einer Arbeitslosenquote von 38 Prozent" (Negt 2001, 235). Lean management, Downsizing, Outsourcing und Reengineering haben einen unheilvollen Wettstreit in Gang gesetzt, indem Stellen gestrichen und Löhne gesenkt werden. Die Folgen sind eine neuartige Verunsicherung der traditionellen Mittelschichten, ein hohes Maß an struktureller Arbeitslosigkeit und eine fortschreitende Verarmung der Bevölkerungsgruppen, die keine ausreichend bezahlte Erwerbsarbeit finden. Vor diesem Hintergrund klingen die Worte Michael Hammers geradezu zynisch: „Redesign can be fun, but eventually comes the sobering moment when the reengineering team has to explain what it's been doing to the rest of the company [...] That part of the reengineering process can be less fun" (Hammer 1993, 147).

Was aber wird sich in einigen Jahren verändert haben, wenn alle denselben Transformationsprozess vollzogen haben? Wird die Situation im Grunde nicht dieselbe bleiben – nur auf einem höheren Niveau: mit zugkräftigeren Strukturen, beschleunigten Arbeitsabläufen, härteren Konkurrenzkämpfen? Erfolge gehen vorüber. Der Vorsprung eines Jahres oder eines Jahrzehnts kann verfliegen, so-

---

2 Zetsche, Dieter (2006) „Wir haben keine andere Wahl." In: *Die Zeit*, Nr. 20 vom 11.05.06, S. 25-26.

bald ein Konkurrent gleichzieht. Um einen erneuten Wettbewerbsvorteil zu erringen, muss einen Schritt beschleunigt werden. So halten sich alle gegenseitig
auf Trab. Pausen zum Atemholen sind nicht vorgesehen. Ein Ziel, an dem sich
die Wettläufer ausruhen könnten, gibt es nicht. Es gibt nicht einmal Etappen. Es
ist ein endloser Wettlauf auf der Suche nach neuen Ideen, neuen Produkten,
neuen Märkten. Aber vermag uns dieses rastlose Getriebe, diese gereizte Ge-
schäftigkeit, diese nervöse Überspanntheit, eine Perspektive eröffnen, die es uns
erlaubt, unser individuelles wie gesellschaftliches Leben sinnvoll auszufüllen
und in Hinblick auf zukünftige Generationen nachhaltig zu gestalten?

1.9. Von der Kooperation in Teams

Ein modernes Unternehmen zeichnete sich lange Zeit dadurch aus, dass es den Arbeitsprozess in einzelne Schritte zerlegte und nach Effizienzgesichtspunkten anordnete. Es war arbeitsteilig und hierarchisch organisiert. Die mit der modernen Arbeitsteilung geschaffenen Grenzen erweisen sich allerdings als Barrieren, sobald verschiedene Abteilungen gemeinsam an einer Aufgabe arbeiten. In der betrieblichen Praxis sind daher seit geraumer Zeit bereichsübergreifende Strukturen auf dem Vormarsch. Das zentrale Ordnungsprinzip wird durch Formen der dezentralen Selbstorganisation und der Vernetzung von selbständigen Einheiten ersetzt. Es entstehen neue Formen der Zusammenarbeit in projektorientierten Arbeitsgruppen. An die Stelle getrennter Abteilungen treten *Teams,* die benachbarte Aufgabenbereiche und sich überschneidende Entscheidungsebenen abdecken. Das Team und die Teamarbeit avancieren zum Leitbild progressiver Unternehmenskultur.

Theoretisch betont die Teamarbeit den Wert der Gruppe stärker als den der Einzelperson. In einem Team ist für machthungrige Egomanen kein Platz. Gefragt sind soziale und kommunikative Kompetenzen. Die Bereitschaft, das eigene Wissen mit anderen zu teilen, wird ebenso vorausgesetzt, wie die Bereitschaft, sich das Wissen der anderen anzueignen. Ein *Teamplayer* zeichnet sich durch ein hohes Maß an Kooperationsbereitschaft, Anpassungsfähigkeit und Kollegialität aus. Das ideale Team stellt eine Mischung aus Mitgliedern dar, die verschiedene Fähigkeiten in Hinblick auf eine spezifische Aufgabe vereint. Nicht selten entscheidet bereits die Teamzusammenstellung über Erfolg oder Misserfolg eines Projektes.

In der Regel besteht die Aufgabe eines Teams darin, Probleme möglichst selbständig zu lösen. Die Teamangehörigen steuern den Verlauf eines Arbeitsvorganges weitgehend selbst. Prozessmanagement ist Teil ihrer alltäglichen Arbeit. Der Alltag wird von einem starken Gefühl der Zusammengehörigkeit bestimmt. Die Kooperation zwischen Management, Angestellten und Arbeitern soll eine egalitäre Atmosphäre schaffen. Die Teamarbeit beruht auf einer positiv konnotierten und aktiv kommunizierten Fiktion von integrativer Gemeinschaft. Bei der Verwirklichung vorgegebener Ziele scheinen alle im selben Boot zu sitzen. Das Management gibt nicht autoritär den Kurs vor, sondern setzt Zielmarken, die gemeinsam erreicht werden sollen.

Der Wert von Vertrauen

Die Zusammenarbeit in Teams wird ganz entscheidend von weichen Faktoren beeinflusst. Die Form des persönlichen Umgangs miteinander wird zu einem maßgeblichen Erfolgsfaktor. Vertrauen avanciert zu einem zentralen Wert. Dabei gilt der Grundsatz, dass sich die Kommunikation in einem Team niemals auf den sachlichen Austausch von Informationen beschränken lässt. Ganz im Gegenteil geht es um vielfältige Aspekte der zwischenmenschlichen Interaktion, welche soziale, emotionale, physische oder psychische Momente ebenso mit einschließt. Ein gutes Team zeichnet sich vor allem dadurch aus, dass sich darin alle Mitglieder gut aufgehoben fühlen und gerne miteinander arbeiten. Eine gute Stimmung ist die beste Voraussetzung für gemeinsame Hochleistungen. Dementsprechend besteht eine der zentralen Herausforderungen für den Teamleader in der Moderation der Gruppenkommunikation und der Gewährleistung einer positiven Atmosphäre. Der sorgfältige Aufbau von stabilen Vertrauensbeziehungen spielt dabei eine zentrale Rolle. Vertrauen löst Blockaden und bringt die Kommunikation ins fließen; es schafft Sicherheit für die Artikulation von konstruktiver Kritik wie von risikofreudigen Ideen; es signalisiert Respekt und schafft so ein positives und integratives Arbeitsklima. Die Bedeutung von Vertrauen für eine erfolgreiche Kooperation kann deshalb gar nicht hoch genug eingeschätzt werden. Vertrauen ist die größte Ressource für die Steigerung von Effizienz und dazu noch umsonst. Dementsprechend fatal ist es, wenn das Vertrauen in einem Team, einer Organisation oder zweier Kooperationspartner beschädigt ist. Die Kommunikation stockt und zahllose Blockaden stören die alltägliche Zusammenarbeit. Kleinste Missverständnisse drohen zu größten Problemen zu werden. Ist das gegenseitige Vertrauen zerstört und scheitern alle vertrauensbildenden Maßnahmen, bleibt eigentlich nur, das Kooperationsverhältnis aufzukündigen. Beruhigend für die Betroffenen ist dabei, dass es sehr verschiedene Kulturen von Teamarbeit gibt. Die Herausforderung besteht dementsprechend darin, die Teams zu finden, in die man passt; deren Praxis der Selbstorganisation den eigenen Vorstellungen entspricht und in denen man ganz einfach gerne arbeitet. Am Ende ist das vielleicht sogar die alles entscheidende Frage: Menschen zu finden, die es einem ermöglichen, die Arbeit nicht als ermüdende Belastung, sondern als belebende Bereicherung zu erfahren.

Selbststeuerung

Da sich die meisten Menschen nach wie vor nicht unbedingt aussuchen können oder aussuchen wollen, unter welchen Bedingungen sie arbeiten, ist es für den einen oder anderen vielleicht hilfreich, sich nicht allein die positiven Effekte einer erfolgreichen Teamarbeit zu vergegenwärtigen, sondern ebenso einen kritischen Blick auf weniger erwünschte Nebeneffekte bzw. Gefahren zu werfen. Denn unter bestimmten Umständen sieht es nur auf den ersten Blick so aus, als seien die alten Kontrollmechanismen einfach verschwunden, so dass die Mitarbeiter freier als früher agieren können. Die Dezentralisierung der Entscheidungsstrukturen in selbständige Teams löst die traditionellen Hierarchien aber nicht einfach auf. Sie wendet vielmehr effiziente Steuerungsinstrumente in Form von Gruppendynamik oder Wettbewerbsmechanismen an. Die Teams sind in betriebliche Zusammenhänge eingebettet. Die Selbstverwaltung des Arbeitsverlaufes durch die Arbeitenden ist der Forderung nach größtmöglicher Flexibilität, Effizienz und Produktivität unterstellt.

Dass das Management seine Moderatorenfunktion betont, kann auch dazu führen, dass schwierige Aufgaben auf die Schultern der Untergebenen abgewälzt werden und der Verantwortung für bestimmte Entscheidungen ausgewichen wird. In diesem Sinne ermöglichen neuere Managementmethoden, „Macht auszuüben, ohne Verantwortung zu tragen" (Sennett 2000, 155). Gleichzeitig droht die Vorstellung, gemeinsame Interessen zu verfolgen, das Spannungsverhältnis von Arbeitgebern und Arbeitnehmern zu verdecken. Entsprechend schwer ist es, individuelle Interessen zu adressieren. Die Forderung nach höherer Bezahlung oder weniger Leistungsdruck kann plötzlich als mangelnde Kooperationsbereitschaft ausgelegt werden. Da das gesamte Team für das Arbeitsergebnis verantwortlich ist, erfolgt die Disziplinierung nicht von oben nach unten, sondern aus den eigenen Reihen. Das Management verlässt sich darauf, dass sich die Mitglieder eines Teams gegenseitig disziplinieren. So können unwillige Kollegen unter Druck gesetzt oder Fehlzeiten kritisiert werden. Die soziale Kontrolle vollzieht sich als Unterwerfung des Einzelnen unter den Anpassungsdruck der Gruppe: „Gruppenarbeit in Form von Teamwork dient hier nicht der Selbstverwirklichung der Beschäftigten, sondern eher als Disziplinierungsinstrument. Gruppenarbeit führt zur Optimierung des Taylorismus, keineswegs zu dessen Überwindung" (Kißler 1996, 25). Gleichzeitig kann in die Organisation der sich selbst steuernden Produktionseinheiten ein internes *Wettbewerbsprinzip* verankert werden. Bereits die Auswahl der Projektmitarbeiter erfolgt gegebenenfalls unter Wettbewerbsbedingungen. Die Kooperationspartner sind dann zugleich Konkurrenten. Sie konkurrieren miteinander und müssen sich auch der außerbetrieblichen Konkurrenz stellen: „Das Machtspiel wird vom Team gegen die Teams anderer Firmen gespielt" (Sennett 2000, 149).

Strategische Bündnisse

Die einzelnen Teams gehen aus strategischen Gründen vorübergehende Bündnisse ein, von denen alle Beteiligten im Sinne einer *win-win-Strategie* zu profitieren hoffen. Die gemeinsame Zeit orientiert sich an spezifischen Projekten und kurzfristigen Aufgaben. Deshalb fällt es den Beteiligten oft schwer, in wechselnden Teams, vorübergehenden Projekten und virtuellen Netzwerken verlässliche Vertrauensbeziehungen aufzubauen. Viele persönliche Bindungen bleiben an der Oberfläche. Aus der Perspektive der Betroffenen zeichnet sich Professionalität in erster Linie dadurch aus, eine gewisse Distanz gegenüber allen Beteiligten zu wahren, um den Gesprächsverlauf steuern zu können. Statt auf andere individuell einzugehen, stellt die geschulte Freundlichkeit eine Reihe an standardisierten Verhaltensweisen bereit. „'Wie interessant' – 'Was Sie sagen, ist sehr wertvoll' – 'Wie können wir das noch besser machen?'" – das sind Phrasen einer alltäglichen Schauspielerei. Die gespielte Freundlichkeit beschädigt aber die Glaubwürdigkeit und damit letztlich das Vertrauen, das eine erfolgreiche und wirklich effiziente Form der Zusammenarbeit erfordert.

Evaluation und Selbstoptimierung

Die Leistungen der einzelnen Mitarbeiter und ihrer Teams können regelmäßig evaluiert und miteinander verglichen werden. In den Evaluationsgesprächen werden persönliche Ziele festgelegt und erbrachte Leistungen gemessen. Um die Leistungen steigern zu können, sollen individuelle Schwachstellen identifiziert werden. Dafür werden die Mitarbeiter eingeladen, sich in Einzelgesprächen und Gruppendiskussionen gegenüber ihren Vorgesetzten zu öffnen und die eigene Persönlichkeit zu erörtern, um sich gegebenenfalls im Sinne des Unternehmens zu verändern. Sei es in Hinblick auf die individuelle Leistungsbereitschaft, den persönlichen Kommunikationsstil, das soziale Verhalten, uvm. In Extremfällen werden solche Sitzungen durch psychologische Tests ergänzt. Aus Angst, dass das Gesagte gegen sie verwendet werden könnte, werden die Betroffenen allerdings in den meisten Fällen versuchen, ihre Ergebnisse im besten Licht darzustellen. Die Folge einer solchen Praxis ist eine permanente Selbstbeobachtung der Beschäftigten, die auf permanente Selbstoptimierung zielt. Der Anspruch, sich ständig weiter zu qualifizieren, führt unwillkürlich zu einer „Intensivierung der Arbeit" (Bourdieu 2001, 34ff). Die Arbeit bleibt nicht mehr auf die vertraglich festgelegten Arbeitszeiten und Arbeitsleistungen beschränkt, sondern durchdringt in Form von Selbstoptimierungsprozessen das gesamte Leben.

Verunsicherung

Für manch einen Vorgesetzten mag die Konkurrenz aller gegen alle das beste Mittel sein, jedem Einzelnen die größtmögliche Leistung abzuverlangen. Es bleibt aber unbestimmt, wieviel Wettbewerbsdruck innovatives Potential freisetzt und wann er es eher blockiert (Bourdieu 2001, 23). Bei den meisten Menschen scheint es eine Schwelle zu geben, an der die Konkurrenz einer Kooperation im Wege steht und synergetische Effekte verhindert. So entsteht ein Spannungsverhältnis zwischen Mechanismen, die Kooperationen stiften, und Mechanismen, die Konkurrenz und gegenseitige Kontrolle erzwingen (Altvater 1996, 367). Neben persönlichen Animositäten ist es vor allem die Tendenz einzelner Teams, das eigene Ergebnis zu verschönern, um den gesetzten Leistungsanforderungen gerecht zu werden, die einen offenen Informationsaustausch blockieren. Während das ideale Team die einzelnen Leistungen aller Beteiligten multipliziert, werden in Wirklichkeit unerfreuliche Informationen unterschlagen, Konflikte unterdrückt und mittelmäßige Kompromisse geschlossen. „Mißtrauen und das Verfolgen von Eigeninteressen sind an der Tagesordnung" (Bourdieu 2001, 25). Im Bewusstsein um den besonderen Wert seines Wissens, haben einzelne Mitarbeiter häufig wenig Interesse daran, ihr Wissen mit anderen zu teilen und so die eigene Stellung im Unternehmen preiszugeben: „Arbeiter mit höherem Status hatten Angst, neuen Arbeitern oder solchen mit niedrigerem Status ihre eigenen Kenntnisse beizubringen; die älteren Arbeiter wären dadurch ersetzbar geworden" (Sennett 2000, 149).

Resümee

Am Ende löst die Teamarbeit ihr Versprechen, den Einzelnen aus Hierarchien zu befreien, nicht zwangsläufig ein. An die Stelle der alten Machtstrukturen sind neue getreten: „In Wirklichkeit schafft das neue Regime neue Kontrollen, statt die alten Regeln einfach zu beseitigen – aber diese neuen Kontrollen sind schwerer zu durchschauen" (Sennet 2000, 11). Sicher werden diejenigen, die eine radikale Umstrukturierung nach dem Vorbild eines *Reengineering* überlebt haben, härter arbeiten. Die eigentliche Frage ist aber, wie effizient, wie produktiv und wie kreativ ihre Leistungen tatsächlich sind. Die psychologischen Folgen einer solchen Radikalkur sind nicht zu unterschätzen: „Viele Manager haben sowohl ihren Sinn für Sicherheit als auch die Freiheit verloren, durch Experimente kreativ zu sein und notfalls auch einmal zu scheitern" (Wolman 1998, 104). Um die eigene Position im Team nicht zu gefährden, ist niemand mehr bereit, ein Risiko einzugehen. Die Beteiligten warten ab, bis die Arbeit ein anderer macht. In diesem Sinne sind die in der Teamarbeit implizierten Machtbeziehungen weit von einer „Ethik der Eigenverantwortlichkeit" entfernt (Sennett 2000, 156). Was bleibt, ist ein Gefühl der Verunsicherung: dass man nichts anderes tun könne, als sein Fähnchen in den Wind zu hängen. Statt offen miteinander zusammenzuarbeiten, überwiegt ein Gefühl der Isolation. Die Beziehung der Menschen zueinander ist beschädigt. Man ist vorsichtiger geworden, öffnet sich nur noch ungern, zieht sich zurück. All das geht sehr privat von statten, ist aber weit verbreitet. Das Ergebnis sind resignierte Mitarbeiter, die wenig von der Zukunft erwarten. Und ein Unternehmen, dass letztlich starrer und unbeweglicher geworden ist als vorher.

Um Eigeninitiative zu entfalten, Verantwortung zu übernehmen und Risiken einzugehen, bedarf es eines gewissen Maßes an Selbstbewußtsein und Sicherheit. Wer täglich damit rechnen muss, diszipliniert zu werden oder seinen Job zu verlieren, wird nicht viel wagen. Um neue Ideen hervorzubringen, müssen sich Kooperationspartner aufeinander verlassen können und die Möglichkeit von

Missverständnissen akzeptieren. Dazu zählt auch die Relativierung des eigenen Standpunktes, welche die Grenzen des eigenen Horizontes mit anerkennt. Was aus der eigenen Perspektive als 'state of the art' erscheint, kann aus einer anderen zumindest als erläuterungsbedürftig oder schlicht bedeutungslos erscheinen. Der Wettbewerb lässt freilich wenig Spielraum für Selbstrelativierung oder Selbstironie. Letztlich kann der kreative Gemeinschaftsprozess aber nur gelingen, wenn Kooperation an die Stelle von Konkurrenz tritt. Deshalb brauchen wir keine Kultur der Konkurrenz und der Kontrolle, sondern eine Kultur der Kooperation, die zum Handeln ermutigt und auch einmal einen Fehler erlaubt.

1.10. Die Verwertung des individuellen Arbeitsvermögens

Der tägliche Umgang mit abstrakten Informationen und theoretischem Wissen in der Arbeitswelt stellt höhere Anforderungen an die kognitiven, kommunikativen und kooperativen Fähigkeiten der Beschäftigten. Insofern das Internet den Zugang zu den Informationen eröffnet, die ein Mitarbeiter für die Bearbeitung eines Falles benötigt, ist der Einzelne nicht mehr auf das Wissen eines Vorgesetzten angewiesen, sondern in der Lage, komplexe Herausforderungen eigenständig zu bewältigen. Die Bewältigung individueller Aufgaben stellt höhere Anforderungen an die Problemlösungskompetenz des Einzelnen. Nicht zuletzt hängen die Vorteile der neuen Technologien nicht allein von ihren technischen Möglichkeiten ab, sondern ebenso von den Fertigkeiten ihrer Benutzer. Aus all diesen Gründen hat sich mit dem Übergang von der Industrie- zur Wissensgesellschaft die Stellung der Mitarbeiter innerhalb des Unternehmens verändert: Der Mensch rückt in den Mittelpunkt des strategischen Managements. Genauer gesagt: die Köpfe der Mitarbeiter und ihr kognitives Potential.

In der Tradition der modernen Arbeitswissenschaften stellt sich nunmehr die Frage, wie die intellektuelle Leistungskraft gestärkt und die Produktivität der Kopfarbeit erhöht werden könnten. In der Wissensökonomie lassen sich die Produktivitätspotentiale der Mitarbeiter nicht auf dieselbe Art und Weise aktivieren wie die Maschinenproduktion in der alten Industrie. Dort wurden Produktivitätssteigerungen erreicht, indem die Effizienz planbarer Arbeitsabläufe permanent erhöht wurde. Produktivität wurde mit Effizienz gleichgesetzt und als Quotient des Outputs zum Input ausgedrückt. Diese Definition berücksichtig weder die Frage, ob der Output auf dem Markt nachgefragt wird, noch ob die Kunden mit dem Ergebnis zufrieden sind. Input und Output intellektueller Arbeitsprozesse lassen sich gar nicht anhand der klassischen Definition berechnen. Deshalb versucht das Management in der postindustriellen Wissensökonomie die Produktivität anhand neuer Strategien zu steigern, die an der kognitiven, kommunikativen und kreativen Leistungsfähigkeit der Mitarbeiter ansetzen (vgl. Spath 2003, 49).

Erfolgsfaktor Kreativität

In der Wissensökonomie hängt der Erfolg eines Unternehmens nicht allein von niedrigen Kosten und hoher Effizienz ab, sondern ebenso von exzellenten Mitarbeitern und produktiven Köpfen. Sie lassen sich am wenigsten von der Konkurrenz imitieren. Gefragt sind kreative Problemlösungen und konstruktive Ideen – im kleinen wie im großen Maßstab. Laufende Innovationen sollen den

Arbeitsprozess ständig optimieren und den ausschlaggebenden Wettbewerbsvorteil verschaffen. Kreativität wird zu einem entscheidenden Erfolgsfaktor. Folglich geht es darum, die Erfindungsgabe und den Einfallsreichtum der Beschäftigten zu fördern. Der Versuch, das kreative Potential der Beschäftigten zu mobilisieren, nimmt manchmal radikale Züge an. An die Stelle einer Rationalisierung des Geistes, wie sie die Erforschung künstlicher Intelligenz lange Zeit verfolgte, sind neurologische Forschungsansätze getreten, die an den biochemischen Grundlagen unserer Gehirnaktivitäten ansetzen. So geht es etwa darum, einzelne Gehirnaktivitäten mit Hilfe von Psychopharmaka zu stimulieren oder durch die Implementierung eines Mikrochips die Gedächtnisleistung zu verbessern. Ob solche Eingriffe in die Steuerzentrale unseres Bewusstseins tatsächlich einmal unseren Arbeitsalltag verändern werden, ist zum gegenwärtigen Zeitpunkt nicht abzusehen. Insofern der Einsatz von Medikamenten im Leistungssport längst zur Gewohnheit geworden ist, sollte man solche Vorstellungen allerdings nicht unterschätzen. Laut Francis Fukuyama versuchten Schüler und Studenten in den USA schon seit längerem, ihre Leistungsfähigkeit mit stimulierenden Psychopharmaka wie Ritalin zu verbessern: „During the 1990s, Ritalin became one of the fastest-growing drugs used in high schools and on college campuses, as students discovered it helped them study for exams and pay better attention in class" (Fukuyama 2002, 48). In der alltäglichen Arbeitspraxis sind es bislang allerdings vor allem weiche Faktoren wie psychologische und soziale Einflüsse, die den erwünschten Effekt erzielen sollen. So werden Kreativitätstechniken entwickelt, Kommunikationsmöbel entworfen und Regenerationsräume geschaffen. Visionäre Büroplaner versuchen, unsere Gehirnaktivitäten mit Hilfe von modernsten Technologien und inspirierenden Raumgestaltungen künstlich anzuregen. Lichtreize, Klangteppiche und Sauerstoffduschen sollen das laterale Denken stimulieren und der unbewussten Suche nach Problemlösungen dienen. So hat das *Office Innovation Center* des Fraunhofer Instituts in Stuttgart zum Beispiel eine „frei formbare Steh-Sitz-Liegelandschaft" entworfen, die als abgeschirmte Ruhezone die „Inkubationsphase des kreativen Prozesses" begünstigen soll (Spath/ Kern 2003, 18). Das Paradox besteht freilich darin, dass die Beschwörung kreativer Gelassenheit eingebettet bleibt in ein Klima harter Konkurrenz.

Subjektivierung von Arbeit

In der Wissensökonomie besteht eine der zentralen Herausforderung für das Management also darin, das geistige Potential der Mitarbeiter zu mobilisieren und die Generierung von Wissen effizient zu organisieren. Nicht zuletzt aufgrund des härteren Wettbewerbs versuchen Unternehmen, die zur Verfügung stehende Arbeitkraft möglichst umfassend zu nutzen. Unter der Bezeichnung

Humankapital wird das Individuum als elementare Ressource und wesentliche Quelle der wirtschaftlichen Wertschöpfung betrachtet. Dementsprechend geht es dem *Human Ressource Management* darum, das Arbeitsvermögen systematisch zu erschließen und erschöpfend zu verwerten. Und zwar einerseits *extensiver* durch eine Verlängerung der Arbeitszeit und andererseits *intensiver* durch eine Einbeziehung von Subjektivität (vgl. Moldaschl 2002). Hatte der Taylorismus lange Zeit versucht, die individuelle Persönlichkeit eines Arbeiters durch die Einbindung in mechanisierte Produktionsprozesse und die Reduktion auf schematische Tätigkeiten zu neutralisieren, besteht das Ziel heute gerade darin, die individuellen Potentiale der Mitarbeiter zu nutzen. Neben den fachlichen Kompetenzen und angeeigneten Erfahrungen geraten subjektive Charaktereigenschaften, Persönlichkeitsmerkmale oder Wertorientierungen in den Blick. Zum Beispiel: Intelligenz, Selbstbewusstsein, Begeisterungsfähigkeit, Leistungsbereitschaft, Belastbarkeit, uvm. Systematisch werden die physischen und psychischen Kräfte der Mitarbeiter erschlossen und in den Arbeitsalltag einbezogen. Infolgedessen entfällt die herkömmliche Grenzziehung zwischen beruflicher und lebensweltlicher Sphäre. Zur Disposition steht nicht ein begrenztes Spektrum an Fähigkeiten, das einen spezifischen Arbeitsbereich markiert. Zur Disposition steht die Mobilmachung der gesamten Person. Letztlich gibt es nichts, was nicht in den Dienst der Arbeit gestellt werden könnte – der Körper, der Intellekt, die Einbildungskraft, das Gestaltungsvermögen, der Leistungswille, die Kooperationsbereitschaft, die Kommunikationsfähigkeit, usw. usf. Insofern das Ziel der Unternehmungsführung darin besteht, das Potential der Mitarbeiter optimal zu nutzen, wird der einzelne Mitarbeiter zum Gegenstand eines umfassenden (Selbst-) Optimierungsprozesses, der im Grunde niemals endet. In der Konsequenz wird es zunehmend schwieriger, sich gegen überzogene Forderungen abzugrenzen. Die auf den ersten Blick erfreuliche Aufwertung individueller Charaktereigenschaften und subjektiver Persönlichkeitsmerkmale dient daher nicht einfach der Emanzipation der Beschäftigten, sondern bleibt extrem ambivalent: „Der umfassende Focus auf die ganze Person birgt *Chancen* für höhere Lebensqualität, Selbstentfaltung und Autonomie ebenso wie *Risiken* vermehrter Selbstausbeutung, Selbstinstrumentalisierung und Überforderung für die Subjekte" (Egbringhoff 2003, 53).

Strategien

Um die individuellen Leistungspotentiale hochqualifizierter Mitarbeiter zu erschließen, sind die Unternehmen auf die Kooperationsbereitschaft der Beschäftigten angewiesen. Leidenschaftliches Engagement lässt sich nicht erzwingen. Die Betroffenen drohen ansonsten, innerlich zu kündigen. Deshalb bedarf es entsprechender Strategien, welche die erforderlichen Rahmenbedingungen formulieren, erstrebenswerte Anreize schaffen und die erwünschte Motivation erzeugen. Nicht zuletzt aufgrund der höheren Arbeitsanforderungen räumt die Unternehmensführung dem oberen Viertel der Beschäftigten größere Freiräume und erweiterte Handlungsspielräume ein. Die Mitarbeiter sind angehalten, selbständig zum Erfolg des Unternehmens beizutragen. Positiv gewendet werden die Beschäftigten nicht als funktionaler Bestandteil eines mechanischen Getriebes betrachtet, sondern in ihrer Eigenständigkeit gestärkt. Sie werden *empowert*. An die Stelle des autoritären Vorgesetzten tritt der beratende Coach. Gefragt sind Selbständigkeit und Eigenverantwortlichkeit. Der Arbeitgeber gibt keine Anweisungen mehr, sondern formuliert Problemstellungen und Zielsetzungen. Die Arbeitnehmer sind aufgefordert, das dafür Erforderliche herauszufinden und zu tun. In der Folge sind sie nicht mehr primär mit Vorgesetzen, sondern mit Sachen und Sachzwängen konfrontiert. Die Leistung des Einzelnen wird nicht anhand des Arbeitsprozesses, sondern des Arbeitsergebnisses gemessen. Erfolgsprämien belohnen die persönliche Leistungsbereitschaft. Positive Energien wie Freude und Begeisterung, sollen die Produktivität der Mitarbeiter steigern. Suggestion und Selbstsuggestion werden zu Werkzeugen der Mitarbeiterführung. Statt kostspielige Kontrollinstanzen zu bezahlen wird in die Identifikation mit dem Unternehmen und die Verinnerlichung der Unternehmensziele investiert. Für Manfred Moldaschl besteht das Paradox dabei gerade darin, dass die Beschäftigten ausgerechnet durch eine Form der Befreiung neuen Zwängen unterworfen werden (Moldaschl 2002, 36ff.). Den Mitarbeitern werden größere Freiräume und großzügige Fortbildungen gewährt, um sie um so enger an das Unternehmen zu binden. Ihr Idealismus wird genährt, um ihn nur um so wirksamer zu instrumentalisieren. Einerseits wird von den Beschäftigten erwartet, sich voll und ganz einer Aufgabe zu widmen. Andererseits müssen sie sich diese Aufgabe von anderen diktieren lassen. So sind sie frei zur Verwirklichung der Ziele eines fremden Willens. „Sie sind" – wie André Gorz es formuliert – „auf souveräne Weise frei in den ihnen von anderen gesteckten Grenzen" (Gorz 2000, 63). Bei aller Erweiterung bleibt der Handlungsspielraum auf eine bestimmte Rolle innerhalb der Organisation beschränkt. Organigrammen ist diese Rollenzuweisung sehr gut abzulesen. Am Ende werden die neuen Managementstrategien als Zwang erlebt, in einem lohnabhängigen Status unternehmerische Ziele zu verfolgen. In den Augen von Manfred Moldaschl sind die regulativen Kräfte und Rahmenbedingungen, innerhalb derer die Mitarbeiter ihre freiwilligen Leistungen erbringen, deshalb auch in entgrenzten Organisationen und dezentralisierten Netzwerken nach wie vor wirksam – sie haben nur ihre Form verändert (Moldaschl 2002, 36).

Selbstentfaltung

Das postindustrielle Management bedarf der Selbständigkeit und Eigenverantwortlichkeit der Angestellten. Diese Perspektive kommt durchaus der Orientierung vieler Erwerbspersonen entgegen. Der Wunsch nach subjektiver Selbstverwirklichung im Beruf wird auch von den Subjekten an das Management herangetragen. Ging die Forderung nach einer Arbeit, die mehr zu bieten hatte, als nur ein Gehalt, zunächst vor allem von gut ausgebildeten Akademikern aus, ist sie mittlerweile in den meisten gesellschaftlichen Milieus anzutreffen. Gleichzeitig werden Führungsstile, die auf Befehl und Gehorsam beruhen, immer weniger akzeptiert. Die Beziehung zwischen Arbeitgeber und Arbeitnehmer wird nicht mehr nur allein durch die Höhe der Bezahlung oder der Kürze der Arbeitszeit definiert, sondern ebenso durch den Grad an Selbstverwirklichung und Entwicklungsperspektiven, die ein Beschäftigungsverhältnis ermöglicht. Angesichts dieser Entwicklung haben Luc Boltanski und Ève Chiapello daran erinnert, dass zentrale Wertorientierungen der neuen Managementliteratur direkt der Ideenwelt der 68er entliehen seien (Boltanski 2003, 144). Die Kritik an Kontrolle, Hierarchien, Arbeitsteilung führe demnach zu einer Aufwertung von Autonomie, Spontaneität, Kreativität. Für Manfred Moldaschl besteht die Herausforderung für die Theoriebildung deshalb darin, das emanzipatorische Projekt der Aufklärung, das auf die Befreiung des Subjektes aus gesellschaftlichen Zwangsverhältnissen zielt, als eine Kraft zu begreifen, die den neuen Formen kapitalistischer Instrumentalisierung des Subjektiven unter Umständen in die Hände spielen kann (Moldaschl 2002, 45).

Flexibilisierung

Auf den ersten Blick mag die Erweiterung der Handlungsspielräume also eine gewisse Befreiung aus den restriktiven Arbeitsverhältnissen vergangener Tage darstellen. Tatsächlich wünscht sich niemand die beklemmenden und monotonen Zeiten der Stechuhr zurück. Auf den zweiten Blick wird allerdings deutlich, dass mit der Erosion des Althergebrachten neue Herausforderungen für die Betroffenen entstanden sind. War die industrielle Arbeitswelt lange Zeit durch feste Orte, starre Arbeitszeiten und zentralisierte Strukturen definiert, fordert das erfolgreiche Arbeiten in den dezentralisierten Netzwerken der Informationsgesellschaft ein hohes Maß an physischer Mobilität und psychischer Stabilität. Von den Arbeitnehmern wird verlangt, beweglicher zu werden. Sie sollen sich aus allzu starren Regeln befreien und sich für kurzfristige Veränderungen öffnen. Im Grunde geht es darum, sich in einem Provisorium einzurichten. Bill Gates formulierte es folgendermaßen: „Statt sich in einem festumrissenen Job selbst zu lähmen [...] sollte man sich lieber in einem Netz von Möglichkeiten bewegen" (Sennett 2000, 79). Die Beschäftigten sind angehalten, vertraute Gewohnheiten aufzugeben und öfters Risiken einzugehen. „Die Betonung liegt auf Flexibilität. Starre Formen der Bürokratie stehen unter Beschuss, ebenso die Übel blinder Routine" (Sennett 2000, 10). Aufgrund der Deregulierung und Flexibilisierung des Arbeitsalltags steht der Einzelne vor der Herausforderung, sein Arbeitsleben weitgehend selbst zu organisieren. Die Gründe für den Übergang zu neuen Formen der Selbstorganisation und Selbststeuerung sind offensichtlich: Erstens kosten ständige Kontrollen zu viel Zeit und zu viel Geld. Zweitens drohen sie das Engagement der Mitarbeiter eher zu schwächen, als zu stärken. Drittens sollen die Ideen und Einsichten aller beteiligten Mitarbeiter einen wertvollen Beitrag für das Unternehmen darstellen. In der Systemtheorie versteht man unter Selbstorganisation einen Prozess, dessen Verlauf nicht von einer zentralen Instanz, sondern von den beteiligten Elementen selbst gestaltet wird. Ein beliebtes Beispiel ist ein Bienenschwarm, der eine Wabe baut. Dabei können einzelne Entwicklungen auf das Ganze zurückwirken und so zum Ausgangspunkt weiterer Entwicklungen werden. Diese Selbstbezüglichkeit führt zu einer Komplexität, die zukünftige Entwicklungen kaum vorhersehen lässt. In der Unternehmenspraxis werden dementsprechend nicht starre Unternehmensstrukturen angestrebt, sondern organische Entwicklungsprozesse, die von den Mitarbeitern selbst gestaltet werden. Wie der Soziologe Dirk Baecker erläutert, tendiert die Selbstorganisation sozialer Organisationen allerdings zu keinem natürlichen Gleichgewicht, sondern zu sozialen Ungleichgewichten, die aus der Auseinandersetzung um Autorität und Arbeitsteilung hervorgehen (Baecker 1999, 254). Mit anderen Worten: Die Selbstorganisation sozialer Organisationen verläuft alles andere als konfliktfrei.

Selbstverpflichtung

Konfrontiert mit der Offenheit eines kaum vorstrukturierten Arbeitsumfeldes sieht sich der Einzelne gezwungen, unklare Verhältnisse und ungesicherte Situationen kreativ zu bewältigen. Er muss partielle Führungsaufgaben übernehmen und seinen Handlungsspielraum ausloten. Er sieht sich plötzlich mit all den Paradoxien konfrontiert, die allen Führungsaufgaben im Spannungsfeld von stabilisierenden oder destabilisierenden Faktoren inne wohnen. In vielen Fällen fühlen sich die Betroffenen mit den neuen Herausforderungen weitgehend allein gelassen. Der Arbeitgeber bestimmt nur die Rahmenbedingungen, innerhalb derer die Arbeitnehmer agieren sollen. Er strukturiert – um mit Foucault zu sprechen – das Feld dessen, was möglich ist und was nicht. In diesem Sinne übt er nach wie vor sehr viel Macht aus. Nur ist dieses Machtverhältnis sehr viel schwieriger zu bestimmen. Die Verantwortung für den Erfolg oder Misserfolg eines Projektes wird auf die Arbeitnehmer übertragen. Dagegen tritt der Arbeitgeber in den Hintergrund und behält sich das Recht auf eine Beurteilung vor, während er seinerseits wenig belangt werden kann. Seine Macht stützt sich dabei auf die Einwilligung der Arbeitnehmer, die Herrschaftsverhältnisse anzuerkennen und sich ihnen unterzuordnen. Für Luc Boltanski und Ève Chiapello stützt sich dieses freiwillige Einverständnis wiederum auf eine spezifische Weltanschauung, welche den Einzelnen dazu veranlasst, sich für den Kapitalismus zu engagieren und dieses Engagement argumentativ zu rechtfertigen (Boltanski 2003, 43). Nicht physische Gewalt, sondern normative Ideen und kollektive Vorstellungen stellen damit die Grundlage kapitalistischer Herrschaftsformen dar.

Verinnerlichung unternehmerischer Tugenden

Die Verinnerlichung unternehmerischer Tugenden ist die Grundvoraussetzung für eine erfolgreiche Karriere in der Wirtschaft. Vor allem Führungskräfte müssen sich Verhaltensweisen wie Leistungsbereitschaft, Durchsetzungsvermögen, Konkurrenzorientierung zu eigen machen. Wer dies mit seiner individuellen Lebenseinstellung nicht vereinbaren kann, sieht sich gezwungen, sein Glück in anderen Bereichen zu suchen, die weniger als Wettbewerb organisiert sind – und weniger Geld und Anerkennung einbringen. Insofern der Markt mehr und mehr zum allgemeinen Leitbild gesellschaftlicher Selbstorganisation avanciert, werden solche Bereiche allerdings immer seltener. Die Externalisierung der rigiden Fremdsteuerung im Sinne Frederick Taylors setzt also die Internalisierung einer entsprechenden Selbststeuerung voraus. Letztlich kann die Verinnerlichung normativer Leitbilder von niemandem mit Gewalt erzwungen werden. Sie setzt die Bereitschaft voraus, sich bestimmte Ziele selbst zu setzen und das eigene Leben danach auszurichten. Trotzdem bestehen äußere Bedingungen, die eine Entscheidung in die eine oder andere Richtung beeinflussen werden. Eine solche Verinnerlichung kapitalistischer Verhaltensweisen erfolgt nicht immer ganz und gar freiwillig. Zum einen locken höhere Löhne und Prämien, zusätzliche Leistungen zu erbringen. Zum anderen gibt es zahlreiche Formen des sozialen oder finanziellen Druckes, die eine Anpassung erzwingen. Die Verunsicherung der Arbeitsverhältnisse und die dramatische Arbeitsmarktsituation haben diesen Anpassungsdruck in den letzten Jahren erheblich erhöht. Unter diesen Umständen kann "die Zuweisung von erweiterten Selbstorganisations-Anforderungen an Arbeitskräfte wesentlich leichter eingefordert werden" (Moldaschl 2002, 68). Weil das Individuum den regulierenden Kräften des Marktes ausgesetzt wird, hat es kaum eine andere Wahl, als sich gegenüber der Konkurrenz behaupten zu müssen. Ob es will oder nicht, werden seine Leistungen ständig mit den Leistungen anderer verglichen. In diesem Sinne stellt der Wettbewerb ein Werkzeug dar, das den Einzelnen auf eine spezifische Art und Weise zurichtet. Ob die Mitarbeiter tatsächlich *empowert* werden, oder nicht vielmehr der Wettbewerb gerade die Entwicklung einer kompetenten Persönlichkeit blockiert, muss von Fall zu Fall geklärt werden.

Herausforderungen für die alltägliche Lebensführung

Mit der Erweiterung des Entscheidungsspielraums und der Übernahme von Führungsaufgaben haben sich die Arbeitsanforderungen an den Einzelnen insgesamt erhöht. Die Forderung nach Kosteneffizienz führt zu einer systematischen Beschleunigung des Arbeitstempos und einer strategischen Überforderung der Beschäftigten. Mit den erhöhten Anforderungen im Arbeitsalltag sind insbesondere in den hochqualifizierten Berufen zunehmend Überstunden, Arbeit an den Wochenenden und Fortbildungen in der Freizeit an der Tagesordnung. Gearbeitet wird oft zu Hause und außerhalb der offiziellen Arbeitszeiten. Aufgrund des beruflichen Risikos, das die Betroffenen tragen, besteht die Tendenz, Zeiten der Ruhe und Erholung zu vernachlässigen. Der Stress nimmt tendenziell zu (Egbringhoff 2003, 51). Die beruflichen Belastungen betreffen dabei vor allem die am stärksten beanspruchten Arbeitswerkzeuge: den Kopf, die Psyche, die Motivation.

Aufgrund der Deregulierung der Arbeitsorganisation sind Arbeitsleben und Privatleben schwieriger in Einklang zu bringen als zuvor. Viele Menschen müssen sich auf neue Art und Weise mit dem traditionellen Verhältnis von betrieblicher Arbeitszeit und außerbetrieblicher Lebenszeit auseinandersetzen. Sie müssen Arbeitsanforderungen und Lebensgestaltung aufeinander abstimmen und das Verhältnis von Erwerbsarbeit und anderen Tätigkeiten individuell ausbalancieren und gegebenenfalls gegen betriebliche oder familiäre Widerstände durchsetzen. Der Soziologe Günter G. Voß hat solche Entwicklungen seit einigen Jahren untersucht. Demnach bestehe die Herausforderung für die alltägliche Lebensführung darin, die Tätigkeiten einer Person, die sie in verschiedenen Sozialbereichen ausübt, zeitlich und räumlich zu koordinieren und in ein praktikables Handlungskonzept zu integrieren (Voß 2001, 204). Zur Diskussion stehe dabei nicht einfach die Frage nach kürzeren oder längeren Arbeitszeiten – sondern eine Vielzahl an Aspekten, welche das Verhältnis von Arbeitszeit und Freizeit ebenso einschließt, wie die Vereinbarkeit von Beruf und Familie, die langfristige Aufrechterhaltung der eigenen Leistungsfähigkeit, die Weiterentwicklung der persönlichen Kompetenzen, die Pflege eines tragfähigen Netzwerkes, die Vermarktung der eigenen Arbeitskraft, die Akquirierung neuer Aufträge, die Überbrückung einer vorübergehenden Arbeitslosigkeit, uvm. Mit anderen Worten: Die vielfältigen Aktivitäten und Tätigkeiten des Alltags müssen zu einem individuellen Gesamtarrangement zusammengeführt und individuell ausbalanciert werden. Misslingt der Balanceakt lassen sich ein erhöhter Zeitdruck und die mit ihm einhergehenden gesundheitlichen Belastungen kaum mehr vermeiden. In diesem Sinne stellt die Strukturierung der alltäglichen Tätigkeiten eine mehr oder weniger bewusste, auf alle Fälle aber *aktive* Leistung des Individuums dar. Das heißt nicht, dass das Leben von einem autonomen Subjekt geführt wird. Das Subjekt konstituiert sich vielmehr im Vollzug einer individuellen Lebensführung.

Aus dieser Perspektive erscheint die Flexibilisierung der Erwerbsarbeit in erster Linie als eine Destabilisierung und Entstrukturierung des Alltags, auf die der Einzelne mit einer aktiven Restrukturierung und Restabilisierung der alltäglichen Lebensführung reagieren muss (Moldaschl 2002, 70). Insofern der institutionelle Rahmen, an dem sich der Einzelne in der Vergangenheit orientierte, tendenziell verschwindet, muss diese Leistung oft unter erschwerten Bedingungen erbracht werden. Um die Fülle der Herausforderungen bewältigen zu können, sind *Selbstdisziplin*, ein realistisches *Zeitmanagement* und ein selbstbewusstes *Selbstmanagement* unerlässlich. In den meisten Fällen genügt es dabei nicht, sich auf die eigentliche Arbeitszeit zu konzentrieren. Die Sorge für die eigene Leistungsfähigkeit, die Entwicklung des persönlichen Portfolios, die Pflege des sozialen Netzwerkes, uvm. erstreckt sich weit in die Freizeit hinein. Die Folge ist fast unweigerlich eine gewisse Verbetrieblichung der alltäglichen Lebensführung, die wenig Platz für spontane Vorkommnisse lässt (Moldaschl 2003, 95).

Selbstoptimierung

Insofern langfristige Wettbewerbsvorteile nur durch eine ständige Weiterentwicklung der Mitarbeiter aufrechterhalten werden können, wird die Bereitschaft zur individuellen Persönlichkeitsentwicklung zu einem festen Bestandteil des betrieblichen Anforderungsprofils. Die Forderung nach grenzenloser Selbstoptimierung birgt allerdings Gefahren. Längst genügt es in hochqualifizierten Berufsfeldern nicht mehr, erfolgreich zu studieren, begehrte Praktika im In- und Ausland zu absolvieren, drei Sprachen zu beherrschen und vielseitige Berufserfahrungen gesammelt zu haben. Wer sich gegen die große Zahl ausgezeichneter Konkurrenten durchsetzen will, muss sich seiner Arbeit mit Leib und Seele verschreiben. Mit der Zeit erweist sich der bedingungslose Leistungswille allerdings nicht selten als eine Falle. Denn im Grunde kann alles zum Gegenstand der beruflichen Selbstoptimierung erklärt werden: Der Sommersprachkurs schult die interkulturelle Kompetenz; das tägliche Fitnessprogramm stärkt die körperliche Ausdauer, das autogene Training die nervliche Belastbarkeit; der Zahnarzt sorgt für das gewinnende Lächeln der Sieger; der Schönheitschirurg für das begehrte Décolleté. Das private und gesellschaftliche Leben läuft Gefahr ganz und gar der Erhaltung der *employability* und Verbesserung der Wettbewerbsfähigkeit unterworfen zu werden.

Selbstbewusstsein

In Folge einer De-Institutionalisierung der Erwerbsbiographien, die sich in diskontinuierlichen Karrieren, Berufswechseln und vorübergehenden Perioden der Arbeitslosigkeit niederschlägt, steigen die Anforderungen an die selbständige Gestaltung des gesamten Arbeitslebens (Egbringhoff 2003, 22). Der einmal erlernte Beruf garantiert keine berufliche Zukunft. Die Berufswege sind verschlungen und können gelegentlich in einer Sackgasse enden. Die persönliche Erwerbsbiographie muss sehr viel aktiver als früher selbst in die Hand genommen und bewusst gestaltet werden. In der Folge kommt es zu Formen der Lebensführung, die entweder *strategisch* oder *situativ*, auf die wechselnden Anforderungen des Arbeitsmarktes reagieren (Egbringhoff 2003, 24). Die geringe Planbarkeit der Berufskarriere erschwert die langfristige Lebensplanung. Die Unbeständigkeit droht die sozialen Bindungen zu beschädigen (Sennett 2000, 28). Das eigene Leben gerät zu einem gewissen Grad außer Kontrolle. Mit dem häufigen Wechsel von Arbeitgebern und dem wiederholten Abbruch von Arbeitsbeziehungen rückt die Erfahrung der Instabilität und Unsicherheit in den Mittelpunkt des Lebenslaufes. Für Richard Sennett erfordert der flexible Kapitalismus auch deshalb „das Selbstbewußtsein eines Menschen, der ohne feste Ordnung auskommt" (Sennett 2000, 79).

Selbsterschaffung

In der von ständigen Innovationen geprägten Arbeitswelt der Wissensgesellschaft sind Risikofreude und Kreativität gefordert. Wer sich auf Dauer im Wettbewerb behaupten will, muss sich fortwährend selbst neu erfinden. Die eigene Innovationsbereitschaft und Veränderungsfähigkeit wird zu einem entscheidenden Wettbewerbsfaktor und nicht selten zu einer Existenzfrage. Die soziale Leitfigur der Gegenwart ist daher nicht mehr der Arbeiter, auch nicht der Unternehmer, sondern der autonome *Künstler*. Allerdings in einem ganz und gar anderen Sinne als ihn Marshall McLuhan Ende der sechziger Jahre vor Augen hatte (McLuhan 1968, 538). Es ist nicht die Vision eines befreiten Menschen, der seine inneren Kräfte der Selbstbeschäftigung und des schöpferischen Einsatzes in der Gemeinschaft mobilisiert, sondern das Bild eines erfolgreichen Professionisten, der sich abenteuerlustig und unkonventionell der Verwirklichung der eigenen Ideen verpflichtet. Das Lebensmodell des Künstlers entspricht am ehesten den Forderungen des Managements nach Selbständigkeit und Eigenverantwortlichkeit, nach Leistungsbereitschaft, Kreativität und Risikofreude. Als freiberuflicher Jobnomade zieht der Künstler von einer kurzfristigen Projektarbeit zur anderen. Als selbständiger Unternehmer betreibt er ein professionelles Networking und Selbstmarketing. Als kreativer Kulturproduzent schafft er ständig neue Konsumbedürfnisse. Die Kunst wird – wie es Boris Groys formulierte

– zur Avantgarde der modernen Wirtschaft: *management as art*. Aus dieser Perspektive büßt die idealistische Selbstausbeutung der Kulturproduzenten ihr kritisches Potential ein und bezeugt lediglich einen marktkonformen Leistungswillen, der sich im Wettbewerb um Aufmerksamkeit, Karrierechancen und Erfolgsprämien zu behaupten sucht.

Ermüdungserscheinungen

Die Bereitschaft zur Erneuerung droht allerdings mit der Zeit zu ermüden. Der fortwährende Wandel wirkt sich auf Dauer auf die Motivation der Freiberufler wie der Mitarbeiter aus. Der Mensch ist keine Maschine. Er bedarf der Ruhe, um die eigenen Kräfte zu regenerieren und die erfahrenen Erlebnisse emotional wie intellektuell zu verarbeiten. So gibt es eine Hyperflexibilisierung, die den Ertrag der angeblichen Zeitersparnis nicht erbringt. Eine Gesellschaft, die aus wirtschaftlichen Erwägungen, den Sonntag abschaffen will, ignoriert nicht nur das biologische Bedürfnis des Menschen nach Ruhe, sondern auch sein soziales Bedürfnis nach vertraulichen Begegnungen und inniger Nähe. Die Hyperflexibilisierung des Arbeitsalltags erschwert es, dass Menschen gemeinsame Zeiten und Räume finden, in denen sie ihre Beziehungen und Freundschaften pflegen. Die sozialen Rhythmen der betroffenen Beschäftigten werden gestört: "Die persönlichen Arrangements bezüglich der sozialen Beziehungen in Familie, Nachbarschaft, Freundschaften und Vereinen werden in Frage gestellt und damit die Stabilität der sozialen Integration" (Brandl 2002, 75). In einer sich ständig erneuernden Ökonomie drohen gegenseitiges Vertrauen, stabile Gemeinschaften und langfristige Entwicklungsziele verloren zu gehen.

Mit der fortschreitenden Deregulierung und Flexibilisierung der Erwerbsarbeit wird der Druck auf den Einzelnen, die verschiedenen Aspekte seiner Lebensgestaltung zu einem tragfähig Gesamtverlauf zu arrangieren, in Zukunft weiter zunehmen. Zu kurz kommen dabei vor allem die Kinder. Nach wie vor sind es vor allem Frauen, die aufgrund der familiären Doppelbelastung die größeren Herausforderungen zu bewältigen haben. Zum gegenwärtigen Zeitpunkt gibt es kaum eine Möglichkeit, Beruf und Familie auszubalancieren, ohne negative Konsequenzen für die Karriere befürchten zu müssen. Darüber hinaus erhärten empirische Befunde den Eindruck, dass überarbeitete und ausgepowerte Arbeitende sich kaum noch in der Lage sehen, über ihre private Lebenssicherung hinaus gesellschaftliche Verantwortung zu übernehmen (Moldaschl 2002, 48). In der Folge wächst die Gefahr, dass bestimmte gesellschaftliche Aufgaben aus Zeitnot unzulänglich oder gar nicht wahrgenommen werden. Insbesondere Tätigkeiten, die nicht dasselbe Ansehen genießen, wie bezahlte Erwerbsarbeit, werden an den Rand gedrängt. Was droht, ist eine Unterversorgung in all den

Bereichen, die nur persönlich erbracht werden können, aber unter zeitökonomischen Gesichtspunkten als ineffizient gelten (vgl. Brandl/ Hildebrandt 2002, 91).

1.11. Die Verunsicherung der Arbeitsverhältnisse

Im Laufe der neunziger Jahre leiteten immer mehr Unternehmen einen Prozess betrieblicher Restrukturierung ein, der die gesamte Organisation unter dem Gesichtspunkt größtmöglicher Effizienz rationalisieren sollte. Es wurden Kommunikationswege verkürzt, Entscheidungsprozesse beschleunigt, Vermittlungsinstanzen gestrichen, Verwaltungen entschlackt, Personalbestände verkleinert, Arbeitsprozesse verdichtet, indirekte Steuerungsinstrumente erprobt, effektive Wettbewerbsmechanismen ausgeweitet, usw. usf. Aus der Perspektive der Unternehmen ging es vorrangig um die Verringerung der Kosten, eine Steigerung der Produktivität und eine Anpassung des Arbeitseinsatzes an die schwankende Nachfrage auf den Weltmärkten. Diesen Zielen diente sowohl die Flexibilisierung des Arbeitseinsatzes, als auch die Auslagerung arbeitsintensiver Arbeitsprozesse an externe Kooperationspartner und selbständige Subunternehmer. Die betriebliche Personalpolitik setzte auf einen möglichst kleinen Kern an fest angestellten Vollzeitkräften, der bei Bedarf durch periphere Teilzeitkräften, befristet Beschäftigte oder Leiharbeiter ergänzt werden kann.

Im Zuge der allgemeinen Deregulierung und Flexibilisierung der Arbeitsverhältnisse wird das traditionelle Normalarbeitsverhältnis tendenziell *entstandardisiert*. War die Lohnarbeit in der Vergangenheit gemeinhin durch geregelte Arbeitszeiten, feste Arbeitsorte und verlässliche Arbeitsverträge definiert, werden diese Parameter seit geraumer Zeit gewissermaßen dynamisiert. Die Arbeitszeit und der Arbeitsort werden dem Arbeitsbedarf angepasst. Die Beziehung zwischen Arbeitgeber und Arbeitnehmer wird individualisiert. Das Arbeitsverhältnis berücksichtigen insbesondere in Hinblick auf Arbeitsbedingungen und Lohndifferenzierungen immer mehr Besonderheiten. Es entstehen neue Formen der Beschäftigung, die von den traditionellen Beschäftigungsverhältnissen abweichen und nicht selten erst von den Beteiligten ausgehandelt werden müssen. In der Folge vollzieht sich eine allgemeine Verunsicherung, die Selbständige, Beschäftigte und Führungskräfte gleichermaßen betrifft.

Geschichte des Normalarbeitsverhältnisses

In der Vergangenheit war es der Arbeitsgesellschaft gelungen, die abhängige Lohnarbeit mit einer gewissen Sicherheit zu verbinden. Verglichen mit den Lohnempfängern des späten 19. Jahrhunderts war diese Sicherheit eine soziale Errungenschaft. Die Transformation der ungeschützten Lohnarbeit in geschützte Beschäftigungsverhältnisse war die große historische Innovation, welche die sozialen Bewegungen in harten politischen Auseinandersetzungen erkämpft hatten.

Die vertraglich geregelte Lohnarbeit schaffte eine verlässliche Existenzgrundlage für den Großteil der männlichen Erwachsenen. Selbst wenn die Abhängigkeit von der entfremdeten Lohnarbeit nicht ganz und gar abgeschafft werden konnte, so wurden die Arbeitnehmer dadurch entschädigt, dass sie "Bürger innerhalb eines Systems sozialer Rechte", "Empfänger" sozialstaatlicher Leistungen und "Konsumenten von auf dem Markt produzierten Waren" waren (Castel 2000, 348).

Die Organisation der Arbeit im fordistischen Regulationsmodell brachte das sogenannte *Normalarbeitsverhältnis* und den sogenannten *Normalarbeitstag* hervor. Das Modell sollte lange Zeit das erstrebenswerte Leitbild einer guten Arbeit bilden und die allgemeine Vorstellung eines geregelten Arbeitsverhältnisses beherrschen (Brandl 2002, 63). Darüber hinaus ermöglichte die Gliederung des Lebenslaufes in Etappen der Ausbildung, Erwerbsarbeit und Altersruhe eine gewisse Berechenbarkeit der Lebensplanung. Das soziale Sicherungssystem des Staates ist eng an diese Gliederung angelegt. Dank der Absicherung von Lebensrisiken durch die Institutionen des modernen Wohlfahrtsstaates wurde es den Individuen möglich, "sich unabhängig von Traditionen selbst zu verwirklichen, neue Bindungen einzugehen und den eigenen Lebenslauf zu gestalten" (Moldaschl 2002, 71).

Gegenwärtige Verunsicherungen

Die fortschreitende Deregulierung und Flexibilisierung der Erwerbsarbeit stellt diese historischen Errungenschaften grundlegend in Frage. Die Individualisierung der Arbeitsverhältnisse ermöglicht es sogar, zu einem Konzept zurückzukehren, in dem die Arbeit eine Ware darstellt, die nach Bedarf auf dem Markt eingekauft werden kann. Die Deregulierung der Erwerbsarbeit führt nicht einfach zu einer Befreiung des Subjektes, sondern trägt vielmehr zum Abbau schützender Kollektivrechte bei. Kollektive Vereinbarungen werden individualisiert und das Individuum den Kräften des Marktes ausgeliefert. Der Einzelne darf innerhalb des Unternehmens zwar mehr entscheiden, genießt aber gleichzeitig weniger Sicherheiten. Laut Robert Castels handle es sich dabei um nicht weniger als eine „Auflösung des Arbeitsrechts" (zit. n. Bourdieu 2001, 17).

Zum gegenwärtigen Zeitpunkt ist das traditionelle Normalarbeitsverhältnis noch für etwa für zwei Drittel aller Beschäftigten in Europa alltägliche Realität – die Tendenz ist aber sinkend (Brandl 2002, 70). An die Stelle fester Arbeitsverträge treten zunehmend unsichere Arbeitsplätze und prekäre Beschäftigungsverhältnisse. Jenseits des Normalarbeitsverhältnisses entstehen hybride Formen der Beschäftigung wie Scheinselbständigkeit ohne soziale Einbindung in Tarifverträge oder Sozialversicherung durch die Unternehmen. Nicht selten sind all diese Beschäftigungsformen ungeeignet, ein gewisses Maß an Sicherheit und finanzieller Unabhängigkeit zu gewährleisten. Die Betroffenen bewegen sich in einer fortwährend gefährdeten Übergangszone zwischen Normalarbeit und Arbeitslosigkeit. Betroffen sind längst nicht mehr nur gesellschaftliche Randgruppen, sondern einer guter Teil des Mittelstands – also die Stütze der Gesellschaft.

Im Grunde sind diese prekären Beschäftigungsverhältnisse das Ergebnis einer betrieblichen Praxis, die viele Aufgaben, die ein Unternehmen früher selbst erledigte, an Subunternehmen oder externe Anbieter wie kleine Firmen oder Einzelpersonen abgibt, um sie kostengünstiger einzukaufen. Nicht selten sind es dieselben Arbeitskräfte, die demselben Arbeitgeber dieselben Dienste anbieten – nur unter anderen Bedingungen, nämlich als Selbständige und nicht als Angestellte, und oft zu niedrigen Preisen. Mit der Entlassung haben sie sich entschieden, ihren Service als selbständige Dienstleister an den Mann zu bringen. Ihr Spektrum reicht von Kurierfahrern mit eigenem Fahrrad oder PKW bis zu Computerspezialisten mit professionellem Home-Office. Nicht selten sind es ausgerechnet die Protagonisten der Wissensgesellschaft, die sich mit einer zunehmenden Verunsicherung ihrer Lebenssituation konfrontiert sehen. Waren solch unsichere Formen vorübergehender Beschäftigungsverhältnisse früher weitgehend auf ungelernte Arbeiter beschränkt, betreffen sie heute selbst hochqualifizierte Berufe. Im Grunde befinden sich die meisten kreativen Köpfe in kommerziellen Berufen wie Gestalter, Fotografen, Architekten, Journalisten, Publizisten, Privatdozenten, Künstler, Wissenschaftler oder Intellektuelle in einer ständigen Krisensituation. Sie alle sind zu einem unermüdlichen Umgang mit Unsicherheiten und Orientierungsschwierigkeiten gezwungen. Sie alle sind auf die eine oder andere Weise allen Wechselfällen der Konkurrenz und allen Schwankungen des Marktes ausgeliefert.[3]

Die flexiblen Organisationsformen der Wissensgesellschaft haben eine neue Leitfigur hervorgebracht: die Sozialfigur des Selbständigen. Die Spezies existiert in zwei entgegengesetzten Erscheinungsformen: Auf der einen Seite des Spektrums steht der selbständige, risikofreudige, erfolgreiche *Entrepreneur*, der ein großes Netz sozialer Beziehungen pflegt und sehr gut verdient. Auf der anderen Seite befindet sich der isolierte, abhängige, ohnmächtige *Arbeitskraftunternehmer*, der nicht das Glück hatte, an mächtige Netzwerke anzuknüpfen. In der Regel tragen Selbständige ein größeres Risiko und genießen weniger Sicherheiten. Von Fall zu Fall wird diese Unsicherheit mit einem entsprechend hohen Gehalt honoriert. Insofern die selbständigen Kleinstunternehmer miteinander konkurrieren, liegen ihre Löhne allerdings in den meisten Fällen niedriger als

---

3 Die beiden französischen Autorinnen Anne und Marine Rambach haben im Jahr 2001 mit *Les Intéllos précaires* einen erhellenden Essay zur prekären Arbeitssituation von freischaffenden Kulturproduzenten vorgelegt.

die ihrer fest angestellten Kollegen. Selbständige sind nicht gewerkschaftlich organisiert. Ihr Lohn muß direkt mit dem Auftraggeber ausgehandelt werden. Tariflöhne haben keine Bedeutung. Gleichzeitig steht es den Unternehmen frei, sich aus dem Meer der Angebote nach Belieben die besten Dienstleistungen zum niedrigsten Preis heraus zu fischen. Die Kooperation mit selbständigen Mitarbeitern spart der Geschäftsführung hohe Kosten wie Krankenkasse, Rentenbeiträge, Urlaubsgeld oder krankheitsbedingte Fehlzeiten. Weil die meisten Unternehmen einem immensen Kostenwettbewerb ausgesetzt sind, geben sie den Kostendruck gerne an die kleinen Partner weiter. Da deren Position sehr schwach ist und sie ihren Arbeitgebern im Grunde nichts entgegenzusetzen haben, lassen sich Preisnachlässe leicht durchsetzen. So arbeiten Selbständige oft zu Preisen und unter Bedingungen, die in den Augen der Angestellten unzumutbar erscheinen würden (Gorz 2000, 70ff). Und nicht selten geht es schlicht um die Frage: Reicht der Lohn zum Leben oder nicht? Viele Ein-Personen-Existenzgründer greifen deshalb ihrerseits auf Aushilfskräfte, Zeitarbeit oder Familienhilfe zurück. Nicht selten sind sie gezwungen, an der Grenze zwischen formeller und informeller Arbeit zu operieren, um den Lebensunterhalt zu bestreiten. Als informell gilt in Europa jener Bereich der Ökonomie, der von staatlichen Instanzen nicht erfasst wird. Dabei handelt es sich etwa um unbezahlte Eigenarbeit oder Heimarbeit, deren Ergebnisse allein dem privaten Verbrauch dienen. Es handelt sich aber auch um Schwarzarbeit und illegale Aktivitäten wie Schwarzhandel, Korruption, Prostitution, uvm. Angesichts der finanziellen Schwierigkeiten liegt der Schritt in die Schattenwirtschaft oder Schwarzarbeit nicht allzu fern. Illegale Beschäftigungsverhältnisse eröffnen oft die einzige Aussicht auf ein alternatives Einkommen. Dass dies eine Konkurrenz zu legalen Beschäftigungsverhältnissen darstellt, die die Position der Arbeitnehmer schwächt und zusätzlich unter Druck setzt, sei nur am Rande angemerkt. Zur finanziellen Unsicherheit kommt die psychische Belastung einer fehlenden Perspektive. Es gibt keine Planungssicherheit, die es den Betroffenen erlauben würde, ihr Leben auf längere Sicht zu gestalten. Mit dem Verschwinden der festen Verträge sehen sich viele Menschen gezwungen, ständig kurzfristige Arbeitsverhältnisse einzugehen. Sie wandern „von Ort zu Ort und von Tätigkeit zu Tätigkeit" (Sennett 2000, 31). Die Betroffenen steigen keine vertikale Karriereleiter empor, sondern beschreiten einen verschlungenen Weg in der Ebene. Ein vorübergehendes Beschäftigungsverhältnis reiht sich an das andere. Dieser Weg mag anregender, abwechslungsreicher, abenteuerlicher sein. Aber er bietet keinerlei Aussicht auf eine bessere Zukunft. Der Einzelne sieht sich vielmehr damit konfrontiert, dass vorausschauende Entwürfe dessen, was sein wird, kaum mehr möglich sind. Unvorhergesehene Ereignisse können den eigenen Lebensentwurf jederzeit zerstören. Diese Gefahr liegt selbstverständlich jeder Existenz zugrunde. Die Unbeständigkeit des flexiblen Kapitalismus hat die Unsicherheiten aber ungemein verschärft. Die Frage, wohin der Weg am Ende führen wird und wofür man sich eigentlich abmüht, wird zur lähmenden Ungewissheit und zum selbst zerstörerischen Zweifel. Vor allem dann, wenn der Tritt ins Stocken gerät, die Geschäfte nicht mehr so gut gehen und der eigene Einsatz nicht mehr angemessen honoriert wird. Letztlich sind die abhängigen Selbständigen die Tagelöhner der Gegenwart. Sie schützt kein Arbeitsrecht. Sie haben keine soziale Sicherheit und keinen Anspruch auf bezahlten Urlaub, Fortbildungen oder Abfindungen. Sie können es sich mitunter nicht einmal leisten, krank zu werden.

Der Abstieg ins Neoproletariat

Angesichts solcher Entwicklungen sprach André Gorz bereits in den neunziger Jahren von einem Neoproletariat (Gorz 1994). Der Neoproletarier wird nicht anhand seiner Position im gesellschaftlichen Produktionsprozess definiert, sondern anhand seiner prekären Lebenssituation, die ihn von einer Teilzeitbeschäftigung zur nächsten stolpern lässt. Tatsächlich hatte Friedrich Engels diejenigen Arbeiter als Proletarier definiert, die sich selbst und ihre Arbeit wie eine Ware täglich und stündlich verkaufen mussten (Marx / Engels 1999, 60). Das Personalmanagement der Gegenwart hat dafür einen griffigen Namen: Kapazitätsorientierte variable Arbeitszeit. Kurz: KAPOVAZ. Man versteht darunter eine Personalstrategie, die eine große zeitliche Verfügbarkeit der Arbeitskraft verlangt, aber nur die tatsächliche Einsatzzeit bezahlt. Die Betroffenen arbeiten gewissermaßen auf Abruf, müssen dem Arbeitgeber aber jederzeit zur Verfügung stehen. Von einem gemeinsamen Klassenbewusstsein der prekär Beschäftigten kann angesichts der vielfältigen Erscheinungsformen allerdings kaum die Rede sein. Es ist eine neue Unterschicht entstanden, die sich aufgrund der verschiedenen Bildungsgrade ihrer Zugehörigen von der traditionellen Arbeiterklasse unterscheidet. Ihr Spektrum reicht von traditionellen Arbeitern über abhängige Selbständige bis zu arbeitslosen Akademikern. Von Schulabsolventen ohne Berufsausbildung bis zu Rentnern mit niedrigen Pensionen. Die Betroffenen haben wenig gemeinsam. Sie bilden ein sehr heterogenes Milieu vereinzelter Individuen. Es stellt sich deshalb die Frage, warum sie bei allen Unterschieden auf ganz ähnliche Art und Weise Gefahr laufen, aus der Arbeitsgesellschaft herauskatapultiert zu werden. Für Robert Castel ist die Antwort eindeutig: Demnach beginne der Prozess bei denjenigen, die in einem Unternehmen entscheiden, die Betroffenen in die Ungewissheit zu entlassen. In diesem Sinne sei das Epizentrum der gesellschaftlichen Erschütterung eine spezifische wirtschaftliche Praxis, die Millionen von Menschen in die individuelle Katastrophe treibe (Bourdieu 2001, 16).

Beschäftigungstypen der Zukunft

Etwas weniger dramatisch sieht Bernd Bienzeisler vom Fraunhofer Institut in Stuttgart die Situation. In seinen Augen zeichnen sich mit der Erosion des Normalarbeitsverhältnisses fünf Beschäftigungstypen der Zukunft ab (Spath 2005, 17f.): *Erstens* die *Normalbeschäftigten.* Sie werden auf absehbare Zeit nicht aussterben, ihre Zahl wird aber weiter sinken. Insgesamt ist der Anteil der Vollzeitbeschäftigten zwischen 1989 und 1999 von 85 auf 80 Prozent gesunken, während die Zahl der Teilzeitbeschäftigten im selben Zeitraum deutlich stieg (Spath 2005, 15). Betrachtet man den Gesamtbestand an Beschäftigungsverhältnissen überwiegt die Zahl der unbefristeten Arbeitsverträge. Berücksichtigt man aber nur die Neueinstellungen, „dann gelten für 70 % von ihnen atypische vertragliche Regelungen" (Bourdieu 2001, 16). *Zweitens* die *Überbeschäftigten.* In den Arbeitsbereichen mit besonders hohen Anforderungen an die Leistungsbereitschaft der Arbeitenden gibt es trotz der Massenarbeitslosigkeit eine zunehmende Zahl an *Überbeschäftigten,* die eher unter zuviel statt unter zu wenig Arbeit leiden. *Drittens* die *Projektbeschäftigten.* Die Arbeit der Projektbeschäftigten zeichnet sich dadurch aus, dass sie zeitlich befristet und auf die Erfüllung einer bestimmten Aufgabe begrenzt ist. *Viertens* die *Geringbeschäftigten.* Kann sich die eine oder andere Form der Projektbeschäftigung durchaus finanziell auszahlen, reicht das Einkommen der Geringbeschäftigten in den meisten Fällen nicht zum Leben, so dass mehrere Arbeiten nebeneinander ausgeübt werden müssen. Eine Ausnahme bilden lediglich die freiwillig Geringbeschäftigten, die dank einer Erbschaft oder anderer Kapitaleinkünfte ihr Leben weitgehend frei gestalten können. *Fünftens* die *Unterbeschäftigten.* Die Zahl der Unterbeschäftigten wird mit aller Wahrscheinlichkeit zunehmen – sei es aufgrund einer fortwährenden Geringbeschäftigung oder einer vorübergehenden Erwerbslosigkeit.

Insgesamt fällt die Bilanz damit nicht sonderlich positiv aus. Wenngleich die Individualisierung der Arbeitsverhältnisse den Arbeitnehmern erlaubt, sich aus starren Schemata zu befreien und mehr Eigeninitiative zu entwickeln, impliziert sie für einen großen Teil der Erwerbsgesellschaft eine Fragmentierung des Arbeitsalltags, eine Verunsicherung der Lebenssituation und eine Tendenz zur sozialen Isolation. Zwar öffnen sich im Zuge der Flexibilisierung besondere Freiräume für bestimmte Beschäftigungsgruppen. In den meisten Fällen erweist sich aber das Verhältnis von Arbeit und Freizeit als ziemlich unausgewogen. Sei es, weil auf Dauer zu viel, sei es weil auf Dauer zu wenig gearbeitet wird. In allen Fällen nimmt die Sicherheit der Beschäftigungsverhältnisse ab. Glaubte ein Großteil der Beschäftigten bis zu Beginn der neunziger Jahre, ihre Zukunft sei gesichert, haben viele inzwischen ihren Optimismus verloren. Für zahllose Menschen bleiben die beruflichen Verhältnisse auf unabsehbare Zeit recht unsicher.

Sie müssen mit einem stagnierenden Einkommen und einem sinkenden Lebensstandard zurechtkommen. Sie sehen sich mit einer anhaltenden Massenarbeitslosigkeit konfrontiert und können keinen Weg aus der Krise erkennen, weil niemand einen solchen Ausweg kennt.

1.12. Die Angst vor der Arbeitslosigkeit

In der modernen Arbeitsgesellschaft sind die meisten Lebensbereiche auf die Erwerbsarbeit hin ausgerichtet. Die Erwerbsarbeit stabilisiert die alltägliche Lebensführung. Die berufliche Routine gewährt Sicherheit und Selbstbewusstsein: „Sich ein Leben vorzustellen, das ganz aus momentanen Impulsen besteht, ohne stützende Routine, ohne Gewohnheiten, heißt tatsächlich, sich ein geistloses Leben vorzustellen" (Sennet 2000, 55). In einer Lohnarbeitsgesellschaft beziehen die Gesellschaftsmitglieder ihr finanzielles Auskommen, ihre gesellschaftliche Anerkennung und ihre persönliche Identität in erster Linie aus ihrer Stellung innerhalb der Arbeitnehmerschaft. Wie Robert Castel darstellte, erschließen sich dadurch auch andere Bereiche wie Freizeit, Bildung und Kultur: „Stabile Arbeitsbedingungen bilden eine Art Sockel, von dem aus man sich in anderen Bereichen engagieren kann" (zit. n. Bourdieu 2001, 15). In diesem Sinne ermöglicht die Erwerbsarbeit die Integration des Individuums in die (arbeitsteilige) Gesellschaft.

Mit dem Verlust des Arbeitsplatzes, ist diese Integration gefährdet. Arbeitslosen Menschen wird der Zugang zu all den Dimensionen der Arbeit, die ihren positiven Wert ausmachen, verwehrt. Wer arbeitslos ist, wird an den Rand der Gesellschaft und nicht selten in die Isolation gedrängt. „Der zu Untätigkeit verurteilte Mensch fühlt sich aus der Gesellschaft ausgeschlossen" (Glaser 126). Die auf einem mühsamen Bildungsweg erworbenen Fähigkeiten werden von ihren gesellschaftlichen Betätigungsmöglichkeiten abgeschnitten und laufen Gefahr, allmählich wieder zu verfallen. Dazu kommt die Angst vor einer ungewissen Zukunft. In der Regel müssen ehemalige Lebensentwürfe revidiert werden. Gleichzeitig verliert die kollektive Strukturierung des Lebens in Arbeitszeit und Freizeit mit der Arbeitslosigkeit ihre Verbindlichkeit. Die alltägliche Zeitstruktur fällt gewissermaßen in sich zusammen. Die Arbeitslosen stehen vor der Herausforderung, die ihnen zur Verfügung stehende Zeit ohne formale Haltepunkte und Orientierungshilfen zu strukturieren. Der Tag, die Woche, das Jahr müssen weitgehend allein organisiert und Alltagsroutinen selbstdiszipliniert eingespielt werden. Wer nicht gelernt hat, sich selbst zu beschäftigen, dem droht Langeweile und Unterforderung zu schaffen zu machen. Mit der Dauer der Arbeitslosigkeit wächst die Befürchtung, niemals mehr in das Arbeitsleben zurückkehren zu können. Wer keine bzw. keine angemessene Anstellung findet, muss deshalb nicht nur mit finanziellen Einbußen und einer langfristigen Gefährdung seiner Gesundheitsfürsorge, Altersvorsorge, uvm. rechnen, sondern auch mit öffentlichen Demütigungen und privaten Krisen. Wer keine Arbeit hat, wird nicht selten mit Geringschätzung, Misstrauen oder gar offener Aggression konfrontiert. Der Druck auf diejenigen, die trotz intensiver Bemühungen keine Anstellung finden, weil es einfach nicht genügend Stellen gibt, ist immens. Die Auswirkungen von Arbeitslosigkeit betreffen deshalb keineswegs nur finanzielle Restriktionen, sondern erschüttern die psychische Stabilität der Betroffenen durch alle Bildungsschichten und Einkommensklassen hindurch.

Die meisten Menschen definieren sich in Bezug auf die Arbeit, die sie leisten. In diesem Sinne ist die Arbeit sehr viel mehr, als eine reine Einkommensquelle. Der Verlust des Einkommens kann sogar eine Nebenrolle spielen. Betriebliche Abfindungen, private Vermögen oder sozialstaatliche Absicherungen können den finanziellen Schaden abfedern. Dagegen wird die Erschütterung des eigenen Selbstwertgefühls von allen Betroffenen ähnlich schwerwiegend erfahren. In der Arbeitsgesellschaft ist die Arbeit der Maßstab für soziale Anerkennung. Mit der Arbeitslosigkeit wird berechtigte Anerkennungserwartung enttäuscht. Berücksichtigt man den engen Zusammenhang von Arbeit und Identität ist leicht nachzuvollziehen, dass ein Verlust der Arbeit immer auch das Selbstbild des Betroffenen erschüttert. Mit der Entlassung fällt das aufgebaute Selbstbild wie ein Kartenhaus in sich zusammen. Der Verlust des Arbeitsplatzes wird als Geringschätzung der eigenen Arbeit wie der eigenen Person interpretiert. Gleichzeitig genießen Arbeiten, die außerhalb des offiziellen Erwerbsarbeitsmarktes geleistet werden, oft nicht dasselbe Ansehen. Die Folge von Arbeitslosigkeit ist deshalb häufig ein Gefühl der Wertlosigkeit, das den Lebensmut zu lähmen droht. Von Fall zu Fall kann Arbeitslosigkeit zu Motivationsproblemen, Selbstzweifeln, Ohnmachtgefühlen, Hoffnungslosigkeit, Angstzuständen führen. Resignation breitet sich aus und Depressionen drohen. Manch einer zieht sich aus Scham zurück – und isoliert sich dadurch nur zusätzlich. Psychische Erkrankungen, psychosomatische Leiden und Suchtmittelabhängigkeiten bezeugen nachweisbar die Folgen dieser Erschütterung aus medizinischer Perspektive (vgl. Negt 2001, 126).

Der Ausweg aus einer solchen Sackgasse kann vermutlich nur darin bestehen, die subjektive Schmerzerfahrung in einem bewussten Reflexionsprozess zu bewältigen. In den meisten Fällen ist die Arbeitslosigkeit nicht persönlich verschuldet. Den meisten Entlassungen liegen strukturelle Veränderungen zu Grunde. Wer Arbeitslose als gescheiterte Existenzen und unselbständige Faulenzer diffamiert, macht sich an den psychischen Verletzungen der Betroffenen mit schuldig. Der soziale Druck wird diejenigen, die sich ohnedies aus dem gesellschaftlichen Leben zurückgezogen haben, nur weiter in die Isolation drängen. Im Gegensatz dazu gilt es, gerade Arbeitslose in ein stabiles Netzwerk sozialer Kontakte und Kommunikationsbeziehungen einzubeziehen, in denen sie sich als vollwertige Gesellschaftsmitglieder anerkannt wissen. Dafür bedarf eines Klimas der Angstfreiheit und des Grundvertrauens in eine offene, demokratische

Gesellschaft. Glaubwürdig ist diese Gesellschaft aber nur dann, wenn sie ihren Bürger eine Lebensgrundlage garantiert. In einer Gesellschaft, die auf Wissen und Wettbewerb aufbaut, genügt es nicht, mit Essen, Kleidung und einem Dach über dem Kopf versorgt zu sein. Es bedarf Möglichkeiten, sich zu informieren, sich in bestimmten Tätigkeiten wie in sozialen und kulturellen Praktiken zu üben. Dafür aber ist es notwendig, in die Gesellschaft einbezogen zu werden. Es ist wenig überzeugend, Menschen zum selbständigen Handeln bewegen zu wollen, wenn diese wirtschaftlich geschwächt und sozial ausgeschlossen sind. Sich aus eigenen Kräften aus der sozialen Isolation heraus zu arbeiten, ist nicht zuletzt deshalb so schwer, weil die Betroffenen auf keinen Beistand seitens der Gemeinschaft bauen können. Um die eigenen Vorsätze allen Widrigkeiten zum Trotz aufrechtzuerhalten und auf lange Sicht zu verwirklichen, bedarf es eines Höchstmaßes an Selbstdisziplin. Wie einfach ist es dagegen, Tag für Tag in ein Büro zu gehen und dort die Aufgaben zu erfüllen, die man vorgelegt bekommt.

Angesichts solcher Konsequenzen bleibt verständlicherweise auch unser Arbeitsleben von der Angst vor der Arbeitslosigkeit nicht unbehelligt. Die Arbeitnehmer spüren, dass sie verwundbar sind. Im Grunde sind sie alle potentiell gefährdet. Die Unsicherheit erzeugt Sorgen und Ängste. Die Angst wirkt disziplinierend. Mit der Angst wächst die Bereitschaft zu Anpassung, Überarbeitung und (unbezahlter) Selbstausbeutung. Die Betroffenen willigen ein, freiwillig auf tarifliche Regelungen von Arbeitszeit und Lohnniveau sowie auf gesetzliche Sozial- und Rentenansprüche zu verzichten. Um sich vor einer Entlassung zu schützen, hilft scheinbar nur, sich noch mehr dem Diktat der Arbeitsgeber zu unterwerfen. Wie schon von Marx vorausgesagt, „sorgt die persönliche Erfahrung der Arbeitslosigkeit für eine wesentlich größere Gefügigkeit im Sinne der Arbeitgeber" (Bourdieu 2001, 27). Gegenüber der drohenden Arbeitslosigkeit erscheint es manchen als nebensächlich, *welche* Arbeit man ausübt. Entscheidend sei allein, *dass* man arbeite. Das schlägt sich auch in der Diskussion um die Zumutbarkeit von schlecht bezahlter Arbeit nieder. Die Formel *Jede Arbeit ist besser als keine Arbeit* forciert die Bereitschaft, niedrige Löhne und schlechte Arbeitsbedingungen zu akzeptieren. Diese Bereitschaft fällt allerdings letztlich auf die Beschäftigten zurück, da die billige Konkurrenz zu noch billigerer Arbeit zwingt.

2

2.1. Die Hoffnung auf Wachstum

Bei den Anstrengungen, die Arbeitslosigkeit zu verringern, wird gemeinhin auf eine liberale Wirtschaftspolitik gesetzt. Man vertraut auf die Kräfte des Marktes und hofft auf wirtschaftliches Wachstum. Die einfache Gleichung lautet: Wachstum gleich Beschäftigung. Der Formel kann eine gewisse Plausibilität nicht abgesprochen werden: Die Gewinne von heute sind die Investitionen von morgen und die Arbeitsplätze von übermorgen (Negt 2001, 220). Dementsprechend sollen Kostenentlastungen wie Steuersenkungen oder Lohnkürzungen, Deregulierung und Liberalisierung, Stimulierung der Nachfrage, ermutigende Reden und demonstrativer Optimismus den wirtschaftlichen Aufschwung herbeiführen. Wer Wachstum will, so hieß es am Ende des 20. Jahrhunderts, müsse dafür etwas tun; die Leute seien bequem geworden, von der Sicherheit des Sozialstaates verwöhnt. So plädierten Volkswirte wie Norbert Walter von der Deutschen Bank nicht nur dafür, die Arbeit flexibler einzusetzen und ihren Preis zu senken, sondern wenn nötig eben 50 oder 60 Stunden in der Woche zu arbeiten, Feiertage zu streichen und Zigarettenpausen vom Lohn abzuziehen.[4] Auch die Verkäufer verfolgten ihre Ziele nicht entschieden genug und müssten eben aggressiver verkaufen. Gleichzeitig werden Gewerkschaften und Umweltschützer als Jobkiller diffamiert. Selbst die Verrechnung von Urlaubstagen als Krankentage wird in Erwägung gezogen.[5] Alles schien recht, um das Wirtschaftswachstum endlich wieder in Schwung zu bringen. Doch die alte Formel – Wachstum gleich Beschäftigung – scheint ein für allemal ihre Gültigkeit verloren zu haben. Seit dem 19. Jahrhundert haben Ökonomen argumentiert, dass das mit Maschinen erwirtschaftete Kapital wieder in neue Produktionen investiert werde und letztlich neue Arbeitsplätze schaffe: Der Einsatz effizienter Technik erhöhe die Produktivität. Die erhöhte Produktivität ermögliche es, billiger zu produzieren. Billigere Produkte belebten die Nachfrage. Die belebte Nachfrage erzeuge einen erweiterten Bedarf an Produktion – und damit an Arbeit. Das Unternehmen beginne zu wachsen. Gleichzeitig entständen Spielräume für Lohnerhöhungen. Seit einiger Zeit geht diese ökonomische Lehrbuchgleichung aber nicht mehr auf. Das Wachstum schlägt sich nicht zwangsläufig in neuen Arbeitsplätzen oder Lohnerhöhungen nieder.

Nach einer Studie der *New York Times* sind die Gewinne der amerikanischen Unternehmen in den Jahren 1991 bis 1995 von 415 Milliarden auf 609 Milliarden gestiegen. Gleichzeitig sind mehrere zehntausend Mitarbeiter entlas-

---

4 Norbert Walter in der Podiumsdiskussion *Wohin wandert die Arbeit?* am 2. Dezember 2004 im ZEIT Forum der Wirtschaft in Berlin.
5 Vorschlag der Deutschen Handelskammer vom 18. Juni 2005.

sen worden (Bourdieu 2001, 21). Betroffen sind nicht nur einfache Arbeiter, sondern auch Angestellte in der Verwaltung oder dem Management. Die Jahre 2001 bis 2003 zeigten zum ersten Mal seit der Wirtschaftskrise vor dem 2. Weltkrieg keinerlei Anzeichen eines Beschäftigungszuwachses obwohl das amerikanische Bruttoinlandsprodukt ein umfangreicheres Wachstum verzeichnete. Fast drei Millionen Arbeitsplätze gingen in dieser Zeit verloren; die meisten davon in der Industrie, aber auch im Einzelhandel, im Dienstleistungssektor, in den High-Tech-Branchen (Rifkin 2004, xiv). Das mitunter beträchtliche Wachstum in manchen westlichen Industrienationen ging einher mit einer beständig hohen oder sogar noch wachsenden Arbeitslosigkeit. Obwohl die Gewinne im Zuge einer allgemeinen Rationalisierung stiegen, stagnierten die Löhne und wurden Stellen gestrichen.

Eines der prominentesten Beispiele einer solchen Unternehmungsstrategie in Europa lieferte die Deutsche Bank. Um seine ehrgeizigen Ziele für das Jahr 2005 zu erreichen, setzte der Bankchef Josef Ackermann auf das sogenannte *Smartsourcing*. Dahinter verbirgt sich der Transfer von Arbeitsplätzen an kostengünstigere Standorte. Während dort 1200 zusätzliche Stellen geschaffen wurden, sollten von weltweit 65.000 Mitarbeitern 6400 Arbeitsplätze abgebaut werden – davon 1920 in Deutschland. Die Begründung für eine solche Entscheidung lag dabei keineswegs in niedrigen Umsätzen. Immerhin hatte die Deutsche Bank 2004 das beste Ergebnis seit 2000 erzielt: „Der Gewinn war trotz hoher Sonderbelastungen um 87 Prozent auf 2,55 Milliarden Euro gestiegen."[6] Es ging einfach darum, die Rendite von 16,7 auf 25 Prozent zu katapultieren. Sein persönliches Ziel formulierte Ackermann folgendermaßen: „Wir wollen aus Deutschland heraus an die Weltspitze"[7] Analysten beurteilten den Sparkurs aus Aktionärsperspektive als richtig, was die Aktionäre veranlasste, den Schritt an den Börsen zu belohnen.

In den 1990er Jahren hatte die Politik der Privatwirtschaft immer größere Spielräume gegeben. Die Hoffnung bestand darin, dass eine unternehmerfreundliche Steuerpolitik neue Arbeitsplätze schaffe. Bisher ist diese politische Strategie den Beweis ihrer Wirksamkeit allerdings schuldig geblieben. Die Steuerentlastungen der letzten Jahre sind größtenteils einfach verpufft. Die Behauptung, Steuersenkungen zögen Investitionen nach sich, ist keineswegs bewiesen. Der Glaube, dass Steuersenkungen das Einkommensniveau heben und deshalb letztlich das Staatseinkommen erhöhen, ist allem Anschein nach sogar falsch. Vielmehr treiben Steuersenkungen in erster Linie das Haushaltsdefizit in die

---

6 www.boerse.ARD.de (2005) „Deutsche Bank: Sechs Milliarden Gewinn?" Meldung vom 03.02.05.
7 ebd.

Höhe. Folgt man der Einschätzung ausgewiesener Experten ist der Grund dafür recht einfach: Das Geld, das die Unternehmen verdienen, wird niemals vollständig reinvestiert. Ein Teil wird für private Ersparnisse verwendet, ein anderer Teil für den Import ausländischer Waren oder direkt im Ausland ausgegeben. „Bei Steuerkürzungen fließen 25% der Kosten sofort in die Taschen des Auslands" (Wolman 1998, 287).

In der öffentlichen Diskussion wird angesichts dieser Tatsachen gerne auf geschaffene und freie Stellen verwiesen. Bei genauerer Betrachtung erweist sich allerdings ein Großteil der Einstellungen als das Ergebnis einer Rotationsbewegung der Angestellten – und nicht als Schaffung neuer Arbeitsplätze (vgl. Bourdieu 2001, 25). Gleichzeitig haben in den europäischen Ländern, in denen in den letzten Jahren die Arbeitslosenzahlen teilweise gesenkt werden konnten, in erster Linie unfreiwillige Teilzeitarbeit, schlecht bezahlte Zeitarbeit und prekäre Beschäftigungsverhältnisse zugenommen. Über vier Millionen wurden im Jahr 2010 ganz offiziell als unterbeschäftigt registriert. Da es immer mehr Unternehmen bevorzugen, ihre feste Kernbelegschaft möglichst klein zu halten und zusätzliches Personal nach Bedarf und für einen befristeten Zeitraum zu beschäftigen, wächst die Zahl der Zeitarbeitskräfte, Gelegenheitsarbeiter und Selbständigen, während unbefristete Festanstellungen schwinden. Die meisten Stellen, die im Dienstleistungsbereich geschaffen werden, bringen zudem eine Verschlechterung der Arbeitsbedingungen und der Entlohnung mit sich (Bourdieu 2001, 25). Nicht selten ist eine Arbeit so gering bezahlt, dass sie allein keine Existenzgrundlage bietet. Nur die Kombination mehrerer Billigjobs ermöglicht den Betroffen, ihre Familie zu ernähren. Die meisten Billiglohnarbeiter leben von der Hand in den Mund. Für Altersvorsorge, Krankenversicherung oder Schulgebühren bleibt nicht mehr viel übrig.

In den USA leben die so genannten *working poor* häufig unterhalb der offiziellen Armutsgrenze von 9000 Dollar im Jahr. Laut der amerikanischen Wohlfahrtsorganisation Acorn gehe fast die Hälfte der Nutzer der Obdachlosenheime einer Arbeit nach, von der sie nicht wirklich leben können.[8] Ähnliche Tendenzen sind inzwischen in Deutschland zu beobachten: Im Jahr 2002 arbeiteten mehr als 1.5 Millionen Bundesbürger für weniger als 5 Euro in der Stunde und 4 Millionen für weniger als 7.50 Euro.[9] Für Zeitarbeit sind Stundenlöhne von 6.20 Euro bis 3.50 Euro keine Seltenheit mehr.[10] Die Betroffenen arbeiten Vollzeit

---

8 Fischermann, Thomas (2001) „Schuften für sechs Dollar". In: *Die Zeit*, Nr. 35 vom 22.08.02, S.23.
9 Tenbrock, Christian (2002) „Lügen für die Arbeitslosen". In: *Die Zeit*, Nr. 34 vom 15.08.02, S. 17-19.
10 ebd.

und verdienen trotzdem nicht mehr als 700, 800, 900 Euro netto im Monat. In der Folge lebten 2005 rund 3 Millionen Menschen unterhalb der offiziellen Armutsgrenze von 940 Euro pro Monat. [11] Zu guter Letzt ist der globalen Entwicklung dieselbe Tendenz abzulesen. Der United Nations Human Development Report aus dem Jahre 1996 spricht eine deutliche Sprache: „since 1980, economic decline or stagnation has affected 100 countries, reducing the incomes of 1.6 billion people. In 70 of these countries, average incomes are less than they were in 1980 and in 43 countries, less than they were in 1970'" (Giddens 2000, 97).

Im Grunde lautet das idealistische Versprechen der Wirtschaft, menschliche Not zu lindern, indem sie Hunger und Armut überwindet, Wohlstand schafft und neue Handlungsspielräume eröffnet. In diesem Sinne ist Wachstum ohne Zweifel wünschenswert. Für Millionen von Menschen auf der Welt ist eine erfolgreiche wirtschaftliche Entwicklung unerlässlich. Bei sozialen Spannungen gewährt vor allem eine erfolgreiche Wirtschaft dauerhaften Frieden. So ist die moderne Welt nicht zu Unrecht auf Wachstum eingestellt. Kommt es nicht mehr zustande, ergeben sich unabsehbare Konsequenzen. Angesichts dieser Situation erscheinen Zweifel an der Sinnhaftigkeit des Wachstumsmodells als naiv. Alternativen scheint es tatsächlich nicht zu geben. Selbst der Sozialismus war auf Wachstum ausgerichtet und sollte letztlich an seiner wirtschaftlichen Schwäche scheitern. Angesichts der gegenwärtigen Entwicklungen wäre es allerdings ebenso naiv, an eine bedenkenlose Wachstumsideologie zu glauben. Schließlich besteht auch innerhalb einer auf Wachstum angewiesenen Wirtschaftsordnung erheblicher Spielraum für Handlungsalternativen. Und es ist immerhin denkbar, dass es verschiedene Formen erfolgreichen Wirtschaftens gibt.

Zum gegenwärtigen Zeitpunkt ist ein Großteil die wirtschaftlichen und politischen Eliten so sehr auf Wachstum fixiert, dass alles andere als Nebensächlichkeit erscheint: Wachstum schaffe Arbeitsplätze, entlaste den Wohlfahrtsstaat, schaffe Wohlstand. Eine gewisse Plausibilität ist dieser Vorstellung gar nicht abzusprechen. Nur wo Geld erwirtschaftet wird, kann auch Geld verteilt werden. Die Frage, welcher Weg zu langfristigem Wachstum und dauerhaftem Wohlstand führt, ist allerdings selbst für Experten kaum zu beantworten. Auf den ersten Blick erscheint die Wachstumsorientierung daher als vernünftig: "Unternehmen müssen zuallererst wachsen, um [...] Beschäftigung schaffen und sichern zu können" (Abele 2006, VI). Auf den zweiten Blick wird allerdings deutlich, dass das Streben nach Wachstum unter sich ständig verschärfenden Wettbewerbsbedingungen nicht zwangsläufig Arbeitsplätze schafft. Zu Fragen

---

11 Uchatius, Wolfgang (2006) „Lohnt sich das?". In: *Die Zeit*, Nr. 20 vom 11.05.06, S. 23-24.

gilt es daher, welches Wachstum eigentlich erstrebenswert und welches kontraproduktiv ist. Das ist vor allem deshalb geboten, weil - um der Forderung nach Wachstum gerecht zu werden – wir regelmäßig aufgefordert werden, gesellschaftliche Errungenschaften aufzugeben und persönliche Opfer zu bringen. Die Opfer werden allerdings selten in den obersten Führungsetagen und privilegierten Gesellschaftskreisen erbracht. Wenn von Pflichten die Rede ist, sind selten die herrschenden Eliten gemeint (vgl. Bourdieu 2001, 80). Gleichzeitig breitet sich die wirtschaftliche Sphäre immer weiter aus, während öffentliche Einrichtungen in die Defensive geraten. Der Sozialstaat wird als leistungsfeindlich diffamiert, gerade weil er so oft pleite ist. Statt in teure Sozialleistungen soll das Geld besser in den Wirtschaftskreislauf investiert werden, um mehr Geld zu erwirtschaften. Was aber kommt am Ende für Schulen und Hochschulen, Krankenhäuser und Altersheime, Museen und Theater heraus? In der Regel bekommen sie nichts von den erwirtschafteten Gewinnen zu sehen.

Vor diesem Hintergrund erscheint Wachstum als wichtig, aber nicht als allwichtig. Die Vorstellung, dass es den Menschen gut gehe, wenn es der Wirtschaft gut geht, wird von der alltäglichen Erfahrung widerlegt, dass es Wirtschaft gut gehen kann und sich die Menschen dennoch schlecht fühlen. Schon bei Adam Smith ging es um den *Wohlstand der Nationen* und nicht einfach um private Profite. Smith hatte deshalb einen materiellen Fortschritt von einem moralischen Fortschritt unterschieden. Autoren wie Elmar Altvater und Ralf Dahrendorf äußern sich in einem ähnlichen Sinne. Während Altvater zwischen einem Zuwachs des Bruttosozialproduktes und der Zunahme des Wohlstands der Menschen unterscheidet (Altvater 1996, 73), stellt Dahrendorf dem Wirtschaftswachstum die Freiheit gegenüber: „Man kann arm und frei sein und auch reich und unfrei" (Dahrendorf 1983, 143). Die unverwechselbare Grundbedeutung von Freiheit sei die Abwesenheit von Zwang. Entscheidend ist deshalb die *soziale* Dimension der Freiheitsproblematik. Ausschlagend ist die Frage, inwiefern ein Mensch durch andere Menschen zu Recht oder zu Unrecht eingeschränkt wird. In diesem Verständnis ist soziale Wohlfahrt etwas anderes als finanzieller Wohlstand. Wohlfahrt beinhaltet auch diejenigen Aspekte eines erfolgreichen Lebens, die sich nicht in Euro und Cent ausdrücken lassen. Dazu zählt eine lange Liste an menschlichen Bedürfnissen und kulturellen Errungenschaften, die von sozialen Gemeinschaften über ein Recht auf Bildung und humane Arbeitsbedingungen bis zu politischer Partizipation und dem Wunsch nach einem wirtlichen Lebensumfeld reichen. All dies taucht in den Bilanzen der Unternehmen und dem staatlichen Bruttosozialprodukt nicht auf. Und dennoch wird sicher niemand bestreiten, dass unser persönliches Glück von solchen Faktoren abhängt. Letztlich kann soziale Wohlfahrt auch bei schwachem Wirtschaftswachstum oder sinkendem Wohlstand steigen. Wohlfahrt in einer Welt schwachen Wirtschaftswachstums darf die Wachstumschancen nicht zerstören. Es bleiben aber zahlreiche Möglichkeiten, die zumindest eine Abkehr von schlechten Gewohnheiten erlauben.

Im Grunde muss der Kampf gegen die Arbeitslosigkeit in erster Linie von den Unternehmen selbst geführt werden. Die liberale Rollenverteilung sieht vor, dass private Unternehmen die notwendigen Arbeitsplätze schaffen, während der Staat die dafür erforderlichen Rahmenbedingungen gewährleistet und die auf Grund von Arbeitslosigkeit entstehenden sozialen Härten abmildert. In diesem Sinne hat die Wirtschaft eine gesellschaftliche Verantwortung. Der Staat mag ein mächtiger Arbeitgeber sein – aber seine Finanzkraft hängt vom wirtschaftlichen Erfolg seiner Bürger ab. Das Problem besteht daher primär darin, dass die gegenwärtige Wirtschaftspraxis gar kein Interesse daran zu haben scheint, auch nur einen einzigen Arbeitsplatz seiner selbst wegen zu erhalten. Das Unternehmensziel besteht schließlich nicht in der Erhöhung der Beschäftigungszahlen, sondern der Gewinnmargen.

Wie schwer sich die deutsche Wirtschaft damit tut, Menschen eine Berufstätigkeit in Aussicht zu stellen, verdeutlicht die Diskussion um fehlende Ausbildungsplätze. Im Dezember 2010 suchten 67.600 jugendliche Schulabgänger noch immer nach einem Ausbildungsplatz.[12] Nicht selten gelingt lediglich ein oder zwei Schülern einer Hauptschulklasse ein bruchloser Einstieg ins Berufsleben. Und selbst bei Hochschulabsolventen ist die Zeit nach dem Studium häufig erst einmal von Arbeitslosigkeit oder monatelangen Praktika gekennzeichnet, in denen sie für sehr wenig oder gar kein Geld hochqualifizierte Tätigkeiten in Vollzeit ausführen. Angesichts der hohen Bewerberzahlen gehen mehr und mehr Arbeitgeber dazu über, qualifizierte Hochschulabsolventen als unbezahlte Praktikanten oder unterbezahlte Volontäre zu beschäftigen. Das Aufgabenspektrum reicht von der Organisation einer Großveranstaltung über die Redaktion verschiedener Publikationen bis zum Schreiben von Anträgen und Gutachten, die über Projektfinanzierungen entscheiden. Insofern die ersehnte Festanstellung oft nur mit Hilfe erster Berufserfahrungen und persönlicher Beziehungen zu erreichen ist, sehen sich die meisten Bewerber gezwungen, solche Angebote anzunehmen. In der Regel ist nur in der Lage, einen solchen kostenlosen Arbeitseinsatz zu leisten, wer auf andere Finanzierungsmöglichkeiten wie reiche Eltern, ausreichende Ersparnisse oder ein Erbe zurückgreifen kann. Insofern das unbezahlte Praktikum oft das Nadelöhr in das postuniversitäre Berufsleben darstellt, entscheidet nicht selten der finanzielle und familiäre Hintergrund der Betroffenen über deren berufliche Zukunft. Letztlich garantiert eine solche

---

12 Bundesagentur für Arbeit (2010) Der Arbeits- und Ausbildungsmarkt in Deutschland im Monat Dezember und im Jahr 2010.

Investition in die berufliche Laufbahn allerdings gar nichts. Nicht selten werden die im Laufe der Zeit eingearbeiteten und mit dem Betrieb vertraut gewordenen freiwilligen Mitarbeiter am Ende nicht eingestellt, sondern durch neue Berufsanfänger ersetzt, die wiederum gering bezahlt werden.

In der Konsequenz sind es in erster Linie junge Menschen, auf deren Kosten die Wettbewerbsfähigkeit der Älteren realisiert wird. Aus ihrer Perspektive scheint es berechtigt, die Haltung der älteren Generation als egoistisch zu kritisieren. Während sich die Jüngeren von einem Praktikumsplatz zum anderen, von einem unsicheren Zeitvertrag zum nächsten hangeln, pochen die Älteren auf ihre Zusagen, die ihnen vor dreißig Jahren gegeben wurden. Obwohl die Älteren weder mehr noch besser als die Jüngeren arbeiten, verdienen sie deutlich mehr und genießen viel mehr Sicherheiten. Vermutlich hatte es keine Generation so einfach wie die Besatzung in den heutigen Chefetagen: Nach dem Krieg geboren, im wohlhabenden Westdeutschland aufgewachsen, von der Öffnung der Universitäten und einem kostenlosen Studium profitiert, sozial abgesichert, beruflich begehrt, bringen sie ihre Schäfchen ins Trockene, bevor ihnen die Lawine, die sie losgetreten haben, selbst den Boden unter den Füßen entzieht. Von den Sorgen und Nöten ihres Nachwuchses haben sie oft keine Ahnung. Statt sich um Generationengerechtigkeit zu bemühen, beklagen sie den fehlenden Biss und das mangelnde Durchsetzungsvermögen der Jungen. Sie selbst hätten sich schließlich auch ihren Erfolg erkämpfen müssen. Dass diejenigen, die neu angestellt werden, oft sehr viel mehr leisten und sehr viel weniger verdienen als sie selbst in diesem Alter, sehen sie freilich nicht.

Alles in Allem ist also nicht zu erkennen, woher eigentlich der erforderliche Impuls kommen soll, der die derzeitige Massenarbeitslosigkeit in Europa überwinden ließe. Weder ist abzusehen, dass die verstärkte Anstrengungen der Arbeitenden zu einem nennenswerten Wachstum führen wird, noch dass dieses Wachstum tatsächlich mehr Beschäftigung schafft. Selbst wenn die Konjunktur wieder anzieht, schlägt sich der Aufschwung nicht zwingend in neuen Arbeitsplätzen nieder. Im Gegenteil setzt das Wirtschaftswachstum der Gegenwart – wie es Ulrich Beck formuliert – „nicht mehr den Abbau von Arbeitslosigkeit in Gang, sondern genau umgekehrt den Abbau von Arbeitsplätzen voraus" (Beck 1997, 112). Offenbar speist sich dieses Wachstum – wie die Autoren der umfangreichen Studie *Die neue Weltwirtschaft* schreiben – „aus Quellen, die losgelöst von den klassischen beschäftigungsintensiven industriellen Sektoren sprudeln" – allen voran den multinationalen Konzernen und internationalen Finanzmärkten (Albert 1999, 40). Um diese Entwicklung angemessen verstehen zu können, sollen im folgenden die globalen Verflechtungen dieser neuen Weltwirtschaft – ihre technische Voraussetzungen wie sozialen Konsequenzen – genauer betrachtet werden.

2.2. Die Neustrukturierung des globalen Raumes

In der Vergangenheit war die Wirtschaft lange Zeit nationalstaatlich organisiert. Es ging um die Produktivität der Volkswirtschaft, die Erweiterung der Binnenmärkte und die innerstaatliche Verteilung der Unternehmensgewinne. Die Liberalisierung der Waren-, Dienstleistungs- und Kapitalmärkte hat die Voraussetzungen eines neuen Weltmarkts geschaffen, auf dem sich die wirtschaftspolitische Rolle der Nationalstaaten grundlegend verändert. Wieder ist es die Technik, die den treibenden Motor darstellt: Niedrige Transportkosten vertiefen die internationale Arbeitsteilung und vervielfachen den internationalen Güterverkehr. Billige Fluglinien verbinden Städte, Länder, Kontinente. Während nationale Barrieren an Bedeutung für den weltweiten Kapital-, Güter- und Personenverkehr verlieren, schaffen die Informationstechnologien eine immer effizientere Infrastruktur. Das Internet eröffnet den Zugang zu Informationen aus weit entfernten Weltregionen. Kapital kann infolge der elektronischen Datenverarbeitung weltweit nahezu unbegrenzt investiert und innerhalb kürzester Zeit aus einer Region abgezogen werden. Die internationalen Geld- und Warenflüsse werden vervielfacht und gewaltig beschleunigt. Angesichts der weltumspannenden Handelsbeziehungen haben geopolitische Grenzen weitgehend an Bedeutung verloren. Es entsteht eine grenzüberschreitende Sphäre der Weltwirtschaft, in der in Echtzeit weltweit operiert werden kann. Daniel Bell beschreibt diesen neuen Weltmarkt wie folgt: „A global economy is a single market for capital, commodities, skilled labor, and technical knowledge, crossing boundaries easily through communication systems and in which (to the extent that sovereign nations permit) these factors cross borders and seek the highest returns for their investments or profits or their products" (Bell 1996, 316). Die neuen Informationstechnologien haben damit eine Infrastruktur hervor gebracht, welche die Neustrukturierung des Kapitalismus im Weltmaßstab vorantreibt. Anthony Giddens und Will Hutton bestimmen die treibende Kraft der Globalisierung denn auch als das Zusammenspiel von intelligenten Technologien und globalen Märkten: „It is the interaction of extraordinary technological innovation combined with world-wide reach driven by global capitalism that gives today's change its particular complexion. It has now a speed, inevitability and force that it has not had before" (Giddens 2000, vii).

In der einen oder anderen Form mag es also stets Globalisierungstendenzen gegeben haben. Die gegenwärtige Intensivierung grenzüberschreitender Interaktionen in technischen, ökonomischen, politischen und nicht zuletzt ökologischen Kontexten lässt sich mit früheren Erscheinungsformen der Globalisierung aber kaum gleichsetzen. Vor gerade einmal fünfzig Jahren, im Jahre 1957, schoss die Raumfahrtbehörde der UDSSR den ersten Satelliten *Sputnik* in den Weltraum. Die USA reagierte auf diesen Erfolg unter anderem mit der Gründung der *Advanced Research Project Agency* (ARPA), die dem Verteidigungsministerium unterstellt war. Sie sollte die technologische Vormachtstellung der USA im militärischen Bereich sicherstellen. Die Angst vor einem Atomangriff der Sowjetunion veranlasste die Strategen, eine dezentralisierte Netzstruktur von selbständigen Kommunikationseinheiten zu entwickeln, mit deren Hilfe sich im Falle eines atomaren Krieges ein totaler Zusammenbruch der Infrastruktur verhindern ließe. Die Netzwerkarchitektur sollte den einzelnen Zellen ermöglichen, unabhängig von einer Kommandozentrale zu operieren und dennoch problemlos miteinander zu kommunizieren. Das erste Computernetzwerk *ARPANET* ging am 1. September 1969 online. Nach einigen Entwicklungsstufen sollte es zwanzig Jahre später in das 1990 in Genf (CERN) erfundene öffentlich zugängliche *world wide web* münden. Hinter der Entwicklung des Internet standen die institutionellen und persönlichen Netzwerke, die quer durch das US-Verteidigungsministerium, die National Science Foundation und die größten Forschungsinstitute verliefen – etwa MIT, Stanford University, Palo Alto Research Corporation, Bell Laboratories uvm. Die Vormachtstellung der amerikanischen Informationswirtschaft ist daher kein Zufall. Mit der Einstellung der letzten staatlichen Internetbasis am 28. Februar 1990 war das Internet vollständig privatisiert (vgl. Castells 2001, 50).

Mittlerweile befinden sich etwa 3000 kleinere und größere Satelliten in der Umlaufbahn um die Erde. Viele davon dienen der privatwirtschaftlichen Nutzung. Den Globus umspannt ein dichtes Informationsnetz, das – wie es Marshall McLuhan für das "Zeitalter der Elektrizität" konstatiert hatte – an ein komplexes "Zentralnervensystem" erinnert, in dem der Einzelne in ein globales Kommunikationssystems eingebunden ist (McLuhan 1969, 523). Innerhalb von zwei Jahrzehnten haben sich die neuen Informations- und Kommunikationstechnologien über den gesamten Globus ausgebreitet. Zum ersten Mal in der Weltgeschichte wird es möglich, weltweit ohne Zeitverlust zu kommunizieren. Mit einem Mal sind Millionen von Menschen via Modem miteinander vernetzt. Texte, Bilder oder Filme werden in Sekundenschnelle und nahezu kostenlos rund um den Globus geschickt. Der Raum implodiert. Die Zeit wird zu einer einzigen Weltzeit. Die Massenmedien liefern unermessliche Variationen möglicher Lebensentwürfe, anhand derer das eigene Leben bestimmt und gegebenenfalls auf- oder abgewertet wird. Das Aufeinandertreffen lokaler Kulturen bleibt nicht ohne Konsequenzen für das eigene Selbstverständnis. Herkömmliche Identitäten und überlieferte Selbstbilder verlieren an Kontur und müssen in der Auseinandersetzung mit der Umwelt neu bestimmt werden. Mit den neuen Technologien multiplizieren sich die weltweiten Interaktionsmöglichkeiten der Menschen um ein Vielfaches. Die unterschiedlichsten Gruppierungen in aller Welt gebrauchen das Internet für alle möglichen Zwecke. Die Individuen schließen sich selektiv in einzelnen Netzwerken und virtuellen Gemeinschaften zusammen, die in Hinblick auf spezifische Ziele gegründet werden. In der Folge vollzieht sich eine soziale Fragmentierung, deren Risse nationale Grenzen überschreiten. Traditionelle Gemeinschaftsidentitäten wie die Nation, die Klasse, die Partei, verlieren an Bindungskraft. An ihre Stelle treten individuelle Gemeinschaften und spezifische Sozialräume, die den Interessen der Mitglieder eher gerecht werden, als allgemeine Kategorien. Rund um den Globus schließen sich dominante Gesellschaftsgruppen zusammen. Es entstehen neue kosmopolitische Eliten, die weltweit miteinander verbunden sind, während ihre Beziehung zu nationalen Gemeinschaften an Bedeutung verliert. Es entsteht etwas, das es niemals zuvor gegeben hat: „eine globale kosmopolitische Gesellschaft" (Giddens 1999, 31).

Für Marshall McLuhan war bereits mit der Erfindung der Telegrafie die Weltbevölkerung enger zusammengerückt. Das Leben in der globalen Kommunikationsgemeinschaft gleiche dem Leben in einem globalen Dorf (McLuhan 1969, 146). In den virtuellen Welten der Gegenwart ist dies nur sehr bedingt der Fall. Digitale Kommunikationsprozesse ereignen sich niemals voraussetzungslos. Sie vollziehen sich auf der Grundlage von technologischen, institutionellen und subjektiven Faktoren, die bei der Generierung, Übermittlung und Interpretation von Informationen zusammenspielen. Digitale Kommunikationsnetzwerke beruhen auf einer spezifischen Infrastruktur, in der sich durchaus lokale politische und ökonomische Interessen widerspiegeln. Diese Infrastruktur schafft die Rahmenbedingungen digitaler Kommunikationsprozesse und steckt so das Feld dessen ab, was möglich ist und was nicht. Während sich elektronische Netzwerke rund um den Globus erstrecken, bleiben die Zugänge lokal definiert. In der Konsequenz drohen viel Menschen aus der globalen Kommunikationsgemeinschaft ausgeschlossen zu werden. Die ausgeschlossenen Regionen stehen in keinerlei räumlichen Zusammenhang. Der Schnitt verläuft dabei sowohl zwischen einzelnen Weltregionen, als auch innerhalb ein und derselben Gesellschaft. Die Rede vom globalen Dorf führt deshalb in die Irre. Die globale Dorfgemeinschaft ist deutlich begrenzt. Mehr als die Hälfte aller Internetnutzer befinden sich in den USA, während der Netzzugang in afrikanischen Ländern nur einer privilegierten Minderheit offen steht (Becker 2002, 215).

Die neuen Technologien bilden also die technische Grundlage einer sozialen Neustrukturierung des Raumes und folglich der Gesellschaften, die in diesem Raum leben. Dabei werden bestimmte Regionen enger miteinander vernetzt als andere. Während in manchen Bereichen alte Hierarchien abgebaut und einzelne Organisationen dezentralisiert werden, ist in anderen Bereichen eine zunehmende Machtkonzentration an den Knotenpunkten globaler Netzwerke zu beobachten. Entgegen früherer Erwartungen bleibt Zentralität eine wichtige Eigenschaft der Weltwirtschaft. Diese Restrukturierung des Raums auf der Grundlage der technischen Errungenschaften der Zeit ist keine ganz neue Entwicklung. Neu ist die spezifische räumliche, zeitliche und soziale Ordnung, welche die digitale Infrastruktur aus Satelliten, Glasfaserkabel und Datenhighways schafft.

2.3. Die transnationale Unternehmensorganisation

Grenzüberschreitende Handelsbeziehungen gibt es vermutlich, seit es Grenzen gibt. In der Gegenwart ist die Expansion ins Ausland für viele Unternehmen erforderlich, weil ein profitables Wachstum in den gesättigten Heimatmärkten kaum mehr möglich ist. Dagegen wächst seit Mitte der neunziger Jahre der Bedarf an industriellen Erzeugnissen in den Schwellen- und Entwicklungsländern, in China, Indien oder Südostasien (Abele 2006, Vf.). In der Folge drängen mehr und mehr Unternehmen auf den Weltmarkt. Im Gegenzug bekommt die heimische Wirtschaft mit neuen Importen zusätzliche Konkurrenz. Wer diese Herausforderung durch die Globalisierung nicht rechtzeitig erkennt, läuft Gefahr, schlicht aus dem Wettbewerb katapultiert oder von einem Konkurrenten übernommen zu werden. Aus der Perspektive der Wirtschaftsberater sollte das Ziel eines Unternehmens denn auch darin bestehen, innerhalb eines Segmentes "die Deutungshoheit auf dem Weltmarkt zu erlangen" (Abele 2006, VI). Wer eine solche Führungsposition besetzt, sei in der Lage, technologische Standards zu setzen, an denen sich alle anderen orientieren müssen. Infolgedessen schließen sich mehr und mehr Unternehmen zusammen, um eine führende Position auf dem Weltmarkt zu erringen (Altvater 1996, 250).

Mittlerweile sind multinationale Konzerne und transnationale Unternehmensnetzwerke zu treibenden Kräften der Globalisierung geworden. Gemeinsam mit den internationalen Finanzmärkten sind sie für den Transfer finanzieller Investitionen, innovativer Technologien, effizienter Produktionsstrategien, effektiver Managementmethoden, strategischer Personalpolitik, uvm. verantwortlich. Sie forcieren den Strukturwandel der Weltwirtschaft und ordnen die internationale Arbeitsteilung neu. Was für die Arbeitsorganisation innerhalb eines Unternehmens gilt, gilt ebenso auf internationaler Ebene. Mit dem Einsatz der neuen Informationstechnologien lösen sich die herkömmlichen Unternehmensstrukturen in einen lockeren Verbund von selbständigen Kooperationseinheiten auf. Es entstehen Formen der überbetrieblichen Zusammenarbeit, die nicht nur die Grenzen des Unternehmens, sondern auch der Nationalstaaten überschreiten. Der Produktionsprozess wird in einzelne Arbeitsschritte zerlegt, die an verschiedenen Orten der Welt vollzogen werden. Rund um den Globus verteilt, kann die Arbeit rund um die Uhr geleistet werden. Die räumlich weit voneinander entfernten Produktionseinheiten werden mit Hilfe der IuK-Technologien in einen gemeinsamen Produktionsbetrieb integriert. Eine intelligente Logistik, die verbesserte Infrastruktur und niedrige Energiepreise erlauben den kostengünstigen Transport von Rohstoffen oder Fertigprodukten. Sinkende Handelsbarrieren und freier Kapitalverkehr haben die transnationale Arbeitsteilung wesentlich erleichtert. In der Folge entstehen globale Produktionsnetzwerke mit dutzenden Standorten und hoher Komplexität (Abele 2006, VII).

Laut der Enquete-Kommission des Deutschen Bundestages für *Globalisierung und Weltwirtschaft* 2002 zählt die Welthandelskonferenz mittlerweile 63.000 größerer Unternehmenszusammenschlüsse. Dazu kommen cirka 850.000 Tochterunternehmen. Laut Joachim Betz leisten sie gemeinsam mittlerweile 25 Prozent der Weltproduktion (Kübler 2004, 11). Darüber hinaus seien die strategischen Firmenallianzen gewachsen. Nach Arno Rolf zählen zum Netzwerk eines global agierenden Unternehmens neben weltweit verteilten Niederlassungen und Produktionsstätten auch rechtlich eigenständige Firmen, die im Einflussbereich der Netzwerkorganisation angesiedelt sind (Kübler 2004, 92). Der Konkurs eines solchen Unternehmens zeitigt fatale Folgen, weil unvermeidlich eine ganze Reihe an abhängigen Netzwerkpartnern, Sub-Unternehmen, Zulieferern, usw. mitgerissen wird. Auf diese Art und Weise reichen die Auswirkungen der Unternehmensführung globaler Konzerne bis weit in den lokalen Mittelstand hinein.

Ein großer Teil des globalen Handels besteht aus Transaktionen innerhalb eines solchen Produktionsnetzwerkes. Die Handelspartner gehen nicht zwangsläufig aus einem fairen Wettbewerb hervor, sondern können nach strategischen Gesichtspunkten ausgewählt werden. So entstehen Bündnisse zwischen einzelnen Unternehmen, an denen mitunter auch Regierungen partizipieren: „oligopolistic competition and strategic interaction among firms and governments rather than the invisible hand of the market forces condition today's competitive advantage" (Chomsky 1999, 111). Die transnationalen Unternehmensnetzwerke sind in der Lage, sich mittels Unternehmenszusammenschlüssen, strategischen Bündnisse und temporären Kooperationen eine mächtige Marktposition zu verschaffen. Das Ergebnis ist, dass einige wenige Großunternehmen einen großen Teil der wirtschaftlichen Aktivitäten weltweit koordinieren. So entstehen virtuelle Kartelle, die den Konkurrenzkampf letztlich außer Kraft setzen. Es entsteht eine Art Oligarchie, die das globale Wirtschaftsleben weitgehend beherrscht (Chomsky 1999, 111).

Beim Aufbau von globalen Produktionsnetzwerken müssen lokale Produktionsstandorte anhand relevanter Kriterien bestimmt werden. Die Wahl eines neuen Standorts hängt von einer ganzen Reihe an Faktoren ab. Dazu zählen etwa die Kosten für Arbeit, Energie oder Rohstoffe, die geographische Lage, die lokale Infrastruktur, die Verfügbarkeit qualifizierter Fachkräfte, die Höhe von Steuern und Subventionen, uvm. Dazu gehören aber ebenso politische Stabilität, Rechtssicherheit, Umweltauflagen, Sozialstandards, Arbeitsschutzbedingungen, usw. All diese Faktoren können sich im Laufe der Zeit verändern, so dass sie die Unternehmensführung ständig im Blick behalten muss. Das Ziel besteht darin, zum richtigen Zeitpunkt am richtigen Ort einen neuen Markt zu betreten, das dortige Engagement auszubauen – oder sich gegebenenfalls zurückzuziehen (Abele 2006, 43).

Mittlerweile ist es allgemein bekannt, dass es den Konzernen freisteht, in einem Land zu produzieren, in einem anderen Steuern zu zahlen und in einem dritten staatliche Infrastrukturmaßnahmen zu fordern (Beck 1997, 18). So produziert Daimler-Chrysler in Alabama, Volkswagen in Argentinien, BMW in Portugal. Alle profitieren sie von neuen Märkten, billigeren Löhnen, schwächeren Gewerkschaften, geringeren Arbeitsauflagen, niedrigeren Steuern. Im Grunde müsste diese Entwicklung den betroffenen Regionen zu Gute kommen, weil ausländisches Geld in die lokale Wirtschaft investiert und diese in den Weltmarkt integriert wird. In vielen Fällen werden allerdings keine neuen Produktionsstätten aufgebaut, sondern bestehende Betriebe aufgekauft, deren Entwicklungspotential von den Investoren erkannt wurde (Oswalt 2004, 564). Am Ende kann sich das globale Abenteuer allerdings auch negativ auswirken. So wurden nicht wenige Unternehmen mit unerwarteten Herausforderungen wie Rechtsunsicherheit, mangelnder Infrastruktur, Korruption, hierarchischer Arbeitskulturen, uvm. konfrontiert, welche die Bilanzen nicht so positiv ausfielen ließen, wie erwartet (Oswalt 2004, 567). Gleichzeitig bleibt die Produktionsverlagerung nicht ohne Konsequenzen für das Herkunftsland: Der ansässigen Mittelstand verliert zahlungskräftige Großkunden. Die regionalen Netzwerke von Klein-, Mittel- und Großunternehmen werden ausgedünnt. Mit der Insolvenz der Betriebe verschlechtert sich die wirtschaftliche Situation der benachbarten Geschäfte – sei es eine Imbissbude, ein Supermarkt, ein Kurierdienst, eine Werbeagentur, ein Grafikbüro.

So sind nicht allein hohe Lohnkosten und vermeintliche Überregulierungen für die Abwanderung von Kapital verantwortlich, sondern eine spezifische Konzernpolitik. Den Konzernen steht es frei, einen vorübergehenden Standortvorteil zu nutzen und zu gehen, sobald er sich nicht mehr auszahlt. In einer globalisierten Welt ist es möglich, an einem Ort erhebliche Gewinne einzustreichen, die Kosten an die Umgebung abzuwälzen und anschließend an einen anderen Ort weiter zu ziehen, wobei entlassene Arbeitnehmer und belastete Staatshaushalte zurückgelassen werden. Durch geschickte Kalkulation können die Gewinne dort verbucht werden, wo am wenigsten Steuern zu zahlen sind (Gorz 2000, 24). Nicht alle ökonomischen Akteure können oder wollen diese Möglichkeit tatsächlich wahrnehmen. Die bloße Option stärkt aber ihre Verhandlungsposition, wenn es darum geht, regionale Bedingungen auszuhandeln. Die Drohung allein genügt, um soziale Gegenkräfte in die Defensive zu drängen. Infolgedessen wird bereits die Erwägung wirtschaftspolitischer Reglementierungen als investitionsfeindlich und standortschädigend kritisiert. Eine vernünftige Auseinandersetzung über gesellschaftliche Fragen wird dadurch blockiert.

Früher zwangen Gewerkschaften die Unternehmen dazu, die erzielten Gewinne mit der Belegschaft zu teilen – sei es in Form von höheren Löhnen, kürzeren Arbeitszeiten oder besseren Arbeitsbedingungen. Heute sind die Gewerkschaften in den meisten Ländern weitgehend geschwächt. Streiks verlieren ihre Wirkung, wenn Arbeitgeber einen Standort einfach verlegen können. Die globale Neustrukturierung des Kapitalismus erfolgte denn auch zu einem guten Teil "auf der Grundlage der politischen Niederlage der organisierten Arbeiterbewegung in den wichtigsten kapitalistischen Ländern" (Castells 2001, 20). Die einzige Möglichkeit, die Position der Arbeitnehmer zu stärken, besteht vermutlich darin, die gewerkschaftliche Organisation auf eine ebenso transnationale Ebene zu heben, wie sie die *global player* bespielen. Die transnationale Gewerkschaftsarbeit hat dabei eine ganze Reihe an Schwierigkeiten zu bewältigen: Sie muss unterschiedliche Organisationsstrukturen, Verhandlungspraktiken und Gesetzeslagen handhaben und nicht zuletzt ideologische Vorbehalte und sprachliche Barrieren überwinden (Greven 2005, 108f.). Nichtsdestotrotz ist zumindest in Europa seit geraumer Zeit ein gesetzlicher Rahmen für gewerkschaftliche Zusammenarbeit im Entstehen. Der Europäische Gewerkschaftsbund (EGB) steht dabei vor der Herausforderung, die nationalen Strategien zu koordinieren und zu einem gemeinsamen Forderungskatalog zu bündeln (Greven 2005, 117). Gelingt diese Anstrengung, könnten die Gewerkschaften in Zukunft wieder eine größere Rolle bei der Gestaltung der Globalisierung spielen als bisher.

Zum gegenwärtigen Zeitpunkt sind die *global player* allerdings in der Lage, sich regionalen Reglementierungen zu einem gewissen Grad zu entziehen. Der Beweglichkeit der grenzüberschreitenden Unternehmensnetzwerke haben territorial gebundene Staaten wenig entgegenzusetzen. Die Fähigkeit, etwa bestimmte Wirtschaftsaktivitäten zu besteuern, um gesamtgesellschaftliche Interessen wahrzunehmen, ist nur innerhalb des nationalen Wirtschaftsraumes möglich. Deshalb kann Ulrich Beck treffend pointieren: „Die neue Zauberformel lautet: Kapitalismus *ohne Arbeit* plus Kapitalismus *ohne Steuern*" (Beck 1997, 20). Zwangsläufig hat sich das Verhältnis zwischen Nationalstaaten und transnationalen Konzernen in den vergangenen Jahren grundlegend verändert: „Networks, rather than countries or economic areas, are the true architectures of the new global economy" (Castells in Giddens 2000, 61). Die gegenwärtigen Entwicklungen provozieren einen Konflikt zwischen nationaler Souveränität und privatwirtschaftlichem Herrschaftsanspruch. Das bleibt nicht ohne Konsequenzen für die Demokratie. Der demokratische Staat ist ein anderer, wenn politische Entscheidungen nicht mehr durch gewählte Volksvertreter zustande kommen, sondern durch Vertreter von Privatorganisationen oder exklusiven Clubgemeinschaften: „Denn wenn die für das Leben der Menschen relevanten Entscheidungen [...] in den Schaltzentralen der großen multinationalen Konzerne oder im elektronischen Netzwerk des global operierenden Bankensystems [...] getroffen werden und [...] durch [...] Mechanismen der Preisbildung auf dem Weltmarkt abgestimmt werden, dann verliert jener Bereich an Bedeutung, wo gemäß ausgeklügelter Verfahren [...] die Vielfalt der divergenten gesellschaftlichen Interessen [...] in politischen Kompromissen abgearbeitet werden" (Altvater 1996, 544). Mit anderen Worten: Dann wird die Beteiligung der Bürger und der politischen Institutionen bedeutungslos.

2.4. Die Macht der internationalen Finanzmärkte

Die gegenwärtige Dynamik der Weltwirtschaft ist ohne die internationalen Finanzmärkte nicht zu verstehen. Was zur Diskussion steht, ist dabei nicht weniger, als die Handlungsfreiheit der wirtschaftlichen Akteure. Wo investiert und was produziert wird, welche Arbeitsplätze geschaffen und welche gestrichen werden, wird mehr und mehr in Hinblick auf die Reaktionen der Finanzmärkte entschieden. In der Konsequenz haben die Kursbewegungen an den Börsen massive Auswirkungen auf die individuelle Lebensgestaltung des Einzelnen. Die Börsianer formulieren es etwas moderater: „Mit großer Wahrscheinlichkeit sind Sie direkt oder indirekt von vielem betroffen, das sich rund um die Börse abspielt" (Wiener Börse 2004, 9). Grund genug, sich den Börsenalltag einmal etwas genauer anzusehen.

Die Geschichte der Börse begann vermutlich im 15. Jahrhundert vor dem Hause des Bankiers Van der Beurse in Brügge. Dort trafen sich Kaufleute aus aller Welt, um Handel zu treiben. Sobald sich der Handel über größere Räume und Zeiträume erstreckte, so dass der Gewinn erst nach Wochen oder Monaten zu erwarten war, gewann die Frage nach der Finanzierung des Handels an Bedeutung. Die moderne Wirtschaft bedarf daher nicht nur der Arbeit und der Technik, um ertragreich zu sein, sondern auch des Kapitals und der Kapitalmärkte. Der britische Nobelpreisträger John Hicks vertritt in seiner *Theory of Economic History* deshalb sogar die These, dass der Motor der industriellen Revolution weniger die technischen Entwicklungen der Zeit, als vielmehr die Entstehung moderner Finanzmärkte gewesen wäre (Kitzmüller 2005, 104). Auf den modernen Finanzmärkten finden diejenigen, die Kapital benötigen, und diejenigen, die Kapital anbieten, durch eine professionelle Vermittlung zusammen. Dank der Kapitalmärkte können Investitionen in einer Größenordnung getätigt werden, die ohne diese Märkte nicht zustande kämen. Die Börsen mobilisieren das Kapital, das in ein Vorhaben investiert werden soll. Sie erleichtern dadurch Investitionen und leisten einen wichtigen Beitrag zur wirtschaftlichen Entwicklung. Das Funktionsprinzip ist einfach: Die Börse ist ein Markt, auf dem Finanzdienstleistungen wie Waren angeboten und nachgefragt werden. Die Finanzmärkte sind gemeinhin in *Kreditmarkt*, *Wertpapiermarkt* und *Devisenmarkt* untergliedert (Kitzmüller 2005, 100). Im ersten Fall wird Kapital für einen befristeten Zeitraum von Banken an Privatpersonen oder Regierungen verliehen. Im zweiten Fall werden Finanzmittel in Form von Anleihen oder Anteilen gehandelt. Im dritten Fall werden nationale Währungen zu einem beweglichen Wechselkurs getauscht. Den Handel betreiben nur berechtigte Händler. Die Bedeutung eines Börsenstandortes spiegelt sich darin, welche und wie viele Unternehmen dort notiert sind. Wenngleich sich der Handel mit Geld und Kapital mittlerweile rund um den Globus erstreckt, ist er an wenigen Finanzplätzen konzentriert (Huffschmid 2002, 23).

Aktienhandel

Laut der Enquete-Kommission des Deutschen Bundestages für *Globalisierung und Weltwirtschaft* 2002 sei das eigentlich dynamische Moment der Finanzmärkte der Handel mit Wertpapieren und Aktien. Eine Aktie ist – wie eine Banknote – ein Wertpapier, das einen bestimmten Wert repräsentiert. Ein Unternehmen verkauft Aktien, um über genügend Grundkapital für künftige Aufwendungen zu verfügen. Dank der Aktien fließen große Summen an Eigenkapital in ein Unternehmen. So können Investitionen getätigt und Arbeitsplätze geschaffen werden. Das Eigenkapital erspart ein bezinstes Darlehen und erhält die relative Unabhängigkeit des Unternehmens. Wer eine Aktie kauft, wird formal Miteigentümer des Unternehmens und hat Anspruch auf einen Teil des Unternehmensgewinns. Der Gewinn wird in Form einer Dividende ausgeschüttet. Die Aktionäre tragen dafür einen Teil des Risikos und können ihr eingesetztes Kapital verlieren. Aufgrund der zu bezahlenden Gebühren und der Kosten für die fortwährende Informationsbeschaffung beginnt sich der Aktienkauf allerdings erst ab einer gewissen Summe zu lohnen. Für den ärmeren Teil der Bevölkerung kommt er deshalb nicht wirklich in Frage. Genauer betrachtet führt die Rede vom Miteigentümer etwas in die Irre. Denn ein Aktionär kann seine Unternehmensanteile jederzeit verkaufen. In den meisten Fällen gibt es keine persönliche Identifikation mit dem Unternehmen. Im Gegenteil: Das Interesse des Aktionärs gilt meistens nur den persönlichen Gewinnoptionen. Die Situation der Angestellten kann ihm gleichgültig sein. Umgekehrt kommt eine Unternehmensführung, die vermeiden will, dass Aktionäre ihre Aktien verkaufen und folglich der Aktienkurs sinkt, an deren Interessen nicht vorbei. In der Konsequenz gewinnt die Zufriedenheit der Aktionäre gegenüber der Zufriedenheit der Angestellten an Gewicht. Kurzfristige Gewinne und hohe Renditen werden wichtiger als die dauerhafte Stabilität der Geschäfte. Eine solch einseitige Orientierung an den Interessen der Aktionäre ist in den 1990er Jahren unter dem Schlagwort *shareholder value* in die öffentliche Kritik geraten. Mit dem Börsengang gerät die Unternehmensführung in Abhängigkeit von Aktionären und den Entwicklungen auf den Aktienmärkten. Im Grunde wird die Wirtschaft also von den Finanzmärkten dominiert. Es erscheint deshalb erforderlich, die Funktionsweise der modernen Finanzmärkte noch etwas genauer zu betrachten.

Devisenhandel

Einer der Gründe, warum die Bedeutung der Börse in den letzten zwanzig Jahren zugenommen hat, liegt in einer grundlegenden Neugestaltung der internationalen Finanzarchitektur. In Folge der Weltwirtschaftkrise von 1929 hatte sich die internationale Staatengemeinschaft am 1. Juli 1944 auf der Konferenz von Bretton Woods (USA) das Ziel gesetzt, das internationale Finanzsystem zu stabilisieren. Um die verheerenden Währungsspekulationen zu verhindern, die in den Zwischenkriegsjahren zu dramatischen Finanzkrisen geführt hatten, wurden die Wechselkurse anhand politischer Vereinbarungen fixiert. Es wurden die *Weltbank* und der *Internationale Währungsfonds* gegründet. Neben der 1995 gegründeten *Welthandelsorganisation* sind sie bis heute die beiden wichtigsten Institutionen zur Regulierung des Weltmarktes. Während die Weltbank langfristige Entwicklungskredite gewährte, sollte der Internationale Währungsfonds das System fixierter Wechselkurse überwachen und notfalls mit kurzfristigen Krediten bei Zahlungsschwierigkeiten aushelfen. Während man sich für einen offenen Freihandel aussprach, wurden die Finanzmärkte also bewusst reguliert: „The designers of the post-World War II international economic system advocated freedom of trade but regulation of capital; that was the basic framework of the Bretton Woods system of 1944, including the charter of the IMF" (Chomsky 1999, 150). Ein Grund dafür war die Einsicht, dass unregulierte Finanzmärkte sowohl die Stabilität des Freihandels, als auch des demokratischen Wohlfahrtsstaates gefährden würden. Die Regulierung der Finanzmärkte sollte die Staaten vor Kapitalflucht schützen und so den sozialen Wohlstand sichern.

Diese Einsicht hielt allerdings nicht sehr lange an. Bereits in den fünfziger Jahren wurde die Entscheidung getroffen, die Währungen der führenden Industrienationen uneingeschränkt tauschen zu können. Mitte der siebziger Jahre war ein erneuter Versuch, die Wechselkurse zu fixieren, endgültig gescheitert. Die Beschränkung des internationalen Kapitalverkehrs wurde aufgehoben und das System fixierter Wechselkurse endgültig aufgegeben. An die Stelle des alten Währungsregimes trat die Politik flexibler Wechselkurse. Von nun war der Preis einer Währung nicht mehr festgelegt, sondern das Ergebnis eines freien Preisbildungsprozesses auf den Finanzmärkten. In der Folge begann eine Zeit unregulierter Geldgeschäfte und heftiger Währungsschwankungen. Es kam zu einer regelrechten Explosion der Kapitalexporte. „This unilateral act [...] led to a huge explosion of unregulated capital flows" (Chomsky 1999, 23). Zu guter Letzt setzte eine gewaltige Welle von Währungsspekulationen ein, die nicht lange auf negative Konsequenzen warten ließ. Laut der Enquete-Kommission hat es in keinem Jahrzehnt nach dem zweiten Weltkrieg so viele Finanzkrisen wie in den 1990er Jahren gegeben. Erinnert sei nur an Argentinien, Brasilien und Asien.

Freier Kapitalverkehr hat in fast allen Schwellenländern in den letzten Jahren schwere Finanzkrisen ausgelöst. Die Deregulierung der internationalen Finanzmärkte lässt den Kreditinstituten freie Hand, ihre Geschäftstätigkeit auszudehnen. Sie ermöglicht allerdings nicht nur, dass Kapital weltweit investiert werden kann, sondern auch, dass Kapital sehr viel schneller aus einem Unternehmen oder einer Region abgezogen werden kann. Die Kapitaleigner schöpfen den Gewinn aus einer Wertschöpfung ab und tragen ihn in eine ganz andere Region. Der freie Kapitalverkehr erleichtert die Kapitalflucht und führt zur der Entstehung von Steueroasen. Die Konsequenz der Deregulierung der Finanzmärkte ist daher eine größere Abhängigkeit regionaler Akteure von den Kapitaleignern – seien es Unternehmen oder Regierungen. Noam Chomsky bringt es auf den Punkt: „Capital can move freely; workers and communities suffer consequences" (Chomsky 1999, 127). Der Abbau von Handelsschranken hat zu einer erhöhten Mobilität des Kapitals geführt, während der größte Teil der Arbeitskräfte weiterhin an nationale Grenzen stoßen. In der Folge hat sich das Kräfteverhältnis von Kapital und Arbeit zu Gunsten der Kapitaleigner verschoben. In diesem Sinne sind die Mobilität des Kapitals, die Macht der Finanzmärkte und die Unsicherheit der Arbeitsplätze direkt miteinander verzahnt. Das Urteil von Jörg Huffschmid fällt dementsprechend ernüchternd aus: "Der Währungsmarkt ist also heute nicht in erster Linie ein Hilfsmittel zur reibungslosen Abwicklung des Handels und der internationalen Produktionsverflechtung. Hierzu brauchte man [...] nur einen Bruchteil der tatsächlichen Geschäfte. Die unregulierten und liberalisierten Devisenmärkte sind vielmehr ein in sich besonders instabiler und nach außen besonders aggressiver Bestandteil der internationalen Finanzmärkte" (Huffschmid 2002, 51). Angesichts dieser Situation scheint dringend eine Regulierung der Kapitalflüsse geboten, die in Folge der großen Finanzkrise 2009 zwar vorübergehend politischen Aufwind erlebt, inzwischen aber wieder auf mächtige Widerstände seitens der Wirtschaftsvertreter stößt.

Informationstechnologien

Die Liberalisierung des internationalen Kapitalverkehrs hat dazu geführt, dass sich die Kapitaleigner auf allen Märkten der Welt nach profitablen Anlagemöglichkeiten umsehen können. Die weltweite Kapitalverkehrsfreiheit, festgelegt in Art. 56 EGV, ermöglicht den Einsatz des Kapitals überall dort in der Welt, wo der Kapitaleinsatz die größte Rendite verspricht. Die rasante Entwicklung der Informations- und Kommunikationstechnologien hat dabei innerhalb kürzester Zeit die technische Infrastruktur der neuen Weltwirtschaft geschaffen: „The trading of information and knowledge is the very essence of the new global financial system, where money now consists solely of digits in computers" (Giddens 2000, 22). Mit der elektronischen Vernetzung der internationalen Finanzmärkte im Laufe der 1980er Jahre wurden die technischen Voraussetzungen geschaffen, das verfügbare Kapital in einem viel größeren Volumen und einem viel schnelleren Tempo umzuschlagen, als dies noch einige Jahre zuvor möglich gewesen ist. Die internationalen Finanzzentren stehen dank leistungsstarker Glasfaserkabel oder satellitengestützter Computerterminals rund um die Uhr mit anderen Terminals an beliebigen Standorten in Verbindung. Wenn in Frankfurt der Börsentag beginnt, sind die Abschlusskurse in Tokio oder Singapur bereits bekannt. Die Händler agieren nicht mehr auf dem Börsenparkett, sondern online in ihren Banken. Die Geschwindigkeit, in der gewaltige Geldsummen rund um den Globus bewegt werden, ist atemberaubend. Die globalen Finanzbewegungen werden als elektronische Transfers per Knopfdruck und räumlich ungebunden vollzogen. „Broker können ihre Geschäfte [...] unabhängig von geographischen Erwägungen vornehmen" (Albert 1999, 225). Die Kosten der Sendung sind minimal. Die Geschwindigkeit wird zur wichtigsten Dimension ökonomischer Transaktionen. Die globalen Kommunikationssysteme bringen die Informationen, die den Börsenkurs weltweit beeinflussen können, binnen Sekunden auf die Bildschirme der professionellen Investoren. Mitunter sind es deshalb Minuten, die über Gewinn oder Verlust entscheiden. Angesichts dieser Digitalisierung des Geldverkehrs erscheint die Rede von einer virtuellen Ökonomie in einem gewissen Sinne als berechtigt.

Mit der technischen Entwicklung des elektronischen Börsenverkehrs haben sich die internationalen Finanzdienstleistungen innerhalb kurzer Zeit vervielfacht. Betrug das jährliche Handelsvolumen der an amerikanischen Börsen gehandelten amerikanischen Unternehmen in den siebziger Jahren noch weniger als das Bruttosozialprodukt, ist der Gesamthandel gegen Mitte der neunziger Jahre auf das 30 bis 40fache des Gesamtumsatzes der gegenständlichen Wirtschaft gestiegen – obwohl dort die meisten Arbeitnehmer beschäftigt sind (Wolman 1998, 204). In der Bundesrepublik ist von 1981 bis 1992 der Anteil der Kapitalerträge aus den Vermögenseinkünften von 12 auf 26% gestiegen (Albert 1999, 235). 1993 betrug das *tägliche* Volumen der Devisen, das an den wichtigsten Börsen umgesetzt wird, circa 1000 Milliarden US-Dollar – also eine Million Millionen Dollar (Albert 1999, 225 und Giddens 1999, 21). In den späten neunziger Jahren wurden auf den Weltdevisenbörsen täglich bereits an die 1200 Milliarden US-Dollar gehandelt, wovon gerade einmal 5% der Finanzierung von Handelsgeschäften und Direktinvestitionen dienten (vgl. Enquete-Kommission 2002). Der große Rest besteht aus Geldgeschäften zwischen Banken. Demgegenüber lag der Welthandel mit Gütern und Dienstleistungen im Jahr 2000 bei knapp 8 Billionen Dollar. Das heißt, dass im Vergleich sieben Tage Devisenhandel genügt hätten, um den gesamten internationalen Handel eines Jahres abzuwickeln (Huffschmidd 2002, 43). Trotz dieser gewaltigen Beträge, bleibt das Finanzgeschäft weitgehend auf wenige Nationen konzentriert. „Etwa 75 Prozent des Kapitals fließt in nur zwölf Länder. 140 Länder erhalten demgegenüber ganze fünf Prozent der globalen privaten Kapitalflüsse", hieß es im Abschlussbericht der Enquete-Kommission (2002).

In der elektronischen Weltwirtschaft können riesige Kapitalbeträge per Mausklick von einem Ende der Welt zum anderen transferiert werden – und dabei scheinbar stabile Ökonomien erschüttern. Mit den Worten Manuel Castells: „Domestic deregulation, liberalisation of trans-border transactions, financial wizardry and new information technology have succeded in mobilising potential sources for investment from everywhere to everywhere, and from whatever to whenever" (Giddens 2000, 54). Diese Entwicklung macht es immer schwieriger, ja vielleicht sogar unmöglich, das globale Finanzsystem einigermaßen zu überblicken und zu einem gewissen Grad zu beherrschen. Es stellt sich die Frage, ob sich die virtuellen Kapitaltransfers „der Verregelbarkeit durch nationale oder internationale Finanzbehörden" gänzlich entziehen (Albert 1999, 41). Manuel Castells spricht sogar von einem „Automaton" (Giddens 2000, 56), einem eigenständigen System, das seiner eigenen Logik folge und sie allen anderen oktroyiere. Demnach seien die meisten Mitspieler den Mechanismen der Finanzmärkte ausgeliefert. In den Augen der Skeptiker sei es deshalb eine Illusion, dass der internationale Finanzhandel einer staatlichen Aufsicht unterstehe. Eine solch radikale Sichtweise übersieht allerdings, dass der internationale Geldverkehr durchaus von wirtschaftspolitischen Entscheidungen einzelner Nationalstaaten abhängt. Die Frage lautet, ob diese willens sind, den Kurs zu korrigieren.

Finanzkapitalismus

Neben der traditionellen Großindustrie bestimmen heute Finanzdienstleister und Großbanken die Geschicke der Weltwirtschaft. Sie verwandeln die Welt des industriellen Kapitalismus in eine Welt des Finanzkapitalismus. In der Finanzwelt gehen die wirtschaftlichen Impulse nicht von Güterproduktionen oder Dienstleistungen aus, sondern vom Handel mit abstrakten Finanztiteln. Die Innovationen bestehen vor allem in der Entwicklung neuer Finanzinstrumente und deren flexible Kombination. Sie beziehen sich auf die Laufzeit des Vertrages, die vereinbarten Zinsen, den Zahlungsmodus, die Währung, uvm. In der Regel sind die Gewinne aus dem Finanzhandel sehr viel höher als die Gewinne aus dem traditionellen Güterhandel. Deshalb hat die internationale Großindustrie eigene Finanzabteilungen eingerichtet, um sich an den täglichen Geldgeschäften zu beteiligen. Die Konzentration auf den aufstrebenden Finanzsektor birgt dabei die Gefahr, dass die erwirtschafteten Gewinne nicht mehr in neue Technologien oder öffentliche Infrastruktur investiert, sondern nur von der Finanzwirtschaft verwaltet werden. Tatsächlich ist der Umfang der Finanzmärkte in den letzten zwanzig Jahren sehr viel stärker gewachsen, als die Investitionen oder die Produktion. Dagegen habe, wie Jörg Huffschmid erläutert, der Anteil der Unternehmensinvestitionen, der über Finanzmärkte finanziert wird, im gleichen Zeitraum nicht zu-, sondern sogar abgenommen (Huffschmid 2002, 26). Infolgedessen haben Finanzmanager gegenüber Ingenieuren an Bedeutung gewonnen. Banken, Versicherungen, Makler- und Anwaltsbüros übernehmen mittlerweile „die strategische volkswirtschaftliche Stellung, welche der klassischen Schwerindustrie ehemals zukam" (Albert 1999, 245).

Geschäftspraxis

Die Folgen der Deregulierung der Finanzmärkte betrifft nicht nur die Größenordnung der Finanzgeschäfte, sondern auch neue Formen der Geschäftspraxis: Den Schwerpunkt der internationalen Kapitaltransaktionen bilden heute nicht langfristige Handelskredite, sondern „kurzfristige Kapitalanlagen der rein spekulativen Art, die in Sekundenschnelle auf die Schwankungen an den [...] Börsen reagieren" (Albert 1999, 40). Das Verhalten der Anleger verlagerte sich von dauerhaften Investitionen zu vorübergehenden Spekulationen (Chomsky 1999, 121). Auf den Finanzmärkten herrscht ein anderes Denken als in der Industrie. Es orientiert sich nicht an weitsichtigen Entwicklungsperspektiven, sondern an vorübergehenden Renditeunterschieden, schwankenden Aktienkursen und schnellen Profiten. Waren 1971 gerade einmal 10% der internationalen Finanztransfers spekulativ, sollten es bis Mitte der neunziger Jahre mehr als 90 % werden (Chomsky 1999, 23). Die genauen Prozentzahlen mögen variieren, die Tendenz ist aber nicht zu bezweifeln. In Folge dieser Finanzpolitik hat die gesamte Wellwirtschaft eine vollkommen neue Dynamik entfaltet.

Die Aussicht auf Gewinn war in den Augen der Investoren stets mit einer gewissen Unsicherheit verbunden. Daran hat sich bis heute nichts geändert. Entscheidend für die Kursbildung ist letztlich nicht die substantielle Leistung eines Unternehmens, sondern seine Fähigkeit *in Zukunft* Gewinne zu erzielen. Entscheidend ist, ob ein Großteil der Anleger an eine günstige oder ungünstige Entwicklung glaubt. Im Grunde werden an einer Börse also *Erwartungen* und *Versprechungen* gehandelt. In aller Regel erwartet der Käufer einer Aktie, dass es mit dem Aktienkurs des Unternehmens bergauf gehen wird. Und das Unternehmen verspricht, dass er das auch tun wird. Für den Käufer besteht das Ziel letztlich darin, eine Aktie zu einem niedrigen Kurs zu kaufen und zu einem hohen Kurs zu verkaufen. Allerdings sind es nicht nur steigende Aktienkurse, von denen Aktionäre profitieren. Bei sogenannten Leerverkäufen setzen die Verkäufer darauf, dass sie die zum aktuellen Tageskurs verkauften Aktien zu einem späteren Zeitpunkt günstiger zurück kaufen können. Sie spekulieren also auf fallende Kurse (Glotz 2004, 251). Als Gewinn bleibt die Differenz zwischen Verkaufspreis und Einkaufspreis.

Auf spekulativen Märkten werden die Preise von besonders unsicheren Erwartungen bewegt: „A speculative market can be defined as one in which prices move in response to the balance of opinion regarding the future movement of prices" (Strange 1986, 111). Diese Erwartungen entsprechen nicht immer der Wirklichkeit. Sie sind aber in der Lage, ihre eigene Wirklichkeit hervorzubringen. So entstehen spekulative Blasen, die platzen aber ebenso in einem Geldregen enden können, wenn die Erfolgserwartungen tatsächlich einen Erfolg erzeugen. Spekulationen vermögen die Finanzmärkte nicht gerade zu stabilisieren. In den Augen von Susan Strange gleiche das westliche Finanzsystem daher seit den achtziger Jahren einem gigantischen Kasino: „Every day games are played in this casino that involve sums of money so large that they cannot be imagined" (Strange 1986, 1). Die Differenz zu einem gewöhnlichen Casino bestehe allerdings darin, dass alle unwillkürlich in das Spiel verstrickt sind. Die meisten Betroffenen fürchten das Risiko. Sie bevorzugen die Sicherheit und wollen gar nicht spielen. Nichtsdestotrotz zeitigen die Ergebnisse zwingende Konsequenzen für das Leben des Einzelnen. Der Wert des Geldes in unseren Brieftaschen ändert sich in Folge der Schwankungen auf den Finanzmärkten ständig. Der sinkende Wert einer Währung kann einen Exporteur bereichern und einen Importeur in den Ruin treiben. Er kann den Preis eines Urlaubs erhöhen oder die Kaufkraft privater Ersparnisse senken. Ein steigender Ölpreis kann den Produktabsatz aufgrund hoher Produktionskosten erschweren und gleichzeitig die Investition in die Erforschung alternativer Rohstoffe erleichtern. Der Verkauf einer Firma kann den Aktionären beträchtliche Gewinne bescheren und einen Angestellten seine Stellung kosten. Ob man sich auf der einen oder anderen Seite befindet, auf der Seite der Gewinner oder der Verlierer, liegt selten in eigener Hand. Auf den Finanzmärkten wird äußerst sensibel auf volkswirtschaftliche Entwicklungen reagiert, gelegentlich sogar auf sehr persönliche Ereignisse wie z.B. eine Erkrankung von Apple Gründer Steve Jobs. Diese Reaktionen sind nicht immer angemessen. Sie können massenhafte Käufe oder Verkäufe auslösen, die letztlich mit der Unternehmensleistung wenig zu tun haben. Oft ist es der Zufall, der entscheidet, ob man eine Entwicklung als Glück oder Unglück erfährt. Statt das Leben des Einzelnen gegen unvorhergesehene Gefahren zu schützen, ist das Geld selbst zu einem gewissen Unsicherheitsfaktor geworden.

Die Kunst des erfolgreichen Spielers besteht denn auch darin, im richtigen Moment auf die richtige Karte zu setzen. Gegebenenfalls muss er schnell die Seiten wechseln. Feste Bindungen kann er nicht er gebrauchen. Dabei ist es unmöglich mit absoluter Sicherheit die richtige Entscheidung zu treffen. In der Regel versuchen Käufer und Verkäufer ihre Entscheidung anhand der ihnen vorliegenden Informationen rational zu begründen. Sie können aber nie sicher sein, dass tatsächlich alle wichtigen Informationen vorliegen, dass diese Informationen verlässlich sind, dass man sie richtig interpretiert, usw. Insbesondere für Privatanleger ist es praktisch unmöglich, den gesamten Aktienmarkt zu überblicken und den Wert eines Unternehmens richtig zu beurteilen. Kleinaktionäre und Freizeitbörsianer haben deshalb nicht zufällig häufig das Nachsehen. Entsprechend groß ist die Rolle der professionellen Berater. Die Berater stützen sich wiederum auf Analysten, die Geschäftsberichte lesen, Bilanzen durchsehen, Zahlen vergleichen. Laut Klaus West hüte ein bekannter Analyst einer ebenso bekannten Investmentbank „eine Liste mit 250 Informanten, die ihm Informationen über Marktkonditionen zuspielen" (Kübler 2004, 125). Die Einschätzung eines Analysten kann die künftige Entwicklung eines Aktienkurses stark beeinflussen. Und das obwohl sein Einblick in ein Unternehmen sehr beschränkt ist. Darüber hinaus kann er niemals alle relevanten Daten berücksichtigen. Schließlich erweist sich auch manch eine Statistik bei näherem Hinsehen als mangelhaft. Wer mit einer bloßen Ankündigung ein Vermögen verdienen kann, wird bei seinen Prognosen nicht allzu genau vorgehen. So bleibt selbst für professionelle Spieler eine irreduzible Unsicherheit. Am Ende erweisen sich nicht harte Fakten, sondern psychologische Erklärungsansätze als hilfreich, um die Entwicklung von Devisenkursen zu verstehen. Das wissen auch die Börsianer: "Hoffnungen, Wünsche, Überzeugungen oder Ängste sind oft wesentlicher für das Börsegeschehen als Wirtschaftswachstum oder die Entwicklung der Zinsen" (Wiener Börse 2004, 64). Entsprechend skeptisch fasst Manuel Castells die Funktionsweise der Finanzmärkte zusammen: „Movements in financial markets are induced by a mixture of market rules, business and political strategies, crowd psychology, rational expectations, irrational behaviour, speculative manoeuvres and information turbulences of all sorts" (Giddens 2000, 57).

Dabei ist der elektronische Finanzhandel bis an die Grenzen der Vollkommenheit perfektioniert. Aus dem digitalen Geld- und Warenverkehr an den Börsen sind alle Reibungsverluste eliminiert. Kein Markt funktioniert effizienter. Der virtuelle Datenverkehr erstreckt sich in Echtzeit über die Erdkugel. Das entscheidende Gut ist die Information. Entscheidungen über Käufe und Verkäufe werden auf der Grundlage der zirkulierenden Daten getroffen. Der reale Hintergrund einer Transaktion verliert an Bedeutung. Immer öfter ist deshalb von einer „Entstofflichung der Weltwirtschaft" die Rede (Albert 1999, 256). Die Kapitalverwertung löst sich aus ihrer engen Verflechtung mit der materiellen Warenproduktion und vollzieht sich unabhängig von der tatsächlich geleisteten Arbeit der Unternehmen. Der Großteil der Finanzgeschäfte bewegt sich in einem „durch bloße Simulation hervorgerufenen Raum, dessen Spielregeln keinerlei Bezug zur Realität mehr haben und der für die Akteure zur alleinigen Bezugsgröße ihres Handelns wird" (Albert 1999, 232). Nicht mehr volkswirtschaftliche Leistungsbilanzen, Wachstumsergebnisse, Währungsstände oder Inflationsraten führen zum Kauf oder Verkauf einer Währung, sondern Computerberechnungen, die eine Kursentwicklung auf der Basis vergangener Kursbewegungen in die Zukunft extrapolieren. Insgesamt steht die Weltwirtschaft also möglicherweise vor einem „Übergang von der stofflichen zur nichtstofflichen Ökonomie, in der nicht mehr die Faktorproduktivität, sondern die Geschwindigkeit, mit der eingesetztes Kapital umgesetzt wird, zum eigentlichen Wettbewerbsvorteil wird" (Albert 1999, 48). Zumindest ist die Haupttendenz moderner Finanzmärkte, wie Jörg Huffschmid erläutert, "die scheinbar vollständige Entstofflichung, Verflüssigung und Beschleunigung des Handels mit Finanztiteln, durch den die Finanzanleger sich bereichern" (Huffschmid 2002, 23). Das heißt nicht, dass die Finanzmärkte im luftleeren Raum operierten. Sie sind durchaus an konkrete Unternehmensentwicklungen gebunden. Die Amplituden schlagen allerdings so unverhältnismäßig hoch oder niedrig aus, dass angesichts der extremen Unter- und Überbewertungen von einem unmittelbaren Zusammenhang nicht mehr die Rede sein kann. Umgekehrt erzeugen die Kapitalströme und Kursbewegungen allerdings weitreichende Konsequenzen für die reale Ökonomie: „Der Geldmarkt steuert [...] den Gütermarkt, und dessen Entwicklung ist für die Nachfrage auf dem Arbeitsmarkt, also auch für Beschäftigung, entscheidend" (Altvater 1996, 130f).

Wie Ralf Dahrendorf darlegt, begleite der Gedanke, dass Arbeit und Kapital zusammen gehören, alle Theorien des Kapitalismus von Adam Smith und Karl Marx bis zu John Maynard Keynes und darüber hinaus (Dahrendorf 2003, 69). Die Verbesserung der Lebensumstände verlange, dass produktive Arbeit und Kapitalbildung Hand in Hand gehen. Das Kapital brauche den Arbeiter – die Arbeiter brauchten das Kapital. Unproduktive Arbeit hätte zwar einen sozialen Nutzen, führe aber als solche nicht zu wachsendem Wohlstand. Für den Kapitalismus der Gegenwart ist all dies nicht mehr uneingeschränkt gültig. Es ist ein Finanzdienstleistungsapparat entstanden, der nur noch partiell der industriellen Produktion zuzuordnen ist. Arbeitskraft und Maschinenkapital haben als Quellen der Wertschöpfung an Bedeutung verloren. Der Reichtum entspringt nicht länger der produktiven Arbeit, sondern dem erfolgreichen Handel mit Kapital. Das Kapital hat sich gewissermaßen verselbständigt. Die Gewinne, die auf den Finanzmärkten erzielt werden, lassen sich nicht auf individuelle Arbeitsleistungen beziehen. Das spekulative Kapital steht der sozialen Wirklichkeit eines Unternehmens und seiner Beschäftigten gleichgültig gegenüber. Die Welt mit den Augen der *shareholders* betrachtet, nimmt Politik und Soziales nur noch als Produktionsfaktoren wahr, die den eigenen Profit beeinflussen. So kommt es, dass auf den Finanzmärkten weitere Entlassungen positiv beurteilt werden und eine Senkung der Arbeitslosenquote als Katastrophenmeldung aufgenommen werden kann: „Die Schaffung von 259.000 Jobs im Verlauf des Januar und Februar 1996 in den USA und der Rückgang der Arbeitslosenquote von 5,8% auf 5,5% haben die Hoffnungen auf eine Zinssenkung zerstört. Die Folge waren Verkäufe und ein Kurssturz an der Börse" (Altvater 1996, 132). In der Welt des Finanzkapitalismus sind Erwerbsarbeit und Kapitalbildung nicht mehr untrennbar miteinander verbunden. Um die Wall Street zufriedenzustellen, müssen die Arbeitskosten radikal gekürzt werden – und diese Kürzungen hören im Grunde niemals auf. Der Reichtum von wenigen Kapitaleignern vermehrt sich ohne die Arbeit der Vielen. Während die Arbeitseinkommen seit Jahren stagnieren, sind die Kapitalerträge beträchtlich gestiegen. Die Konsequenz ist eine bislang beispiellose Vermögenskonzentration in den Händen weniger Superreicher auf Kosten unzähliger Arbeitnehmer. So besaß 1992 das oberste Prozent der amerikanischen Bevölkerung allein 49% der Aktien und 61% der Unternehmensbeteiligungen. In den Jahren von 1983 bis 1992 erhöhte sich deren Reinvermögen um 28,3%. Dagegen verringerte sich im gleichen Zeitraum das Reinvermögen der Hälfte der Bevölkerung (Wolman 1998, 242f.). Es besteht kein Zweifel, dass der Erfolg des Kapitals zu einer ungleichen Verteilung von Vermögen führt. Diese Ungleichheit wäre in einer Zeit zufriedenstellenden Wirtschaftswachstums im Grunde nicht ungerecht. Angesichts einer Entwicklung, in der nicht nur breite Bevölkerungsschichten, sondern auch der Staat zunehmend in Zahlungsschwierigkeiten gerät, der Reichtum einer Minderheit also zu Lasten der Mehrheit geht, erzeugt die ungleiche Verteilung von Vermögen in den gegebenen Ausmaßen aber soziale Spannungen und zunehmende Konflikte. Vor mehr als zweitausend Jahren hatte Aristoteles die Geldgeschäfte, die grenzenlosen Gewinn einzig und allein aus dem Geld selbst zu ziehen versuchen, als verhasste Wuchergeschäfte getadelt, weil sie sich im Gelderwerb erschöpften und nicht dem Zwecke der Hausverwaltung dienten (Politik I 10). In der Neuzeit sollten die Börsen den Mittelpunk der Welterschließung und den Motor der Modernisierung bilden. Inzwischen sind die internationalen Finanzmärkte zu einem enormen Risiko geworden: Spekulative Finanzgeschäfte drohen die Stabilität ganzer Staaten zu gefährden und die Lebensentwürfe zahlloser Menschen zu zerstören. Dass es sich hierbei nicht einfach nur um linke Rhetorik, sondern konkrete Realität handelt, führte die Finanzkrise 2009 auf erschütternde Art und Weise vor Augen.

Auf Dauer lässt es sich deshalb nicht aufrechterhalten, dass das internationale Finanzsystem nicht vernünftig reguliert wird. Dafür gibt es zahlreiche Ansätze, die hier nicht weiter diskutiert werden können.[13] Ein Aspekt sollte allerdings

---

13 Empfohlen seien an dieser Stelle zumindest die Vorschläge zur Gestaltung des europä-

noch erwähnt werden: die viel diskutierte Besteuerung der Devisenumsätze, die aus kurzfristigen Spekulationen hervorgehen. Der amerikanische Nobelpreisträger für Wirtschaft, James Tobin, hat bereits 1972 in seinen Vorlesungen in Princeton eine Steuer auf rein spekulative Kapitaltransfers vorgeschlagen, deren Erlös den Vereinten Nationen zukommen sollte. Dies geschieht, indem auf alle grenzüberschreitenden Kapitalbewegungen ein Satz von weniger als 1% erhoben wird. So werden nur diejenigen Geldgeschäfte ernsthaft belastet, die ständig innerhalb kurzer Zeiträume getätigt werden – also in erster Linie kurzfristige Währungsspekulationen. Laut der *Bank für Internationalen Zahlungsausgleich* werden immerhin 80% aller Auslandsinvestitionen innerhalb von acht Tagen von der Ausgangswährung in die Fremdwährung und wieder zurück in die Ausgangswährung getauscht. Anthony Giddens hat darauf hingewiesen, dass bereits ein weltweit erhobener Prozentsatz von 0.5 Prozent im Jahr 1996 gut 150 Milliarden US-Dollar ergeben hätte (Giddens 1999, 151). Technisch wäre eine Regulierung der Finanzgeschäfte sicher realistisch (Giddens 2000, 69). Gerade aufgrund der Digitalisierung des Datenverkehrs ließen sich die Börsengeschäfte leicht nachvollziehen. Schließlich werden bereits heute alle Devisengeschäfte von den Banken registriert und mit einer Bearbeitungsgebühr verrechnet. Kurzfristige Transaktionen könnten mit einer zusätzlichen Gebühr versehen werden, die automatisch abgebucht wird. Elektronische Buchhaltungen erlauben einfache Finanzinspektionen. Der Widerstand ist daher in erster Linie ein politischer, wenn nicht ideologischer. Während mittlerweile eine breite Front an Ökonomen, sozialpolitischen Verbänden und zivilgesellschaftlichen Organisationen die Einführung der Tobin-Steuer fordert, blockieren in erster Linie die Vertreter der Banken und Wirtschaftsverbände. Diese Einschätzung teilt einer der erfolgreichsten Finanzspekulanten der letzten Jahrzehnte – George Soros: „This resistance is based on the false doctrine of our age, namely that financial markets automatically tend towards equilibrium – from wich it follows that there is no need to interfere because markets will correct their own excesses. The global financial crisis should have given the lie to this point of view, which I regard as both false and dangerous" (zit. n. Giddens 2000, 91).

---

ischen Finanzmarktes von Jörg Huffschmid (Huffschmid 2002, 246-262).

2.5. Zur Frage der Gewinnverteilung

Die kapitalistische Marktwirtschaft ist auf Gewinnmaximierungen ausgerichtet. Das heißt auf die Erhöhung des Überschussbetrages, der kraft des produktiven Einsatzes von Kapital, Produktionsmitteln und Arbeit erwirtschaftet wird. Lange Zeit hatte man geglaubt, dass die mit neuen Produktionstechniken einhergehenden Produktivitätssteigerungen die Arbeitsbelastung der Arbeiter verringern und den allgemeinen Wohlstand vergrößern würden. Tatsächlich ermöglicht die Steigerung der Produktivität durch innovative Technologien, mehr Güter mit weniger Personal zu produzieren. In der Vergangenheit haben die Arbeitnehmer von solchen Produktivitätssteigerungen entweder in Form von höheren Löhnen oder kürzeren Arbeitszeiten profitiert. In der Gegenwart ist dies nicht mehr die Regel. Im Namen der Wettbewerbsfähigkeit wird sogar das Gegenteil gefordert: längere Arbeitszeiten und niedrigere Löhne. Längere Arbeitszeiten ermöglichen es, die Arbeitskraft der Beschäftigten extensiver zu nutzen und so die Produktivität des Unternehmens zu erhöhen. Solange die Gewinne aber nicht wieder in weitere Stellen investiert werden, lösen sie das Problem der Massenarbeitslosigkeit sicher nicht. Genau dies ist aber der Fall: Die Unternehmen versuchen gezielt, Personalkosten zu senken und Stellen zu streichen. So entsteht ein eigenartiges Phänomen: Die globale Wirtschaft wächst, während an ihren Gewinnen immer weniger Menschen teilhaben. Ohne Zweifel haben die Computerisierung und Restrukturierung der industriellen Produktion gewaltige Produktivitätssteigerungen bewirkt: „There is little doubt that deregulation of the world's product and financial markets has enriched a world class of investors, entrepreneurs and professionals. At the very top, the accumulation of wealth has been extraordinary" (Giddens 2000, 93). Aus dieser Perspektive ist die Krise der Arbeitsgesellschaft nicht primär durch den Mangel an Arbeit bedingt, sondern durch die unzulängliche Verteilung des Reichtums, der mit immer weniger Arbeit erwirtschaftet wird. Wie vor hundert Jahren stellt sich deshalb die Frage, inwiefern die erwirtschaften Gewinne verteilt werden – ob sie re-investiert, an die Mitarbeiter weitergegeben oder einfach von den Eigentümern und Anteilseignern abgeschöpft werden.

Private Profite und öffentliche Ressourcen

Wie Manuel Castells erläutert, wird die Verwendung des Überschusses, der in einer Gesellschaft erwirtschaftet wird, durch die gesellschaftlichen Produktionsverhältnisse bestimmt (Castells 2001, 17). Im Gegensatz zum Staatssozialismus liegt die Kontrolle des Produktionsprozesses in der freien Marktwirtschaft – und folglich der Profit, der daraus resultiert – in den Händen von Privateigentümern. Insofern die Privatwirtschaft maßgeblich auf öffentlichen Gütern wie natürlichen Ressourcen, überliefertem Wissen, institutionalisierter Bildung, organisierter Wirtschaft, rechtlicher Sicherheit, uvm. beruht, stellt sich allerdings die Frage, inwiefern die Verwendung des mit Hilfe von öffentlichen Gütern erwirtschafteten Gewinns der Öffentlichkeit wieder zu Gute kommen sollte und inwiefern jeder Bürger ein legitimes Recht darauf hat, zu einem gewissen Teil an der Produktivität der Gesellschaft zu partizipieren. In den Worten von Jeremy Rifkin: „Put simply, does every member of society, even the poorest among us, have a right to participate in and benefit from increases in productivity brought on by the information and communication technology revolutions?" (Rifkin 2004, 267).

Staatliche Transferleistungen

Sozialpolitik ist zumindest der Idee nach Umverteilung im Interesse der Staatsbürgerrechte aller. Nach dem Zusammenbruch der europäischen Monarchien im 1. Weltkrieg wurde der deutsche Staat erstmals als eine sozialstaatliche Demokratie konzipiert. Die Weimarer Reichsverfassung stellte ihn auf zwei Säulen: auf der einen Seite wirtschaftliche Leistungsfähigkeit; auf der anderen Seite sozialer Ausgleich, der die Lebensrisiken der abhängig Beschäftigten zu einem gewissen Grad abfedern sollte. Im Grunde müssen alle Bürgerinnen und Bürger damit rechnen, einmal wegen Arbeitslosigkeit, Krankheit oder Alter hilfsbedürftig zu werden. So gibt es gute Gründe, sich vor den Wechselfällen des Lebens zu schützen. Die Leistung des modernen Sozialstaates ist es, den gesellschaftlich erarbeiteten Wohlstand auf breite Bevölkerungsschichten umzuverteilen, um Elend und Not zu vermeiden. Die staatliche Umverteilung soll soziale Härten mildern und allen Bürgern eine sichere Lebensgrundlage ermöglichen. Die staatlichen Transferleistungen bilden dabei ein ausdifferenziertes System organisierter Solidarität. Es versucht der Bedürftigkeit der Betroffenen ebenso gerecht zu werden wie der Belastbarkeit der ökonomisch Stärkeren; dem Ausgleich sozialer Spannungen ebenso wie dem Autonomieanspruch der Individuen. In diesem Sinne handelt es sich um das Ergebnis mühsamer politischer Auseinandersetzungen, bei denen sehr unterschiedliche Interessen berücksichtigt werden. Gleichzeitig stellen die Transfersysteme wichtige Instrumente der gesellschaftlichen Integration und sozialen Kohäsion dar. Diese vielseitigen Aspekte der sozialen Umverteilung gilt es stets im Bewusstsein zu behalten. Andernfalls droht die Anstrengung auf ein unzulängliches Bild von Gebenden und Nehmenden reduziert zu werden.

Ende der Arbeit

Mit der fortschreitenden Automatisierung wird die menschliche Arbeitskraft mehr und mehr durch Maschinen ersetzt. Flexible Organisationsmodelle bieten immer weniger sichere Arbeitsplätze. Schlanke Unternehmen reduzieren ihre Belegschaft auf einen kleinen Kern, der bei Bedarf von prekär beschäftigten Selbständigen ergänzt wird. Die Zeiten, in denen Menschen keiner beruflichen Beschäftigung nachgehen, nehmen tendenziell zu. Die Massenarbeitslosigkeit hält ungebrochen an. Angesichts dieser Situation erscheint eine Verteilung der vorhandenen Arbeit wie des erwirtschafteten Vermögens eigentlich als recht vernünftig: Anstatt dass wenige Erwerbsfähige zu viel arbeiten, während viele arbeitslos und auf öffentliche Unterstützung angewiesen sind, sollten doch lieber mehr beschäftigt werden, die alle etwas weniger arbeiten, dafür aber in die öffentlichen Kassen einzahlen. Tatsächlich ermöglichte die Einführung der 35 Stunden Woche in der Vergangenheit, dass mehr Menschen ihren Arbeitsplatz behalten konnten. Auf den ersten Blick erscheint eine solche Mehrbeschäftigung ökonomisch kostspielig. Es ist billiger, einen einzelnen Arbeitnehmer nach Bedarf zu beschäftigen, als die Lohn- und Lohnnebenkosten von mehreren zu tragen. Auf den zweiten Blick fällt die Rechnung allerdings nicht ganz so einfach aus. Wer acht, zehn oder zwölf Stunden am Tag arbeitet, ist in der Regel nicht in der Lage, seine Arbeitszeit von morgens bis abends effizient zu nutzen. Es gibt körperlich bedingte Konzentrationsschwächen, die das Arbeitstempo verlangsamen oder Fehler verursachen. Überarbeitung und Stress führen zu einer Desensibilisierung, die Spannungen und Konflikte entstehen lässt, die wiederum das soziale Miteinander belasten. Darunter leiden nicht nur die Mitarbeiter, sondern auch die Arbeitsergebnisse. Dagegen erweisen sich Arbeitnehmer, die insgesamt weniger arbeiten, in der Regel als ausgeruhter, aufmerksamer, ausgeglichener – und folglich kräftiger, belastungsfähiger, produktiver. Wer mit seiner Arbeitssituation zufrieden ist, wird sich gerne stärker engagieren. Am Ende führt eine der Aufgabe angemessene Verkürzung der Arbeitszeiten nicht nur zu einer Ausgewogenären Verteilung der Arbeit, sondern auch zu einer Verbesserung der Arbeitsleistung.

Verteilung der Arbeit

Die schwierige Frage, inwiefern alle Bürger in die gesellschaftliche Arbeitsteilung integriert werden könnten, wird mittlerweile gerne als rein mechanische Arbeitsumverteilung karikiert. Tatsächlich ist den neuen Arbeitsanforderungen mit traditionellen Arbeitszeitverkürzungen nicht beizukommen (Glotz 1999, 119). Die dem erbitterten Wettbewerb ausgesetzten Vollzeitarbeitsplätze lassen sich nicht einfach aufteilen. Im Gegenteil. Es ist zu erwarten, dass sie noch zeitintensiver werden. Damit ist die Hoffnung der Gewerkschaften auf eine solidarische Arbeitsteilung in eine gewisse Sackgasse geraten. Vermutlich wäre es deshalb verfehlt, einfach an althergebrachten Modellen festzuhalten. Die ökonomische Dynamik lässt sich nicht ungestraft ignorieren. Deshalb stellt sich die

Frage, inwiefern das moderne Arbeitsrecht auf eine Art und Weise modifiziert werden kann, damit es einerseits Flexibilität und andererseits Sicherheit gewährt (Bourdieu 2001, 19). Der Ausweg kann vermutlich nur darin bestehen, eine soziale Grundsicherung unabhängig von der geleisteten Arbeit zu garantieren. Das heißt, dass weder das Recht auf ein Grundeinkommen, noch auf die grundlegenden Bürgerrechte von der Ausübung einer entlohnten Beschäftigung abhängen sollten: „Statt als minderwertig, unsicher [...] zu gelten, muss diskontinuierliches Arbeiten zu einem [...] sozial abgesicherten Recht werden, zu einer gesellschaftlich geachteten Form menschlicher Vielseitigkeit" (Gorz 2000, 78).

Verteilung des Vermögens

Zahlreiche Experten plädieren dafür, die Gewinne, die aus dem Einsatz arbeitssparender und zeitsparender Technologien resultieren, auf breitere Bevölkerungsschichten zu verteilen. In einem demokratischen Staat setzt eine umfangreiche Einkommensverteilung die Zustimmung der Bevölkerung voraus. Insofern die politische Einigung auf eine spezifische Form der Lastenverteilung von der Bürgerschaft mit getragen werden muss, bedarf sie einer überzeugenden Begründung. Eine zufrieden stellende Diskussion aktueller Gerechtigkeitskonzeptionen kann an dieser Stelle nicht geleistet werden. Es scheint aber sinnvoll, sich zumindest ein paar grundsätzliche Punkte in Erinnerung zu rufen.

Erstens garantiert der Markt allein keine akzeptable Verteilung beruflicher Chancen oder wirtschaftlicher Resultate (Dahrendorf 2004, 6). Er gewährleistet weder soziale Sicherheit noch sozialen Ausgleich. Überlässt man die Verteilung des gesellschaftlichen Gesamteinkommens den Kräften des Marktes, ist es vollkommen willkürlich, wie die Anteile ausfallen. Der Markt allein ist weder in der Lage, öffentliche Güter, wie Gesundheitsversorgung oder Bildungsangebote, in ausreichendem Maße zur Verfügung zu stellen, noch alle Menschen einzubeziehen, die in einer Gesellschaft leben. Deshalb sind Rahmenbedingungen und Regeln erforderlich, mit deren Hilfe die Marktwirtschaft dazu gebracht werden kann, weiter reichenden Zielen zu dienen.

Zweitens ist es inzwischen offensichtlich, dass der außerordentliche Gewinn einiger Weniger keineswegs den Wohlstand aller anhebt. Extremer Reichtum einer Minderheit bei extremer Armut der Mehrheit ist nicht nur vorstellbare, sondern alltägliche Realität. In der Vergangenheit mag es Gesellschaften gegeben haben, die trotz sehr großer Ungleichheiten weitgehend stabil geblieben sind. Etwa das indische Kastensystem. Demokratische Gesellschaften beruhen aber auf anderen Voraussetzungen. Wie Anthony Giddens betonte, führen zu große Ungleichheiten in demokratischen Gesellschaften unvermeidlich zu Enttäuschungen und Konflikten (Giddens 1999, 42). Die äußerst ungleiche Verteilung von Arbeit und Einkommen führt zu Frustration, Fremdenfeindlichkeit, Gewalttätigkeit, uvm. Daran werden auch philosophische Bestrebungen nichts ändern, die soziale Ungleichheit theoretisch zu rechtfertigen versuchen. Inwiefern es gelingen wird, die sozialen Spannungen zu entschärfen, die sich regelmäßig in aggressiven Ausschreitungen oder sinnlosen Gewalttaten entladen, wird zu einem guten Teil davon abhängen, wie die Arbeit und die aus ihr resultierenden Gewinne auf breite Bevölkerungsschichten verteilt werden.

Drittens ist daran zu erinnern, dass die Privatwirtschaft weltweit von einer ganzen Reihe an öffentlichen Subventionen profitiert. Dies gilt selbst für die USA. Ein beträchtlicher Teil der neuen High-Tech-Industrien – einschließlich den Informationstechnologien und dem Internet – ging nicht aus privaten Ideenwerkstätten hervor, sondern aus staatlich geförderten Forschungseinrichtungen des amerikanischen Militärs. Zweifellos spielten innovationsfreudige Einzelpersonen, die eigene Unternehmen gründen, bei der Entwicklung der neuen Technologien eine entscheidende Rolle. Die staatlichen Förderprogramme stellen aber einen nicht weniger entscheidenden Faktor dar. In den USA finanzierten staatliche Forschungsgelder wichtige Innovationen am MIT, in Harvard, Stanford, Berkeley. Ein Großteil der amerikanischen Technologiebranche baut auf staatlichen Subventionen auf, die bloß nicht als solche deklariert werden. Die Europäische Union legte seit den achtziger Jahren eine ganze Reihe an Förderprogrammen für die neuen Technologien auf, um mit dem internationalen Wettbewerb einigermaßen Schritt zu halten. Die Erforschung der Gentechnologie an den großen Universitäten und Universitätskrankenhäusern wird zu einem guten Teil mit Regierungsgeldern finanziert. Es erscheint daher als durchaus gerechtfertigt, wenn der Wohlstand, der auf der unermüdlichen Arbeit zahlreicher Beteiligter und mehrerer Generationen aufbaut, nicht von einem kleinen Zirkel abgeschöpft wird, der zufällig zur rechten Zeit am rechten Ort ist, sondern der Bevölkerung zu Gute kommt. Das Band, das uns mit unseren Mitmenschen verbindet, erstreckt sich – ob wir wollen oder nicht – weit über unseren individuellen Horizont hinaus.

Viertens stellt sich die Frage, wer eigentlich all die produzierten Waren und professionellen Dienstleistungen konsumieren soll, die für eine wachsende Volkswirtschaft erforderlich sind, wenn mehr und mehr Menschen mit niedrigeren Löhnen auskommen müssen oder gar in die Arbeitslosigkeit entlassen werden. Wie Henry Ford bereits zu Beginn des 20. Jahrhunderts erkannt hatte, sind die Unternehmen auf kaufkräftige Kunden angewiesen. Dagegen drohen niedrige Löhne, unsichere Arbeitsverhältnisse und anhaltende Massenarbeitslosigkeit die Binnennachfrage zu schwächen, da viele Bürger nicht bereit sind, die zahllosen Produkte zu kaufen – sei es, weil man sein Geld lieber für schwierige Zeiten zur Seite legt oder weil man gar kein Geld mehr hat, das auszugeben wäre. Die Unternehmen laufen Gefahr, auf ihrer Überproduktion sitzen zu bleiben. Es droht ein Preisverfall, der eine gefährliche Abwärtsspirale in Gang setzt. Ein solcher Preisverfall hat bereits einige Branchen wie Handyhersteller oder Fluglinien erfasst. Die Folgen sind unvermeidlich ein gebremstes Wachstum und eine größere Abhängigkeit von Exportgeschäften auf dem Weltmarkt. Der Weltmarkt ist aber nicht nur einer härteren Konkurrenz ausgesetzt – die härtere Konkurrenz führt auch dazu, dass weitere Arbeitsplätze in Niedriglohnländer verlagert werden.

Fünftens sind kurze Arbeitszeiten – insofern sie von den Beschäftigten gewünscht sind – ein Indikator für den Wohlstand eines Landes. Mehr Beschäftigte bedeuten zum einen mehr Geld in den Geldbeuteln der Konsumenten, das in den Wirtschaftskreislauf re-investiert werden kann, und zum anderen, weniger Arbeitslosigkeit, welche die staatliche Wohlfahrt belastet. Die Beschäftigung von mehr Personal entlastet die sozialen Sicherungssysteme und füllt die Staatskassen. Das ermöglicht neue Handlungsspielräume für die Gestaltungsmacht der Politik. Gleichzeitig eröffnet die Verkürzung der Wochenarbeitszeit neue Freiräume, in denen man sich regenerieren, fortbilden, der Familie und Freunden widmen, sich sozial engagieren oder kulturell betätigen kann. Von der vermehrten Freizeit profitiert wiederum die Freizeitindustrie, die Gastronomie, der Tourismus, der Einzelhandel, uvm. Ganz zu schweigen vom öffentlichen Leben einer Stadt.

Die Krise des Sozialstaates

Die gegenwärtige Krise des Sozialstaates besteht nicht nur darin, dass die Finanzierung von Sozialleistungen nicht mehr gewährleistet ist und daher Einschnitte im Netz sozialer Sicherheiten notwendig sind. Die Krise des Sozialstaates bedeutet vielmehr einen Bruch mit dem traditionellen Paradigma sozialer Gerechtigkeit. In einem Sozialstaat beinhaltet die Idee von Gerechtigkeit sehr viel mehr, als nur einen fairen Wettbewerb. Sie beruht auf der Vorstellung, dass die Menschen zwar sehr verschieden sind, im Grunde aber Lebewesen desselben existentiellen Ranges sind. Selbstverständlich sind wir als Individuen nicht alle gleich. Wir leben von den Unterschieden zwischen Männern und Frauen, Lehrern und Schülern, Arbeitgebern und Arbeitnehmern, uvm. In diesem Sinne bedürfen wir als Ungleiche auch einer ungleichen Behandlung. Wer in der Schule schlecht ist, bedarf einer besonderen Hilfe; wer dagegen sehr gut ist, bedarf besonderer Herausforderungen. Sowohl als Bürger, die das gleiche Recht beanspruchen, als auch als Menschen, die denselben existentiellen Status genießen, sind wir von unseren Mitmenschen aufgefordert, uns als gleichwertige Wesen zu respektieren und gerade in unserer Andersartigkeit gegenseitig anzuerkennen. Das heißt gerade *nicht*, dass individuelle Unterschiede zu beseitigen seien. Es heißt aber, dass wir uns darum bemühen sollten, dass die soziale Ungleichheit auf ein erträgliches Maß reduziert wird. Solange alle in der Lage sind, ein menschenwürdiges Leben zu führen, solange ist auch maßloser Reichtum kein Problem. Wenn aber unzählige Menschen zu einem elenden Dasein genötigt werden, während andere im Luxus leben, dann ist das einfach beschämend.

2.6. Die Idee der Leistungsgerechtigkeit

Mit der Erwerbsarbeit nehmen wir an einer bestimmten Form des wirtschaftlichen Leistungsaustausches teil. Einer der Leitgedanken, an denen sich diese alltägliche Praxis orientiert, ist die Idee der *Leistungsgerechtigkeit*. Sie beinhaltet die Vorstellung, dass das Verhältnis von Leistung und Gegenleistung ausgewogen sein sollte. Oder einfacher formuliert: dass die Arbeit, die man leistet, auch angemessen bezahlt wird. Für *Friedrich Kambartel* ist dieser normative Anspruch prinzipiell in jedem gesellschaftlichen Leistungsaustausch angelegt (Kambartel 1993, 80ff). Demnach beinhalte ein Leistungsaustausch von vorne herein eine spezifische Gerechtigkeitsnorm, die mit dem Vollzug des Tauschaktes universelle Geltung entfalte. Mit der rechtlichen Anerkennung des ökonomischen Leistungsaustausches gehe unwillkürlich die moralische Forderung nach einem ausgewogenen Leistungsverhältnis einher. Wirklich zu überzeugen vermag diese Vorstellung allerdings nicht. Denn warum sollte eine spezifische Form der sozialen Praxis *sui generis* eine universelle Gerechtigkeitsnorm implizieren? Die Forderung nach Leistungsgerechtigkeit wohnt dem Tauschverhältnis nicht an sich inne, sondern wird als kulturelle Norm von außen an die Tauschpartner heran getragen. Sie setzt bereits eine spezifische Vorstellung von Gerechtigkeit voraus. Dass es eben gerecht sei, dass ich für meine Leistung eine entsprechende Gegenleistung erhalte.

Im Alltag wird diesem Grundsatz und dem mit ihm einhergehenden Gerechtigkeitsverständnis vermutlich niemand widersprechen. Es scheint nur gerecht zu sein, wenn man für sein Geld eine entsprechende Leistung erhält, oder für eine Leistung einen entsprechenden Lohn. In der Wirtschaftstheorie geht ohnedies nur derjenige ein Tauschverhältnis ein, der das Gefühl hat, auf irgendeine Art und Weise davon zu profitieren. Und dennoch wird dieser Grundsatz gerade im Alltag ständig missachtet. Ein beliebiger Blick auf die alltägliche Wirtschaftspraxis genügt, um einzusehen, wie willkürlich der Wert einer Leistung bestimmt werden kann. Dabei sind extremen Ungleichgewichten von Leistung und Gegenleistung keinerlei Grenzen gesetzt. Extrem hohe Löhne sind ebenso möglich wie extrem niedrige.

Die theoretischen Schwierigkeiten beginnen bereits mit der Frage, was eigentlich als eine anerkennenswerte Leistung angesehen werden sollte. Leistungen sind performative Akte, die auf mehreren Vorleistungen beruhen und deren Ergebnis erst im Nachhinein beurteilt werden kann. Soll das Urteil nur das Endergebnis berücksichtigen oder auch die Vorgeschichte, die zu diesem Ergebnis führte? Sollen die Bedingungen angerechnet werden, unter denen eine Leistung erbracht wurde? Und sind nicht auch die Folgen, die eine Leistung in Zukunft hervorbringt, in das Urteil mit einzubeziehen? Nicht alle Leistungen lassen sich anhand desselben Maßstabes bewerten. Auf dem Markt beruht der Wert einer Leistung in erster Linie auf der Bedeutung, die sie für die Tauschpartner hat. Ein und dieselbe Leistung kann für den Leistungsgeber einen immensen Wert haben, während sie für den Leistungsempfänger fast bedeutungslos erscheint. Eine Leistung kann sogar für ein und dasselbe Individuum zu einem bestimmten Zeitpunkt sehr viel und zu einem anderen sehr wenig bedeuten. Letztlich kann der Wert einer Leistung nur subjektiv und von Fall zu Fall bestimmt werden.

Die Folge sind fast unweigerlich soziale Konflikte, in denen die Betroffenen den Wert der eigenen Leistung gegen seine Geringschätzung einzufordern versuchen. Axel Honneth spricht diesbezüglich von einem *Kampf um Anerkennung*, bei dem es darum gehe, dasjenige, was bei Anwendung des herrschenden Leistungsbegriffes nicht angemessen berücksichtigt oder sozial wertgeschätzt wird, einzuklagen (Honneth 2003, 181f.). Während bei der sozialstaatlich organisierten Umverteilung ökonomischer Ressourcen vor allem die Verfassung und Anwendung verbriefter Rechte im Mittelpunkt stehen, werden solche im Alltag geführten Anerkennungskämpfe gewissermaßen unterhalb der Schwelle des öffentlichen Rechtes ausgetragen. Die Protagonisten können sich auf keine Paragraphen berufen, sondern lediglich auf übliche Praktiken und moralische Prinzipien. Insofern die meisten Vertragspartner an einer langfristigen Aufrechterhaltung ihrer Kooperationsverhältnisse interessiert sein dürften, sind sie vernünftig genug, sich gegenseitig um die Zufriedenheit aller Beteiligten zu bemühen. Das freiwillige Einverständnis, moralische Grundsätze anzuwenden, stellt im Ernstfall allerdings ein nicht sehr tragfähiges Fundament dar. Mit der Härte des Wettbewerbs erhöht sich die Bereitschaft, die freiwillige Selbstverpflichtung auf moralische Grundsätze preiszugeben und das eigene Handeln an kurzfristigen Gewinnoptionen zu orientieren.

In der Vergangenheit wurde der Konflikt um die angemessene Bezahlung einer Leistung anhand kollektiver Tarifverträge ausgetragen. Der Kampf um Anerkennung wurde in einen institutionellen Rahmen eingebettet und weitgehend entpersonifiziert. Aufgrund der gegenwärtigen Individualisierung der Arbeitsverhältnisse muss diese Auseinandersetzung wieder unmittelbar zwischen den einzelnen Vertragsparteien ausgehandelt werden. Nicht selten steht dabei ein einzelnes Individuum einem mächtigen Unternehmen gegenüber. In einer entsolidarisierten Arbeitswelt, in der sich das Individuum schutzlos dem Markt ausgeliefert sieht, entstehen so große Machtgefälle zwischen Arbeitgebern und Arbeitnehmern, dass es dem Einzelnen enorm erschwert wird, seinen berechtigten Anspruch auf Selbstachtung, Respekt und Anerkennung gegen Widerstände zur Geltung zu bringen. Im schlimmsten Falle bleibt nur die Entscheidung, die Organisation erhobenen Hauptes zu verlassen. Was zur Diskussion steht, sind dabei nicht unbedingt nur persönliche Rivalitäten. Für Axel Honneth zeuge der Versuch, die erfahrene Missachtung der eigenen Leistungen als ungerechtfertigt zu verurteilen, vielmehr von einer sehr viel grundsätzlicheren Auseinandersetzung, in der die Legitimität des vorherrschenden Leistungsverständnisses insgesamt in Frage gestellt wird (Honneth 2003, 183).

Wird das Verhältnis von Leistung und Gegenleistung zwischen den Verhandlungspartnern ausgehandelt, zählt letztlich allein, worauf man sich verständigt. Die Grenzen des Verhandlungsspielraums werden dabei von dem sozialen Umfeld bestimmt, in das die Verhandlungen eingebettet sind. Das Verhältnis von Angebot und Nachfrage spielt dabei ebenso eine Rolle wie die Forderung nach einer Gleichwertigkeit der getauschten Leistungen oder etwa Fragen nach der juristischen Legalität des Arbeitsverhältnisses. Es zählen aber auch persönliche Wertschätzung, gesellschaftliches Ansehen, individuelle Abhängigkeiten, kollektive Normalitätsvorstellungen, zeitlicher Entscheidungsdruck, politische Rahmenbedingungen, kulturelle Gewohnheiten, uvm. In einigen Fällen sind es schlicht freundschaftliche Beziehungen, die ein Honorar in die Höhe treiben. Insofern es sich bei solchen Verhandlungen stets um ein Machtverhältnis handelt, geben Machtverteilung und Verhandlungskunst den entscheidenden Ausschlag. So wünschenswert es wäre, das Gleichgewicht von Leistung und Gegenleistung zur regulativen Grundlage einer gerechten Gesellschaft zu erklären, so groß sind doch die Schwierigkeiten, dieses Gleichgewicht tatsächlich einzufordern.

Die Praxis des alltäglichen Leistungsaustausches fällt dementsprechend willkürlich aus. Folgt man den Ausführungen von Sighard Neckel, so lassen sich insbesondere die Leistungen der Protagonisten in den Sportarenen, der Medienwelt, der Kulturindustrie, nicht wirklich mit einem Gleichgewicht von Leistung und Gegenleistung begründen (Neckel 2002). Ob Fußballer, Fernsehmoderator, Modell oder Popstar – die eigentliche Arbeit stehe in keinem Äquivalenzverhältnis zu deren Vergütung. Vielmehr handle es sich um Ausnahmeleistungen, die mit der besonderen Individualität der Akteure legitimiert werde. Dank der modernen Kommunikationsmittel wie Fernseher, Videorecorder oder DVD-Player gelingt es ihnen, ihre medialen Vorteile gegenüber den Normalsterblichen gewinnträchtig auszuspielen. Während die Superstars gefeiert werden, verschwinden durchschnittliche Leistungen aus dem Blickfeld. Neben den medial inszenierten Sensationen erscheinen die kleineren und größeren Erfolge des arbeitenden Lohnempfängers als ziemlich trivial. Und diese Trivialität spiegelt sich in einer mäßigen Vergütung wider.

Ein ähnliches Ungleichgewicht von Leistung und Gegenleistung ist auf den kapitalintensivsten Segmenten der Privatwirtschaft anzutreffen: Die Gewinne, die auf den Finanzmärkten erzielt werden, lassen sich kaum auf individuelle Leistungen zurückführen. Sie emergieren aus schwankenden Börsenkursen, riskanten Spekulation oder zufälligen Mitnahmeeffekten. Der daraus resultierende Erfolg kann schwerlich nur als persönliche Leistung verbucht werden. Umgekehrt besteht keinerlei Hoffnung, kraft der eigenen Arbeit annähernd große Gewinne zu erwirtschaften. Die höchsten Einkünfte sind nicht die Arbeitsein-künfte, sondern die Vermögenseinkünfte.

Zu guter Letzt stehen auch die Leistungen der erfolgreichen Wirtschaftseliten selten in einem Äquivalenzverhältnis. Dank großzügiger Jahresgehälter und Aktienoptionen haben sich die Einkünfte der Managerklasse in Deutschland in den letzten zehn Jahren „auf das Dreihundertfache gegenüber dem Einkommen von Facharbeitern erhöht" (Neckel 2002, 98). Im Durchschnitt verdiente ein Vorstandsmitglied im Jahr 2003 rund 1.42 Millionen Euro.[14] Die Spitzenreiter stellte die Deutsche Bank mit durchschnittlich 3.726 Millionen Euro.[15] Allen voran steht Joseph Ackermann, mit einem Gehalt von fast einer Million Euro pro Monat. Jeder Tag hat nur 24 Stunden. Jeder Mensch kann sich nur auf eine Sache auf einmal konzentrieren. Was also rechtfertigt die Spitzengehälter und Abfindungen, die sich das Management selbst auszahlt, selbst wenn es Verlustgeschäfte zu verantworten hat? Und warum – so fragt André Gorz – „Warum verlangt die 'Konkurrenzfähigkeit' [...] die niedrigsten Lohnkosten, aber findet sich mit den höchsten Arbeitgebereinkommen ab?" (Gorz 2000, 29).

Auf der Seite der Gewinner kann also von Leistungsgerechtigkeit keine Rede sein: „ob ein Markterfolg [...] auf leistungsbezogener Arbeit beruht oder sich günstigen Gelegenheitsstrukturen, individueller Risikobereitschaft [...] oder schlicht dem Zufall verdankt, hat keinen Einfluss auf die Höhe seiner Honorierung" (Neckel 2002, 105). Vielmehr werden die geringsten Leistungsunterschiede in die größten Lohndifferenzen übersetzt: Ob der Spieler einer erfolgreichen Fußballmannschaft, der Moderator eines Fernsehshow, der Gewinner eines Architekturwettbewerbs – sie alle verdienen ein Vielfaches dessen, was ihre nicht sehr viel weniger begabten Kollegen verdienen, die nicht das Glück hatten, den ersten Platz zu belegen. In einer solchen *the-winner-takes-all* Wettbewerbsgesellschaft werden minimale Leistungsdifferenzen in maximale Ertragsunterschiede umgesetzt.

Wie sieht es nun auf der Seite der Verlierer aus? Gerade hier Leistungsgerechtigkeit wird vehement gefordert. Unter Berufung auf das Gleichgewicht von Leistung und Gegenleistung werden in den öffentlichen Debatten soziale Rechte und soziale Pflichten einander gegenübergestellt. Selbst Anthony Giddens erklärte *no rights without responsibilities* zu einem moralischen Grundsatz der neuen Sozialdemokratie (Giddens 1999, 65). Leistung wird zu einer Bürger-

---

14 Berliner Zeitung (2004) „Vorstands-Gehälter steigen kräftig", Nr. 206 vom 03.09.04, S.15.
15 ebd.

pflicht erklärt, die der einzelne zu erfüllen hat, wenn er soziale Sicherheit genießen will. Das scheint plausibel, ist aber – wie Ralf Dahrendorf darlegte – eine gefährliche These (Dahrendorf 2003, 74): Es gibt Rechte, und es gibt Pflichten. Der Bürger hat beide. Beide aber stehen für sich. Rechte und Pflichten sind nicht gegeneinander aufzurechnen. Rechte sind allgemeingültig und unveräußerlich. Sie sind nicht Bestanteil eines Tauschvertrages. Sie gelten von Geburt an und werden lediglich durch die Rechte der anderen Mitmenschen beschränkt. Pflichten dürfen nicht einfach aus Rechten abgeleitet werden. Sie bedürfen einer eigenständigen Begründung. Der Anspruch auf staatlich verbriefte Rechte kann nicht von einer sozialen Verpflichtung abhängig gemacht werden. Die Meinungsfreiheit darf nicht abhängig gemacht werden von einem Schulabschluss, das Wahlrecht nicht vom Steuerzahlen, das Recht auf demokratische Mitbestimmung nicht von einem Arbeitsplatz. So darf auch das Recht auf soziale Sicherheit nicht davon abhängig gemacht werden, wie sehr man sich um eine Arbeit bemüht. Die Gegenüberstellung von Rechten und Pflichten ist grundsätzlich unvereinbar mit dem Selbstverständnis eines demokratischen Rechtsstaates. Deshalb ist eine Politik gefährlich, die darauf besteht, dass Arbeitslose keine Unterstützung bekommen sollen, wenn sie einen Arbeitsplatz ablehnen.

Im Allgemeinen gilt Arbeit als die erste Bürgerpflicht. In der öffentlichen Meinung würden viele Menschen eine Erwerbsarbeit finden, wenn sie bereit wären, für jeden Lohn und unter allen Bedingungen zu arbeiten. Entsprechend soll die Bereitschaft, eine unangenehme oder schlecht bezahlte Arbeit anzunehmen, erzwungen werden. Der Anspruch auf eine befriedigende Beschäftigung wird dagegen nur den Besserverdienenden zugebilligt. Auf einem Arbeitsmarkt, auf dem vielen, die gerne arbeiten würden, ein Arbeitsplatz verwehrt wird, setzt die Forderung, unter allen Umständen zu arbeiten, die Arbeitslosen enorm unter Druck. Aufgrund der anhaltenden Massenarbeitslosigkeit ist diese Forderung trotz aller Anstrengungen oft gar nicht zu erfüllen. Dahrendorf erinnert deshalb daran, dass Arbeit als Zwangsmaßnahme das Problem der Arbeitsgesellschaft nicht löse: Im Gegenteil: „Arbeitszwang ist wie jeder Zwang ein Schritt in die Unfreiheit" (Dahrendorf 2003, 75). Deshalb sollte niemand zur Arbeit gezwungen werden. Der Artikel 12 des Grundgesetzes legt unmissverständlich fest, dass niemand zu einer bestimmten Arbeit gezwungen werden darf. Die Berufswahl muss als eine freie Wahl gesichert sein.

Stellt man am Ende die beiden Perspektiven von Gewinnern und Verlieren einander gegenüber, so erkennt man eine eigenartige Paradoxie: Einerseits werden diejenigen, denen der Erfolg bisher versagt blieb, der Forderung nach einem Gleichgewicht von Leistung und Gegenleistung ausgesetzt; andererseits beruhen die Gewinne derjenigen, die Erfolg haben, gerade nicht auf einem solchen Gleichgewicht. Die sozialpolitischen Implikationen dieses Widerspruchs bringt

Sighard Neckel treffend auf den Punkt: „Bildung, Beschäftigung und Sozialpolitik werden [...] strengeren Leistungskriterien unterworfen, [...] während Reichtumszuwächse und Unternehmensgewinne [...] kaum noch als Leistungsergebnisse zustande kommen" (Neckel 2002, 104). Damit haben gerade die erfolgreichsten Protagonisten der Wissensgesellschaft ihre moralische Vorbildfunktion für den Rest der Bevölkerung eingebüßt. An die Stelle ethisch begründeter Selbstdisziplinierung tritt der Traum vom schnellen Glück – oder schlimmer: von der lockeren Abzocke.

2.7. Die drohende Segregation

Im Grunde müsste selbst ein geringes Wirtschaftswachstum für alle eine gute Nachricht sein. Denn Wachstum beinhaltet Gewinne, die sich – theoretisch – in höheren Einkommen, neuen Arbeitsplätzen, sozialen Mindeststandards, ausgeglichenen Sozialkassen niederschlagen. Lange wurde angenommen, dass ein stetiges Wachstum die soziale Frage lösen wird. Die Praxis beweist aber etwas anderes: Die Unternehmensgewinne steigen und trotzdem werden immer mehr Menschen entlassen. Die Produktivität wird erhöht und immer weniger Menschen profitieren davon. Die öffentlichen Kassen sind leer und die Armut hat sich verschlimmert. Gleichzeitig ist dem Reichtum – wie bereits Aristoteles bemerkte – keine Grenze gesetzt (Politik I 9). Es wird alles versucht, das Geld ins Grenzenlose zu vermehren. Gerade in Amerika, das in Europa gerne als Referenz für eigene Gehaltsforderungen angeführt wird, führt der Gegensatz zwischen steigenden Managementgehältern und sinkenden Durchschnittslöhnen zu einer zunehmenden Polarisierung des Landes: „Die Armen wurden ärmer, während die Reichen zu Superreichen avancierten" (Dahrendorf 2003, 83).

Schauen wir uns die Zahlen etwas genauer an: Die *Business Week* hatte bereits am 1.Mai 1989 eine wachsende Ungleichheit konstatiert: „executive pay is growing out of all proportion to increases in what many other people make – from the worker in the plant floor to the teacher in the classroom" (Rifkin 2004, 173). Dessen ungeachtet sollte die Vergütung des Managements in den folgenden Jahren weiter unverhältnismäßig steigen: 1990 erhielt ein Chief Executive Officer (CEO) eines großen Konzerns ein durchschnittliches Jahresgehalt von 1,95 Millionen Dollar und der Durchschnittsangestellte 22976 Dollar. Im Jahr 1995 war das Salär des durchschnittlichen CEO auf 3,75 Millionen gestiegen (Wolman 1998, 123). Während er eine Gehaltserhöhung um 1,8 Millionen Dollar verbuchte, erhöhte sich der Lohn des Durchschnittsarbeiters lediglich um 4000 Dollar (ebd.). Gemäß einer Befragung von *Business Week* sind „die Gehälter der CEOs in den landesweit 362 größten Konzernen zwischen 1990 und 1995 um 92% gestiegen. Im Vergleich dazu kletterten die Unternehmensgewinne um 75%, die Löhne der Durchschnittsarbeitnehmer um 16%" (Wolman 1998, 122f.). Zehn Jahre später verzeichneten amerikanischen Unternehmen die höchsten Gewinne seit den sechziger Jahren, während die Löhne und Gehälter der Arbeiter und Angestellten die niedrigste Erhöhung seit vierzig Jahren verbuchten. Gerade einmal 3 Cents hätte deren durchschnittliche Lohnerhöhung betragen – was kaum die Inflationsrate abdeckt (Rifkin 2004, xv). In der Konsequenz ist die ökonomisch bedingte Ungleichheit in den USA heute so groß wie in keiner anderen Industrienation: „The United States has a higher level of economic inequality than any other industrial country" (Giddens 1999, 108).

Bei aller gebotenen Vorsicht gegenüber unzulässigen Verallgemeinerungen ist schwer zu bestreiten, dass sich Unternehmen in Deutschland wie in den USA sich für wirtschaftliche Erleichterungen wie Steuersenkungen bedanken, ohne ihrerseits in das Gemeinwohl zu investieren. Die betriebswirtschaftliche Vernunft folgt der Devise: „Ich spare im eigenen Betrieb; was dadurch an gesellschaftlichen Kosten entsteht, wälze ich auf andere ab" (Negt 2001, 140). In der Folge werden Gewinne privatisiert und Verluste sozialisiert. Diese radikale Verfolgung der eigenen Interessen führt am Ende keineswegs zu einer Verbesserung des gesellschaftlichen Gesamthaushaltes. Ganz im Gegenteil. In dem Maße, in dem die Unternehmensgewinne von einem kleinen privilegierten Kreis privat abgeschöpft und nicht in kollektive Lebenszusammenhänge re-investiert werden, droht der Gesellschaft eine doppelte Segregation: Auf der einen Seite werden Menschen aufgrund ihrer Arbeitslosigkeit aus der Arbeitsgesellschaft ausgeschlossen; auf der anderen Seite ist ein kleiner privilegierter Kreis drauf und dran, sich aus dem durch die gesellschaftliche Arbeitsteilung gestifteten Gesellschaftsvertrag auszuklinken und die erwirtschafteten Gewinne dem gesellschaftlichen Zugriff zu entziehen.

In amerikanischen Städten lässt sich bereits ablesen, wohin die ökonomische Spaltung der Gesellschaft in Zukunft auch in Europa führen könnte: Wohlhabende Bürger sperren ganze Wohnbezirke mit Überwachungsanlagen und Wachpersonal gegen den unerwünschten Zutritt ihrer verarmten Mitbürger ab. Welches Demokratieverständnis liegt diesem städtebaulichen Konzept zu Grunde? Soziale Exklusion gefährdet nicht allein den sozialen Frieden und die gesellschaftliche Stabilität, sie bedroht die offene Gesellschaft und damit die Grundlagen des demokratischen Zusammenlebens. Unwillkürlich stellt sich die Frage, wie weit die Freiheit in einer Gesellschaft reicht, in der die wohlhabenden Eliten und gewählten Volksvertreter aus Angst vor Anschlägen hinter gepanzerten Fenstern agieren?

In den USA beherrscht heute eine winzige kosmopolitische Elite einen Großteil des nationalen Wirtschaftslebens: „In 1989 the top 1 percent of families earned 14.1 percent of the total income in the United States, and owned 38.3 percent of the total net worth and 50.3 percent of the net financial assets of the country" (Rifkin 2004, 173). „The net worth of the nation's 834.000 richest families now totals over $ 5.62 trillion. In contrast, the net worth of the bottom 90 percent of American families is only $ 4.8 trillion". „Less than half of 1 percent of the American population now exerts unprecedented power over the American economy, affecting the lives of some 250 million Americans. This small elite owns 37.4 percent of all corporate stocks and bonds and 56.2 percent of all U.S.

private business assets" (Rifkin 2004, 174). Zur selben Zeit waren 600.000 Amerikaner obdachlos (Rifkin 2004, 180). Fast zwei Millionen feierten den Beginn des neuen Jahrtausends als Gefängnisinsassen. Und trotz eines Wirtschaftswachstums, um das die Welt die USA beneidete, lebten im Jahr 2000 über 31.000.000 Amerikaner unterhalb der offiziellen Armutsgrenze.[16]

Denjenigen, die in Europa die Vereinigten Staaten gerne als das gesellschaftliche Vorbild betrachten, gibt der amerikanische Soziologe Loïc J.D. Wacquant deshalb zu bedenken, dass laut einer Umfrage der *New York Times* „64% der Amerikaner denken, dass ihr Land 'beträchtlich vom richtigen Weg abgekommen ist'. Die Hälfte glaubt, dass 'die besten Tage Amerikas vorbei sind' [...] und 58% geben an, 'wütend auf die beiden großen Parteien' zu sein, da diese sich unfähig gezeigt haben, der fortschreitenden Verschlechterung der Arbeitsbedingungen und des Lebensstandards der Bevölkerungsmehrheit Einhalt zu gebieten" (Bourdieu 2001, 27). Ich zitiere diese Zahlen nicht, um irgendein antiamerikanisches Ressentiment zu bedienen. Deutschland hat den USA sehr viel zu verdanken. Es stellt sich aber die Frage, ob die europäische Gemeinschaft demselben Kurs folgen sollte.

Deutschland ist trotz verlangsamten Wirtschaftswachstums eine der wohlhabendsten Nationen der Welt. In ihr leben über 700 000 Millionäre, die über ein privates Barvermögen von 8 Billionen Euro auf Bankkonten verfügen. Dennoch ist die soziale Sicherung aller Bürger nicht gewährleistet. Offizielle Statistiken zählen rund drei Millionen Menschen, die unterhalb der Armutsgrenze von 940 Euro im Monat leben.[17] Diese Armut wiegt doppelt schwer, weil sie in einer der reichsten Gesellschaften der Welt auftritt. Ganz zu schweigen, von der wachsenden Zahl an Einwanderern, die aufgrund schlechter Verfahren in die Illegalität gedrängt werden. Für viele bleiben oft nur Schwarzarbeit und Kriminalität. Gleichzeitig sind die Gehälter der Beschäftigten extrem auseinander gedriftet: „Während das Nettoeinkommen des obersten Prozent der Bestverdienenden seit 1980 um 157 Prozent stieg, wuchs das durchschnittliche Familieneinkommen um gerade 0,5 Prozent."[18] Noch liegt dem allgemeinen Demokratieverständnis die Vorstellung eines Bündnisses von gleichberechtigten Bürgern zu Grunde. Aber der wirtschaftliche Wettbewerb treibt immer tiefere Gräben zwischen gesellschaftliche Gruppen und ihre Individuen.

---

16 Fischermann, Thomas (2001) „Schuften für sechs Dollar". In: *Die Zeit,* Nr. 35 vom 22.08.02, S.23.
17 Uchatius, Wolfgang (2006) „Lohnt sich das?". In: *Die Zeit,* Nr. 20 vom 11.05.06, S. 23-24.
18 Aßheuer, Thomas (2003) „Schattenboxen im leeren Ring. Mehr Freiheit? Oder mehr Gerechtigkeit?". In: *Die Zeit,* Nr. 23 vom 28.05.2003, S. 40-41.

Zu Beginn des 21. Jahrhunderts müssen wir uns wohl oder übel eingestehen, dass das Wachstum der führenden Industrienationen keineswegs allen Menschen auf der Welt zu Gute kommt. Der Kuchen wächst, mal etwas weniger, mal etwas mehr, aber doch kontinuierlich; die zu verteilenden Kuchenstücke aber fallen zunehmend unterschiedlicher aus. Es ist einfach falsch, dass der Wohlstand weniger den Wohlstand aller anheben würde. Die steigende Flut hat keineswegs alle Boote gehoben. Im Gegenteil: Die Reichen werden immer reicher, während die mittleren Einkommen stagnieren und die Ärmsten noch ärmer werden. Die ungleiche Verteilung von Reichtum hat sich weltweit dramatisch verschärft. Laut den Angaben des United Nations Development Program (UNDP) verfügt das reichste Fünftel der Weltbevölkerung über fast 90 Prozent des globalen Bruttosozialproduktes, während das ärmste Fünftel über ein Prozent verfügt (vgl. Enquete-Kommission 2002). Nach einer Berechnung der Weltbank lebt dieses ärmste Fünftel der Weltbevölkerung – also mehr als eine Milliarde Menschen – mit weniger als einem US-Dollar pro Tag (ILO 2005b, 23). Und die Hälfte der Weltbevölkerung muss mit weniger als 2 US-Dollar pro Tag zurechtkommen (ILO 2005b, 23). Weltweit leben rund drei Milliarden Menschen in bitterster Armut. Der Millenium-Gipfel der UN hat die Halbierung der ersten Zahl bis 2015 angekündigt. Eine entgegengesetzte Entwicklung ist zum gegenwärtigen Zeitpunkt aber wahrscheinlicher.

3

3.1. Die Rede vom Ende der Arbeitsgesellschaft

Vor dem Hintergrund der geschilderten Entwicklungen und vor allem ihrer historischen wie sozialen Reichweite spricht vieles dafür, dass wir auf nicht absehbare Zeit mit zahlreichen Formen von prekärer Selbständigkeit, geringfügiger Teilzeitarbeit, schlecht bezahlter Zeitarbeit und einer anhaltend hohen Arbeitslosigkeit zurechtkommen müssen. Daran wird voraussichtlich weder das gegenwärtige Wirtschaftswachstum, noch der demografische Wandel etwas ändern. Zu lange reicht die Vorgeschichte dieser Situation zurück und zu weit reichend sind die Veränderungen, welche die Arbeitsorganisation in den letzten Jahren erfasste. Zweifelsohne werden besonders qualifizierte Fachkräfte immer gesucht werden. Und die Schulabsolventen geburtenarmer Jahrgänge werden es einfacher haben, den beruflichen Einstieg zu finden. Gleichzeitig ist aber zu erwarten, dass ältere Arbeitnehmer in Zukunft länger arbeiten und mehr Arbeitssuchende aus benachbarten Staaten der EU oder aus den Entwicklungsländern auf den hiesigen Arbeitsmarkt drängen werden. Eine wirkliche Entspannung ist also keineswegs abzusehen, zumal die Unternehmen aus nachvollziehbaren Gründen gar kein Interesse daran haben können, Arbeit höher als bisher zu bezahlen, sondern ganz im Gegenteil immer nach möglichst billigen und zugleich möglichst gut qualifizierten Mitarbeitern suchen werden. Der Grund dafür liegt ganz einfach darin, dass der Wettbewerb die Unternehmen zu massiven Kosteneinsparungen zwingt. In der Konsequenz folgt das strategische Management fast zwangsläufig der Devise: so wenig fest angestelltes Personal wie nur möglich – selbst auf die Gefahr hin, dass profitable Entwicklungspotentiale aufgrund mangelnder Ressourcen verschenkt werden müssen.

Das Ende der Vollbeschäftigung

Es dürfte inzwischen hinlänglich deutlich geworden sein, dass Arbeitslosigkeit kein Randschicksal mehr ist, sondern – wie es Ulrich Beck schon vor über zehn Jahren formulierte – potentiell alle betrifft (Beck 1997, 107). In fast allen europäischen, nordamerikanischen und asiatischen Staaten sind immer mehr Menschen mindestens von einer vorübergehenden Arbeitslosigkeit betroffen. Und jeder ist auf die eine oder andere Weise davon bedroht. So erstrebenswert es auch sein mag, am Ziel der Vollbeschäftigung festzuhalten, so unwahrscheinlich ist es doch geworden, dass wir dieses Ziel in absehbarer Zeit erreichen werden. Denn niemand scheint ein wirksames Rezept zu kennen, um ausreichend Arbeitsplätze zu schaffen. Im Gegenteil spricht vieles dafür, dass der Weg zur Vollbeschäftigung endgültig verbaut ist. In der zweihundert Jahre andauernden Geschichte des modernen Industriekapitalismus blieb Vollbeschäftigung ohnedies stets auf kurze Zeiträume beschränkt, in denen es – oft in Folge eines

Krieges – vor allem an männlichen Arbeitskräften mangelte. Das deutsche Wirtschaftswunder ist dafür das beste Beispiel. Dass ausgerechnet solche Ausnahmeerscheinungen als Normalität bezeichnet wurden, musste eine offene Diskussion über die tatsächlichen Schwierigkeiten zwangsläufig erschweren. Ökonomen wie Milton Friedman bedienten sich dabei recht schlichter Tricks: statt die Arbeitslosigkeit als das schwerwiegende Problem zu diskutieren, das sie für zahllose Menschen unbestreitbar ist, wurde sie zu einem beträchtlichen Teil schlicht als unvermeintlicher Sockel und natürliche Rate einer gesunden Volkswirtschaft deklariert. Von Vollbeschäftigung ließe sich dementsprechend auch sprechen, wenn es noch zahlreiche Arbeitslose gibt...

Kapitalismus ohne Erwerbsarbeit

Womit wir also schon seit geraumer Zeit leben müssen und was wir auch als unsere zukünftige Lebenswirklichkeit offen akzeptieren sollten, ist eine Welt, in der es nicht genügend bezahlte Erwerbsarbeitsplätze für alle Bürgerinnen und Bürger gibt. Das heißt nicht, dass es nicht reichlich zu tun gebe. Das Ende der Erwerbsarbeit bedeutet keineswegs das Ende der Arbeit an sich. Im Grunde erstrecken sich die menschlichen Betätigungsfelder ins Unendliche. Was fehlt, sind schlicht bezahlte Arbeitsplätze. Die verfügbare Erwerbsarbeit reicht nicht mehr aus, um alle Gesellschaftsmitglieder in die gesellschaftliche Arbeitsteilung zu integrieren. Daran wird auch der Vorschlag nichts ändern, dass alle doch am besten selbständige Unternehmer werden sollten. Angesichts des Wettbewerbs, der in nahezu allen Marksegmenten herrscht, vermag die Selbständigkeit keineswegs immer ein ausreichendes und vor allem stabiles Auskommen zu garantieren.

In einer Gesellschaft, in der jedem zehnten arbeitsfähigen Bürger verwehrt wird, eine Erwerbsarbeit auszuüben, weil es einfach nicht genügend Arbeit gibt, und es auf absehbare Zeit auch nicht genügend Arbeit für alle geben wird, erscheint es dringend erforderlich, das moderne Arbeitsverständnis grundlegend in Frage zu stellen und über neue Perspektiven und alternative Organisationsformen des zwischenmenschlichen Zusammenlebens nachzudenken. Mit Jürgen Kocka und Claus Offe stellt sich die Frage, ob nicht eine „Neudefinition der Arbeit – einschließlich einer moralischen, politischen, ökonomischen und [...] sozialrechtlichen Normalisierung von Nicht-Erwerbsarbeit" anstehe (Kocka / Offe 2000, 14). Vieles spricht dafür, dass eine solche Neuorientierung unvermeidlich ist, will man eine weitere soziale Spaltung in wohlhabende Erwerbstätige und verelendende Erwerbslose vermeiden.

Dass sich viele Menschen in Zukunft andere Betätigungsfelder als eine Erwerbsarbeit suchen müssen, muss nicht zwangsläufig ein Problem darstellen. In der Vergangenheit wurde stets nur ein Teil der Arbeit, die in einer Gesellschaft geleistet wurde, im Rahmen geregelter Arbeitsverhältnisse vergütet. Insofern moderne Arbeitsgesellschaften insgesamt auf die Erwerbsarbeit ausgerichtet sind, erschüttert der Mangel an Erwerbsarbeit allerdings die Grundlagen des auf soziale Arbeitsteilung aufbauenden Gesellschaftsvertrages in der europäischen Moderne. Gemeinhin ist ein festes Einkommen nur zu erzielen, wenn ein Arbeitsplatz zur Verfügung steht. Da der Zugang zu den meisten Gratifikationen nur jenen offen steht, die über ein Einkommen verfügen, stellt die strukturelle Massenarbeitslosigkeit eine Bedrohung für den Einzelnen wie für das gesellschaftliche Zusammenleben dar.

Arbeit ist zentral für unser kulturelles Selbstverständnis. Mit dem Verschwinden der Arbeit geht eine Erschütterung dieses Selbstverständnisses einher. Es stellt sich die Frage, welche Folgen die Auflösung des traditionellen Normalarbeitsverhältnisses für die individuelle Lebensführung des Einzelnen und den kollektiven Zusammenhalt der Gesellschaft hat. Was wird das private Leben und das öffentliche Gemeinwesen strukturieren, wenn die Berufstätigkeit in Normalarbeitsverhältnissen dies nicht mehr leistet? Was wird an die Stelle der Erwerbsarbeit treten? Laut Jeremy Rifkin bestehen ganz verschiedene Möglichkeiten, die Zukunft der Arbeit zu denken: „Each requires a leap of human imagination: i.e., the willingness to both rethink the very nature of work as well as explore alternative ways human beings might define their role and contribution to society in the coming century" (Rifkin 2004, XXIII).

Herausforderungen

Zum gegenwärtigen Zeitpunkt gibt es Millionen von Menschen, die keine feste Anstellung finden. Das bedeutet in erster Linie eine *finanzielle Herausforderung*: Die eingeschränkte Kaufkraft der Betroffenen schwächt die Binnennachfrage und ihre Arbeitskraft bleibt ungenutzt. Die ungenutzte Arbeitskraft verursacht Kosten, insofern sie ihren Unterhalt nicht selbst erwirtschaften kann. Diese Menschen benötigen ein Existenzminimum. Es muss gesellschaftlich ausgehandelt werden, worin dieses Minimum besteht. Aus staatlicher Perspektive ist Arbeitslosigkeit vor allem ein wirtschaftliches Problem. Dem Staat entstehen durch die registrierte Arbeitslosigkeit gewaltige Kosten an Mindereinnahmen und Mehrausgaben. Während immer weniger Menschen in die öffentlichen Renten-, Kranken- und Steuerkassen einzahlen, sind immer mehr Menschen auf den Bezug von Sozialleistungen wie Arbeitslosengeld, Renten- und Krankenversicherung, Wohngeld, usw. angewiesen.

Die Massenarbeitslosigkeit ist aber nicht nur ein wirtschaftliches, sondern auch ein *soziales Problem*: Neben der unvermeidliche Frage nach der Verteilungsgerechtigkeit stellt sich die Frage, was Millionen von Menschen machen werden, wenn es tatsächlich keine neuen Stellen gibt? Was wird mit all den

Menschen passieren, die keine bezahlte Erwerbsarbeit finden? Was sollen sie mit ihrer Zeit anfangen? „'Where will all these [unemployed] people go?'" (Rifkin 2004, 11). Als vollwertiger Bürger anerkannt zu werden, beinhaltet nicht nur ein Auskommen zu haben, das einem das Überleben sichert. Es beinhaltet das Recht darauf, an den sozialen, kulturellen und politischen Praktiken der Gesellschaft zu partizipieren. Das impliziert wiederum angemessene Bildungsmöglichkeiten und soziale Integration. Insofern mit Arbeitslosigkeit oft Identitätsverluste und Sinnkrisen einhergehen, müssen sich die Betroffenen neue Betätigungsfelder suchen, um Selbstbestätigung und soziale Anerkennung zu finden. Wir müssen andere Modelle finden, um die Menschen nicht allein aufgrund ihrer Arbeit in die Gesellschaft zu integrieren, sondern andere Möglichkeiten des sozialen Engagements und der gesellschaftlichen Anerkennung entwickeln. In diesem Sinne geht es um nicht weniger als das gesellschaftliche Grundverständnis von Arbeit in Frage zu stellen und andere Formen sozialer Integration in die arbeitsteilige Gesellschaft auszuarbeiten.

Um all diese Herausforderungen bewältigen zu können, sind alle Bürgerinnen und Bürger gefragt. Einige Probleme können privat angegangen werden, andere nur gemeinsam. Letztlich ist die Arbeitslosigkeit deshalb eine *politische Herausforderung*. Wir müssen uns darüber verständigen, wie das Gemeinwesen mit der Massenarbeitslosigkeit umgehen soll. Dafür bedarf es einer öffentlichen Debatte. Die Aufgabe der Politik besteht darin, die aus diesem Verständigungsprozess hervorgehenden Strategien zu verwirklichen.

Bei der Bewältigung dieser Herausforderungen erscheint es als sinnvoll, ältere Vorschläge nicht ganz und gar in Vergessenheit geraten zu lassen. So wird das Ende der industriell geprägten Arbeitsgesellschaft spätestens seit den 1980er Jahren regelmäßig diskutiert. Für Hannah Arendt ging der Arbeitsgesellschaft – wie sie es 1958 in *Vita activa* formuliert hatte – sogar schon Mitte der 1950er Jahre die Arbeit aus. Freilich nicht die Arbeit an sich, sondern die bezahlte Erwerbsarbeit. Das hätte nicht allein die anhaltend hohe Arbeitslosigkeit, sondern auch die Reduzierung der Lebensarbeitszeit in den letzten hundert Jahren gezeigt. Aus der Vogelperspektive gehe die Verlängerung der Lebenserwartung einher mit einer Verkürzung der Lebensarbeitszeit. Die Erweiterung der Bildungschancen ermögliche vielen Menschen eine bessere Ausbildung, so dass sie länger eine Schule besuchen und später in das Arbeitsleben einträten. Gleichzeitig sei die Zahl der Frühpensionierungen gestiegen. Auch das Arbeitsjahr sei kürzer geworden. Neben der Fünftagewoche gebe es eine ganze Reihe an öffentlichen Feiertagen. Für viele Arbeitnehmer sei die Arbeitswoche geschrumpft. Für Ralf Dahrendorf war deshalb spätestens Anfang der achtziger Jahre „der Weg zurück zur Arbeitsgesellschaft verbaut" (Dahrendorf 1982, 34), was ihn unwillkürlich zu der Frage nach möglichen Alternativen führte: „Wohin führt der Weg, der mit dem Ende der Arbeit beginnt?" (Dahrendorf 1982, 30).

Eine Antwort auf diese und ähnliche Fragen suchten Wissenschaftler auf dem Bamberger Soziologentag 1982. Für Oskar Negt gehört der zugehörige Tagungsbericht zu den bedeutendsten Dokumenten der Nachkriegssoziologie, weil hier zum ersten Mal nach dem Frankfurter Soziologentag 1968 wieder über gesamtgesellschaftliche Strukturprobleme nachgedacht wurde (Negt 2001, 128f.). 1982 war die Arbeitslosigkeit zum ersten Mal in der Geschichte der Bundesrepublik über zwei Millionen geklettert. Eine Zahl, die das wiedervereinigte Deutschland gegenwärtig zweifelsohne sehr erfreuen würde. Die fortschreitende Technologisierung der Arbeitsabläufe und die in den automatisierten Fabriken gesteigerte Produktivität hatten die menschliche Arbeitskraft zunehmend als entbehrlich erscheinen lassen. Gleichzeitig war in allen nordwesteuropäischen Staaten ein allgemeines Wohlstandsniveau erreicht, das die Versorgung aller Bürger grundsätzlich gewährleistet hätte. Die Verringerung der Arbeitszeit bzw. der Verlust des Arbeitsplatzes mussten die individuelle Lebensführung nicht zwangsläufig erschüttern oder gar existenziell gefährden. Warum sollte man also weiter an der Arbeit festhalten? Hatte das bürgerliche Arbeitsverständnis nicht Freiheit und Wohlstand aller Bürger verheißen? Die Hoffnung auf ein von der Mühsal und Plage der Arbeit befreites Leben zieht sich durch das gesamte 20. Jahrhundert. Wirtschaftskrisen, Massenarbeitslosigkeit, Kriege sollten diese Hoffnungen wieder und wieder begraben. Mit der fortschreitenden Technologisierung der Arbeit rückte die Verwirklichung dieser Vision zum ersten Mal in greifbare Nähe. Schon glaubte man sich der Erfüllung eines Menschheitstraumes nahe: der Befreiung breiter Bevölkerungsschichten von der Mühsal und Plage der Arbeit zu Gunsten sozialer, kultureller oder politischer Aktivitäten.

Eine kurze Geschichte des Arbeitsbegriffes

Tatsächlich ist Arbeit alles andere als die vermeintliche Selbstverständlichkeit, als die sie heute erscheint. Jede Kultur wusste um das Privileg derjenigen, die von der Mühsal und Plage der Arbeit befreit, einer Religion, Kunst, Wissenschaft oder Politik nachgingen, die gerade nicht als Arbeit, sondern als freie Tätigkeit verstanden wurden. So war in der griechisch-römischen Antike kein Begriff der Arbeit im heutigen Sinne geläufig. Der griechische Bürger war gerade durch die Befreiung von der Notwendigkeit, sich körperlich abmühen zu müssen, gekennzeichnet. Arbeit in diesem Sinne war Ausdruck der Unfreiheit. Sie war Sache der Sklaven und Unfreien. Dagegen galt die von Arbeit befreite Zeit, über die man selbst freien Willens verfügen kann, als erstrebenswertes Ideal. Für Platon, der sich klar gegen den Müßiggang aussprach, war die Lebensweise des körperlich Arbeitenden unvereinbar mit der bürgerlichen Tugend.

Auch für Aristoteles schlossen sich Arbeit und Tugend (*areté*) bzw. Bildung (*paideìa*) gegenseitig aus (Politik III 5). Arbeit hindere den Menschen an Kontemplation und Muße. Deshalb kennzeichne den Bürger nicht Arbeit, sondern angemessene Tätigkeit (*práxis*). Insofern das Lebensziel in seinem Wohlgelingen bestehe, sei das tätige Leben das beste Leben (Politik VII 4). Dabei brauche eine Tätigkeit nicht zwangsläufig auf ein erfolgreiches Handeln ausgerichtet sein. Das tätige Leben konnte sich auch auf eine Betrachtung der Gedanken beziehen. In diesem Sinne seien die geistigen Baumeister sogar die eigentliche Tätigen (ebd.). Erst die von den alltäglichen Verrichtungen der Existenzsicherung entlastete Zeit ermöglichte eine freie und selbst bestimmte Beschäftigung, die die Grundlage unserer Kultur, unsere Wissenschaft, Kunst und Politik hervorbringen sollte.

Das Christentum wertete die Arbeit in Opposition zu aristokratischen Lebensformen zwar grundlegend auf, gestand ihr aber keinerlei Eigenwert zu. Arbeit sollte vielmehr der Vollendung des göttlichen Werkes dienen. Mit der Schöpfung war die Arbeit von Anfang an als göttlicher Auftrag gegeben. Aber erst mit der Vertreibung aus dem Paradies wurde sie zu einer Last: „So soll nun der Acker verflucht sein um deinetwillen; unter Mühsal sollst du dich von ihm nähren... Im Schweiße deines Angesichts sollst du dein Brot essen, bis du zum Erdboden zurückkehrst" (Gen. 3,17-19). Mit der Gründung des Benediktinerordens im sechsten Jahrhundert galt das Motto: Ora et labora – bete und arbeite. Mit der Mühsal war zugleich die Möglichkeit zur Sühne und folglich zum Segen gegeben. Arbeit wurde zu einer Art Gottesdienst. Sie war nicht Selbstzweck. Sie sollte ‘um Gottes Willen’ und ‘von Herzen’ getan werden, dem Nächsten zu Liebe und der Gemeinde dienend. Gleichzeitig wurde sie stets entschieden begrenzt, um sich Gott in Ruhe zuwenden und ungestört seinem Glauben widmen zu können.

Der entscheidende Bruch mit der christlichen Arbeitsmoral vollzog sich in der italienischen Renaissance. Ihm zu Grunde liegt ein Wandel der allgemeinen Wirtschaftsmoral. Hubertus Busche beschrieb diesen Wandel als *moralische Entgrenzung der Ökonomie* in der frühen Neuzeit (Busche 2002, 1). Die mittelalterliche Moral hatte das gewinnorientierte Wirtschaften begrenzt. Die Moral der Renaissance öffnete sich dagegen dem ökonomischen Rationalismus und vollzog eine Neubewertung des irdischen Wohlstands. Das Streben nach Gewinn wurde nicht mehr als verwerflich, sondern als erstrebenswert bewertet. Privater Reichtum sei ein Segen für das Gemeinwohl. Erst der Reichtum ermögliche eine Entfaltung des Stadtstaates, seiner Infrastruktur, seiner militärischen Macht, seiner Paläste und Wohnhäuser, seiner Kirchen und Universitäten, seiner Künste und Wissenschaften. Folglich könne es gar nicht genug Reichtum geben. Die mittelalterliche Beschränkung auf den persönlichen Bedarf wurde geradezu gesprengt. An ihre Stelle trat das Leitbild eines wirtschaftlichen Haushaltens, das sich an Gewinnmaximierung und produktionssteigernden Tugenden wie Fleiß orientierte. Unproduktive Lebens- und Wissensformen wurden dagegen moralisch stigmatisiert. Das traf in erster Linie das Bettelmönchtum. Wer 'faul und träge' war, sollte „entweder zur Arbeit gezwungen oder aus der Gemeinde verbannt werden" (vgl. Busche 2002, 15).[19] Mehr und mehr gerieten privater und öffentlicher Raum in die Maximierungslogik ökonomischer Rationalität und wirtschaftlicher Effizienz. In diesem Sinne ging aus der von Busche überzeugend dargestellten Grenzverschiebung innerhalb der Moral des Wirtschaftens die Grundlage für alle späteren ökonomischen Theorien hervor.

Der moderne Arbeitsbegriff, wie er bis in unsere Gegenwart hinein maßgebend bleiben sollte, ist vor allem eine Idee des 17. und 18. Jahrhunderts. Sein Aufstieg wurde getragen von der Hoffnung auf Emanzipation. Der Einsatz der neuen Wissenschaften und Techniken des 17. Jahrhunderts bestand in erster Linie in der Bewältigung der Natur (Bacon 1963, 136). Arbeit und Technik sollten die Natur auf eine neue Art und Weise nutzbar machen und einen Wohlstand erwirtschaften, der allen Menschen ein weitgehend freies und selbstbestimmtes Leben erlaube. Arbeit und Technik begründeten die Hoffnung des neuzeitlichen Subjekts auf Autonomie (Descartes). In der Folge begann sich der neuzeitliche Arbeitsbegriff aus seiner Verflechtung mit früheren Bedeutungen wie Armut, Mühe, Last zu lösen. Laut John Locke verleihe die Arbeit den Dingen ihren natürlichen Wert und dem Menschen ein natürliches Recht auf Eigentum (Locke 1970, 26ff.). Deshalb sollte sie immer weniger als Last und immer mehr als Lust empfunden werden. Ab der Mitte des 18. Jahrhunderts durchdrang ein entsprechendes Erziehungsprogramm Bildungstheorien und Schulen. Arbeit wurde als produktive Leistung bestimmt und nach ihrem ökonomischen Effekt bemessen. Das Leistungs- und Konkurrenzprinzip entstand. Insofern die Arbeit als Quelle der nationalen Wertschöpfung betrachtet wurde, forderten Nationalökonomen die Steigerung der Produktion und des Wachstums. Mehr und mehr wurde die Arbeit zum maßgeblichen Wertschöpfungs- und Produktionsfaktor und der Arbeitsbegriff schließlich zu einem zentralen Begriff der ökonomischen Theorie (Smith).

Im Verlauf der Französischen Revolution wurde diese emanzipatorische Kraft der Arbeit von der Natur auf die Gesellschaft übertragen: Demnach beruhe der Wohlstand der Nation in erster Linie auf Arbeit, die Arbeit leiste aber vor allem der dritte Stand. Deshalb forderte dieser eine gerechtere Verteilung des erarbeiteten Vermögens und der auf ihm beruhenden politischen Macht. Die

---

19 Forderung von Palmieri zitiert nach McGovern (1970) „The Rise of New Economic Attitudes". In: *Traditio* 26 (1970), S. 217-253.

Arbeit wurde zu einem zentralen Begriff des revolutionären Kampfes. Diese emanzipatorischen Implikationen des Arbeitsbegriffes griff der deutsche Idealismus auf seine eigene Art und Weise auf. Laut Fichte sei das Ziel aller Arbeit die Verwirklichung menschlicher Freiheit (Fichte 1812, 542ff.). Die Arbeit sollte endgültig aufhören, Last zu sein; sie sollte leichter und weniger werden. Sie sollte den Menschen von der Mühsal und Plage befreien, und einen ihm würdigen Zustand der selbst bestimmten Tätigkeit und freien Muße ermöglichen. Arbeit blieb zwar unentbehrliches Mittel der individuellen Lebensmeisterung. Sie sollte aber der allgemein menschlichen 'Vervollkommnung' (Fichte) und 'Veredelung' (Schleiermacher) dienen, dem Fortschreiten des Zivilisationsprozesses.

Im dritten Band des *Kapital* schließt Karl Marx an diese Gedanken an. Dabei unterscheidet er zwischen dem Reich der Notwendigkeit, das aus allerlei Gründen sein müßte, um die für das Überleben notwendigen Dinge zu erwirtschaften, auf der einen Seite und dem Reich der Freiheit, in dem die Mensch ihr selbst bestimmen könnten, auf der anderen Seite: In seinen Augen beginne das Reich der Freiheit: dort, wo das Reich der Notwendigkeit endet: "Der wirkliche Reichtum der Gesellschaft [...] hängt also nicht ab von der Länge der Mehrarbeit, sondern von ihrer Produktivität und von den mehr oder minder reichhaltigen Produktionsbedingungen, worin sie sich vollzieht. Das Reich der Freiheit beginnt in der Tat erst da, wo das Arbeiten, das durch Not und äußere Zweckmäßigkeit bestimmt ist, aufhört; es liegt also der Natur der Sache nach jenseits der Sphäre der eigentlichen materiellen Produktion. [...] Jenseits [des Reiches der Notwendigkeit] beginnt die menschliche Kraftentwicklung, die sich als Selbstzweck gilt, das wahre Reich der Freiheit, das aber nur auf jenem Reich der Notwendigkeit als seiner Basis aufblühen kann. Die Verkürzung des Arbeitstags ist die Grundbedingung" (Marx 1867c, 828f.).

Für Ralf Dahrendorf sind dies Denkfiguren, die sich auf bemerkenswerte Art und Weise bis heute erhalten haben: "Arbeit muß sein, aus allerlei Gründen [...] Aber was sein muß, ist nur ein Teil des Lebens; wichtiger wird zunehmend der andere Teil [...] Nach der Arbeit beginnt die Freizeit, das Vergnügen" (Dahrendorf 2003, 58). Die Welt der Arbeit bliebe ein Reich der Notwendigkeit. Sie ließe sich menschenwürdig gestalten, bliebe aber unzähligen Zwängen unterworfen. Der moderne Kapitalismus ermögliche es, die Arbeitsproduktivität zu steigern. Es könne mehr Output mit weniger Input produziert werden. Dieselbe Leistung werde mit weniger Arbeit erbracht, so dass die Arbeitszeit verkürzt werden könnte, ohne dass die Gesamtproduktion leide (ebd.). Das Reich der Freiheit öffne sich. Die Menschen gewännen Zeit, um "heute dies, morgen jenes zu tun" (Marx/ Engels 1957, 30).

Der Triumph der Technik

Unsere neuzeitlichen Vorstellungen von Arbeit und Technik sind eng verwoben mit der Hoffnung auf Freiheit und Selbstbestimmung. Diese Hoffnung ist tief in unserer Kulturgeschichte verwurzelt. Am Ende des 20. Jahrhunderts wird das Versprechen der Technik, der „Pest der Arbeit" – wie Alexis de Tocqueville schrieb – ein Ende zu machen, aus technologischer Perspektive tatsächlich in einem gewissen Sinne eingelöst (Postman 1999, 49). Die Weltwirtschaft ist in der Lage, so viele Güter herzustellen und so viele Dienstleistungen anzubieten, wie niemals zuvor in der Menschheitsgeschichte. Die meisten Haushalte besitzen längst mehr als einen Fernseher, einen Computer, ein Auto. Die deutsche Landwirtschaft füllt Milchseen und häuft Butterberge an. Tag für Tag werden unzählige Tonnen an Lebensmitteln weggeschmissen. Die durch Massentierhaltung provozierten Geflügelpest und Rinderseuchen katapultieren Tausende von Tieren auf den Scheiterhaufen, ohne dass deshalb die Versorgungslage schlechter oder gar der Preis für Fleisch höher werden würde. In manchen Städten stehen so viele Wohnungen leer, dass ganze Gebäude abgerissen werden. Wir können zwischen fünfzig Fernsehkanälen und zahllosen Buchtiteln, Hörspielen, Popsongs wählen. Ein Flug von London nach Rom oder von Paris nach Berlin ist für ein paar Euro zu haben. Ein Telefonat zwischen Tokio und New York via Internet ist inzwischen kostenlos. All dies wird mit immer weniger Arbeitskräften vollbracht. Produktivitätssteigerung heißt nichts anderes, als dass mehr Output mit weniger Input produziert werden kann. Nichts belegt den Erfolg des Kapitalismus daher besser, als die Tatsache, dass er das Zeitalter der Vollbeschäftigung beendet hat. Betrachtet man diesen Triumph der Technik, ist nicht ganz auszuschließen, dass wir einem goldenen Zeitalter der unbegrenzten Produktion und Konsumption entgegensteuern. Das wird aber sicher nicht von alleine passieren. Alles hängt davon ab, inwiefern dieser historisch einzigartige Erfolg einer Minderheit oder einer Mehrheit der Menschheit zu Gute kommen wird.

Paradoxien der kapitalistischen Modernisierung[20]

Es ist paradox, dass uns diese eigentlich doch erfreuliche Aussicht solche Kopfschmerzen bereitet. Bis vor kurzem galt die Leistungsfähigkeit der modernen Ökonomie, immer mehr materielle und immaterielle Güter mit immer weniger Arbeitskräften bereitzustellen, geradezu als Inbegriff industriellen Fortschritts.

---

20 Den Paradoxien der kapitalistischen Modernisierung widmet das Frankfurter Institut für Sozialforschung seit 2002 einen eigenen Forschungsschwerpunkt unter der Leitung von Axel Honneth. Untersucht werden soll, „wie heute in kapitalistischen Gesellschaften dieselben Strukturwandlungen, die einerseits normative Fortschritte bedingen, diese gleichzeitig auch wieder in Frage stellen" (Honneth 2002, 9).

In der Arbeitswelt der Gegenwart führt der Weg aus der Unfreiheit des Arbeitslebens nicht in die lang ersehnte Freiheit, sondern lediglich in die Unsicherheit prekärer Beschäftigungsverhältnisse und die Unfreiheit der Arbeitslosigkeit. Bestand das Versprechen der Technik lange Zeit darin, das Leben zu erleichtern und die Menschen von der Mühsal und Plage der Arbeit zu befreien, wird diese Befreiung in der Gegenwart als eine soziale Bedrohung und Gefährdung der individuellen Lebensführung erfahren. Das Paradox der kapitalistischen Modernisierung ist offensichtlich: Einerseits bringt sie ein effizientes System technischer Arbeitsorganisation hervor, das unvorstellbare Arbeitszeitersparnisse ermöglicht; andererseits resultieren aus der dadurch freigesetzten Zeit zunehmend Elend und Not, weil es nicht gelingt, die produzierten Reichtümer wirksam zu verteilen, und die Gesellschaft die gewonnene Zeit nicht als Raum der freien Selbstbestimmung wertzuschätzen weiß. Der fatale Widerspruch besteht darin, dass die steigende Produktivität gerade nicht zu mehr Freiheit, sondern im Gegenteil zu mehr Wettbewerb und damit zu Unfreiheit führt. Das gilt nicht nur für Arbeitslose, sondern ebenso für abhängige Lohnempfänger und selbständige Unternehmer. Wir erleben die absurde Situation, dass wir in einer Gesellschaft leben, in der viele unfrei sind, weil sie keine Arbeit und kein Auskommen haben. Die anderen aber ebenso unfrei sind, gerade weil sie arbeiten und diese Arbeit sie ganz und gar beansprucht. Die Möglichkeiten, unser Leben wirklich selbst zu bestimmen, sind sehr viel geringer, als es auf den ersten Blick erscheint. Das gilt freilich vor allem für diejenigen, die aufgrund einer schlechten Ausbildung keine Aussicht auf Erfolg im Wettbewerb haben. Es gilt aber auch für diejenigen, die die normative Leistungsethik verinnerlicht haben und erfolgreich ihren Weg gehen. Denn sobald sie versuchen, ihr Leben in anderen als den vorgegebenen Kategorien zu gestalten, bekommen sie große Schwierigkeiten und die disziplinierende Gewalt der herrschenden Normen zu spüren. Es ist gewissermaßen unmöglich, sich eine Auszeit für eine lange Reise oder eine ausgedehnte Lektüre zu nehmen, ohne dafür nicht mindestens misstrauisch betrachtet zu werden. Kaum eine Karriere akzeptiert eine allzu lange Lücke, oder gar einen Bruch, der eine Neuorientierung erforderlich macht. Selbst die Vereinbarung von Beruf und Familie wird unnötig erschwert. Die Freiheit, die uns Arbeit und Technik einst in Aussicht stellten und den gesamten Modernisierungsprozeß vorwärts trieb, diese Freiheit erscheint heute so nah wie niemals zuvor – und zugleich ferner denn je.

Soziokulturelle Folgen des Fortschritts

Es gehört zum Grundbestand der modernen Soziologie, dass der wissenschaftlich-technische Fortschritt nicht einfach das Ergebnis kollektiver Anstrengung ist, sondern seinerseits auf die soziale Lebenswelt zurückwirkt. Der Einzelne wie die Gesellschaft sieht sich mit spezifischen Anforderungen konfrontiert, welche aus neuen Entwicklungen und der Notwendigkeit laufender Innovationen hervorgehen. So sind moderne Gesellschaften darauf angewiesen, ihr Bildungssystem an den für die Beherrschung komplexer Technologien erforderlichen Kenntnissen auszurichten. Während in der Vorstellung neuzeitlicher Fortschrittsoptimisten wie Francis Bacon oder Condorcet wissenschaftlichtechnischer Fortschritt zwangsläufig zu einer Verbesserung gesellschaftlicher Lebensverhältnisse führe, blicken wir spätestens seit Mitte des 20. Jahrhunderts sehr viel pessimistischer in die Zukunft. Mit der zunehmenden Verfügungsgewalt hat nicht allein die Gestaltungsmacht des Menschen zugenommen, sondern ebenso seine Verantwortung für neuartige Gefahren und Risiken. Ob der Mensch dieser moralischen Herausforderung, die aus seiner auf Wissen beruhender Macht, gewachsen sein wird, muss angesichts wahnwitziger Rüstungsausgaben, fanatischer Terroristen und uneinsichtiger Diktatoren mehr als bezweifelt werden. Dennoch führt uns gerade die Konfrontation mit dem Äußersten häufig vor Augen, dass sich letztlich die vernünftig begründbare Einsicht durchsetzt. So gibt die Tatsache, dass der kalte Krieg überwunden, die europäische Einigung voranschreitet und selbst der Klimaschutz inzwischen zu einem globalen Anliegen geworden ist, berechtigten Grund zur Hoffnung. Es wird vieles davon abhängen, inwiefern unsere praktische Vernunft mit dem wissenschaftlich-technischen Fortschritt umzugehen vermag. Das aber ist vor allem eine Frage gemeinsamer Reflexion und politischen Gestaltungswillens - und nicht allein wettbewerbsorientierter Selbstoptimierung und effizienter Rationalisierung. Dementsprechend besteht die Aufgabe stets aufs Neue darin, zwischen berechtigten Forderungen, die zum Gelingen des gesellschaftlichen Lebens erforderlich sind, und solchen, die das Leben des Einzelnen wie der Gemeinschaft zu beschädigen drohen, vernünftig zu unterscheiden. Eine gewisse Anpassung der individuellen Lebensführung und sozialen Lebenswelt an den technischen Fortschritt und die ökonomischen Sachzwänge ist unvermeidlich - allein um den Alltag aufrechtzuerhalten. Gleichzeitig sind diese Zwänge von Menschen geschaffen, so dass ihre Korrektur in den meisten Fällen nicht bloß möglich, sondern moralisch geboten ist, sobald der von ihnen provozierte Schaden das vernünftig zu rechtfertigende Maß überschreitet. In Bezug auf das Verhältnis von Arbeit und Leben heißt das nichts anderes, als dass in einer Gesellschaft, in der die Vorstellung subjektiver Freiheit zum traditionellen Selbstverständnis der Individuen zählt, die Forderung nach einer Preisgabe der Freiheit, wie sie im gegenwärtig weit verbreiteten Anspruch auf eine maßlose Verwertung der Arbeitskraft und Lebenszeit zum Ausdruck kommt, nicht widerspruchslos akzeptiert werden kann.

Sozialisierung für die Berufsfähigkeit

Im Alltag ist ein solcher Widerstand freilich alles andere als einfach zu praktizieren. Bereits das Kind sieht sich mit unzähligen Erwartungen und Forderungen in Bezug auf die spätere Berufsarbeit konfrontiert. Spielerisch übt es soziale Rollen ein, die durch die Erwerbsarbeit definiert sind. Die Frage, welchen Beruf es einmal ergreifen möchte, wird früh im Bewusstsein verankert. Dabei blickt es auf ein Arsenal an bereits etablierten Lebensentwürfen, die es in der Familie, im Freundeskreis, im Fernsehen kennen lernte. Letztlich hat das Kind keine Vorstellung davon, was es tatsächlich heißt, diesen oder jenen Beruf auszuüben. Die Entscheidung für das eine und gegen das andere wird – bei aller Neigung oder Abneigung – unwillkürlich zufällig gefällt. Mit den Jahren nimmt die Erwartung der Erwachsenen, was man nun aus seinem Leben machen möchte, zu. Es wächst der Druck, sich in eines der bestehenden Berufsbilder einzuordnen. Die Einordnung verspricht Sicherheit und Stabilität. Sie ermöglicht es einem – in den bestehenden Kategorien des bürgerlichen Lebens – zu sagen, wer man ist. Die Einordnung hat aber auch ihren Preis. Sie beinhaltet die Unterordnung unter Spielregeln, die man nicht selbst formuliert hat und die unter Umständen nicht auf die eigene Person zugeschnitten sind. Ob Schule oder Beruf, allgemeine Vorschriften, festgelegte Zeiteinteilungen, vorgegebene Anforderungen geraten in Konflikt mit den persönlichen Bedürfnissen, subjektiven Erwartungen, individuellen Stärken und Schwächen des Einzelnen. Im Alltag stehen die eigenen Vorstellungen oft den gegebenen Möglichkeiten gegenüber. Wird dieser Widerspruch bewusst reflektiert, bilden beide Pole ein produktives Spannungsverhältnis, das den Einzelnen abwechselnd dazu anhält, nach Strategien der Realisierung oder Perspektiven der Umorientierung zu suchen (Egbringhoff 2003, 33). Nicht immer gelingt die Vermittlung. Insbesondere unerfahrene Berufsanfänger suchen nach akzeptablen Kompromissen zwischen den persönlichen Ansprüchen und den professionellen Angeboten. Bei den Jugendlichen, deren Wünsche und Hoffnungen noch ungebrochen sind, „entspricht der angebotene Arbeitsplatz nur sehr selten den Erwartungen" (Bourdieu 2001, 61). In den meisten Fällen besteht eine Kluft „zwischen dem Streben und Sehnen, den Erwartungen der Jugendlichen [...] und den Erfordernissen des Arbeitsmarktes" (Bourdieu 2001, 59). Die Erwerbsarbeit erfordert eine Reihe von Anpassungen, die in einem Widerspruch zu den persönlichen Lebensentwürfen stehen. Gleichzeitig bietet keine der in Aussicht gestellten Berufsrollen eine langfristige Erfolgsperspektive, die eine Festlegung rechtfertigen würde. Der Arbeitsalltag bringt es mit sich, dass das Leben, die Tagesabläufe, die Gewohnheiten, die Träume, in Bezug auf die Arbeit angeordnet werden. Aus der Sicht der Arbeitgeber müssen sich die Jugendlichen erst an die Arbeitsanforderungen anpassen.

Abweichendes Verhalten wird sanktioniert. Viele Jugendliche sind von ihren ersten Arbeitserfahrungen enttäuscht (Bourdieu 2001, 63). Der Arbeitsalltag erweise sich als langweilig. Diejenigen, die Vorschläge machen, würden nicht ernst genommen. Eine solche Missachtung der individuellen Ansprüche, die das Subjekt an seine Umwelt heranträgt, macht ihm unmissverständlich deutlich, dass der Einzelne auf die Anerkennung durch Andere angewiesen ist.

Im Laufe der Zeit schlägt sich die Berufstätigkeit in unserem Verhalten, unseren Gewohnheiten, unserem Körper, unserer ganzen Person nieder. Wir üben bestimmte Verhaltensmuster ein, die unserer beruflichen Position entsprechen. Wir schulen uns an Vorbildern. Wir reiben uns mit Kollegen. Wie erleiden Verletzungen und Niederlagen. Wie erleben Erfolge. Wir entwerfen Visionen, die uns über die gegenwärtige Situation hinausführen sollen. Kurz, wir arbeiten uns an den gegebenen Spielregeln ab. Wir passen uns an, widersetzen uns, versuchen die Situation zu verändern, erfinden uns neu. Darin kommt durchaus eine Freiheit zum Ausdruck, die uns letztlich niemand nehmen kann. Der Einzelne ist den Anforderungen, die an ihn heran getragen, den Regeln, die ihm auferlegt werden, nicht wehrlos ausgeliefert. Er hat die Freiheit, sich zu widersetzen. Wer seine Freiheit solchermaßen beansprucht, setzt sich selbst der Gefahr aus. Sein Leben kann einfacher, aber auch schwieriger werden. So entsteht ein innerer Konflikt zwischen dem subjektiven Bedürfnis, die eigene Würde und Selbstachtung zu wahren, auf der einen Seite und der objektiven Erfordernis, sich bestimmten Machtverhältnissen zu fügen, auf der anderen. In der Regel bleibt dieser Konflikt ein Leben lang latent. Dementsprechend geht es darum, das Verhältnis von Individuum und Gesellschaft stets aufs Neue auszubalancieren. In der Gegenwart wird uns häufig suggeriert, dass die Lohnarbeit per se der Selbstverwirklichung diene (Bourdieu 2001, 72). Nicht selten droht sie aber den Erfindergeist, die Einbildungskraft, den Tatendrang des Einzelnen zu schwächen (Gorz 2000, 12). Statt seine Potentiale auf vielfältige Art und Weise zur Entfaltung zu bringen, werden seine reichhaltigen Möglichkeiten begrenzt. Konkurrenz und Kontrolle drohen die Initiative des Individuums zum Erliegen zu bringen. Die Betroffenen laufen Gefahr, sich entmutigt und frustriert zurückzuziehen. Wie aber kann eine Gesellschaft funktionieren, deren Großteil von Angehörigen sich durch Unsicherheit, erzwungene Unterwürfigkeit und unentwegte Konkurrenzkämpfe auszeichnen? Betrand Russel erinnerte daran, dass eine lebendige Gesellschaft des Gegenteils bedarf: "Guten Mutes zu sein, ist die sittliche Eigenschaft, deren die Welt vor allem und am meisten Bedarf, und Gutmütigkeit ist das Ergebnis von Wohlbehagen und Sicherheit, nicht von anstrengendem Lebenskampf" (Russel 2002, 31).

Wer im Arbeitsalltag bestehen will, braucht festen Boden unter den Füßen. Wer sich im Wettbewerb behaupten will, kann keine Irritationen gebrauchen. Er darf sich Fehler nicht zu sehr zu Herzen nehmen. Er muss an seine Fähigkeiten glauben. Er muss davon überzeugt sein, das Richtige zu tun. In einem gewissen Sinne muss er einem dreifachen Wahn erliegen: dass auf die Welt, in der er sich bewegt, Verlass ist; dass das Ziel, das er sich setzt, den Einsatz wert ist; dass der Weg, den er wählt, erfolgreich zum Ziel führt. Wollen wir unseren Willen zum Handeln nicht lähmen, haben wir letztlich keine andere Wahl, als mit dieser Illusion zu leben. Im Arbeitsalltag wird alles versucht, die eigene Unsicherheit zu überwinden. Der Wettbewerb zwingt uns dazu. Wer erfolgreich sein will, muss an sich glauben. Doch nicht immer gelingt es, die Illusion einer ungefährdeten Existenz aufrechtzuerhalten. So sehr man sich auch bemühen mag, so wenig lassen sich hereinbrechende Zweifel immerfort abwehren. Keine Panzerung genügt, um die eigene Verletzlichkeit ganz und gar zu verbergen. Das soziale Netz, das uns hält, kann reißen; die Sprache, die uns stützt, kann zerfallen; der Körper, der uns am Leben erhält, erkranken.

In Situationen wie diesen, bricht etwas von jener existenziellen Unbestimmtheit hervor, die unser Dasein laut Kierkegaard auszeichne. Diese Unbestimmtheit ängstigt uns nicht ohne Grund. Was dem Ich droht, ist die Diffusion im Fluss der Zeit, im Wandel der Dinge, in der Unbeständigkeit und Ereignishaftigkeit des Wirklichen. Aus dieser Perspektive lautet das Versprechen, das uns die Arbeit gibt, nicht Befreiung aus einem bedrückenden Umfeld, sondern Erlösung aus der Unbestimmtheit: „Die eigene Lebensgeschichte mittels harter Arbeit zu organisieren, kann als kleines Licht in der Dunkelheit dienen" (Sennett 2000, 140). Die Bestimmung des menschlichen Daseins als ein arbeitendes Tier kann den Einzelnen entlasten, weil es die Offenheit möglicher Lebensentwürfe auf ein erträgliches Maß reduziert. Letztlich stellt die Selbstbeschränkung unseres Lebens auf die eine oder andere Form der Erwerbsarbeit aber eine Einschränkung unserer Entwicklungsmöglichkeiten dar. Sein Leben aus dieser Beschränkung zu befreien, würde demnach bedeuten, das Feld der Möglichkeiten zu vergrößern, innerhalb dessen Selbstbestimmung möglich ist.

Die Frage, die daran anschließt, lautet, wie wir den vielschichtigen Lebenswirklichkeiten des Einzelnen gerecht werden können. Die vielfältigen Dimensionen des menschlichen Daseins und das Spektrum von berechtigten Forderungen nach Anerkennung lassen sich nicht folgenlos auf die Dimension der Selbstverwirklichung in der Erwerbsarbeit reduzieren (Honneth 1994, 231). Die Arbeit ist nicht der einzige Faktor, von dem ein gelingendes Leben abhängt. Im Gegenteil besteht durchaus die Gefahr, dass wir im Wettlauf um unser individuelles Fortkommen die Frage, warum und wofür wir eigentlich arbeiten, aus dem Blick verlieren und einen kulturellen Bewusstseinsschwund erfahren, der unser persönliches wie soziales Leben verarmen lässt. Letztlich steht das Individuum ständig vor der Herausforderung, sein persönliches Verhältnis zur Arbeit und zu allen anderen Tätigkeiten, die nicht Erwerbsarbeit sind, auszutarieren. Dafür bedarf es entsprechender Kompetenzen. Man muss wissen, welche Faktoren zur Diskussion stehen. Man muss mit alternativen Konzepten vertraut sein. Und man muss den Mut aufbringen, seinen eigenen, individuellen Weg zu gehen.

Arbeit und Leben

Nun ist die kapitalistische Wirtschaftsordnung nicht einfach natürlich gegeben. Das menschliche Dasein erschöpft sich nicht in der Erwerbsarbeit. Beruf und Karriere sind Bestandteile unserer Lebensgeschichte. Sie sind aber nicht der Grund unseres Daseins. Das Recht auf eine menschenwürdige Existenz legitimiert sich nicht allein aus der Berufstätigkeit. Das Spektrum anerkennenswerter Tätigkeiten, die das menschliche Leben auszeichnen, reicht weit über das der Erwerbsarbeit hinaus. Ein Großteil unseres öffentlichen Lebens beruht auf Tätigkeiten, die an anderen Prioritäten als Gewinnmaximierung orientiert sind. Von sozialen Diensten oder Gesundheitsfürsorge, über Sportstunden oder Freizeitgestaltung bis zu Bildung, Wissenschaft und Kunst, sowie Rechtsprechung und Politik, beinhaltet das gesellschaftliche Leben unzählige Aktivitäten, die sich nicht angemessen in ökonomischen Kategorien erfassen lassen. Die vielfältigen Tätigkeiten, die für das Gelingen des menschlichen Lebens erforderlich sind, lassen sich nicht auf den Begriff der Arbeit reduzieren. Diese Vielfalt spiegelt sich in unzähligen Formen des sozialen, politischen und kulturellen Handelns wider. Sie beinhaltet nicht nur *Negotium*, sondern auch *Otium* – Ruhe, Muße, Spiel. Der Mensch lebt nicht, um zu arbeiten, sondern er arbeitet, um zu leben. Die Arbeit ansich hat weder Wert noch Sinn. Die Bedeutung der Arbeit erschließt sich nur aus einem spezifischen historischen Kontext, der das Verhältnis des Einzelnen zu seiner Umwelt bestimmt.

In der Moderne stand und steht die Arbeit im Mittelpunkt der sozialen Auseinandersetzungen. Die moderne Arbeitsgesellschaft ist arbeitsteilig und in Hinblick auf die Lohnarbeit konzipiert. Die moderne Lebensführung stützt sich wesentlich auf die Erwerbsarbeit. Im Laufe der kapitalistischen Modernisierung sind alternative Formen nützlicher Tätigkeiten allmählich durch die auf monetäre Entlohnung beruhende Erwerbsarbeit an den Rand gedrängt worden. Vieles spricht dafür, dass Arbeit – wie es Hannah Arendt formulierte – tatsächlich die einzige Tätigkeit ist, auf die sich der Mensch in der Moderne noch versteht (Arendt 1981, 13). Seit Ende des 20. Jahrhunderts stellt sich aber erneut die Frage, ob es nicht gelingen könnte, die Vielfalt alternativer Tätigkeiten gegenüber der Erwerbsarbeit zu reaktivieren und die Gesellschaft insgesamt auf eine neue Basis zu stellen. Was fehlte – und bis heute fehlt – ist ein lebenswertes und gesellschaftlich anerkanntes Ideal der Nichtarbeit, der Arbeitslosigkeit, der von der Arbeit befreiten Zeit.

Aristoteles stellte sich bekanntlich die Frage, "welches das wünschenswerteste Leben" sei (Politik 7.1). Insofern das Gelingen des Lebens entscheidend von unseren Taten abhängt, sei das beste Leben, das tätige Leben, während Untätigkeit zu verurteilen sei (Politik 7.3). Das Tun bleibt dabei nicht auf praktisches Handeln beschränkt, sondern bezieht geistige Betrachtungen mit ein. Das Ziel besteht gewissermaßen in einer bewussten und aktiven Gestaltung des eigenen Lebens, die auf ein "Wohlgelingen" ausgerichtet ist und mittels ehrenwerter Taten und Tugenden wie Tapferkeit, Gerechtigkeit und Einsicht zur Glückseligkeit des Einzelnen beiträgt (Politik 7.3). Vor diesem Hintergrund ist Tätigkeit von Untätigkeit oder Faulheit zu unterscheiden. Paul Lafargues berühmtes *Lob der Faulheit* ist einzig in seiner polemischen Opposition zu Zwangsarbeit und Unterdrückung ernst zu nehmen (Lafargue 2001). Faulheit im engen Sinne führt auf Dauer zu Trägheit, Unselbständigkeit, Abhängigkeit. Dagegen bezeichnet Tätigkeit ein aktives Partizipieren an dem, was uns selbst und unsere Umwelt betrifft.

In diesem Sinne hoffte Ralf Dahrendorf in den 1980er Jahren auf die „Zukunft einer Gesellschaft der Tätigkeit" (Dahrendorf 1982, 36), in der „Arbeit zu Tätigkeit", zu einem selbstbestimmten Tun werde (Dahrendorf 1982, 32): „Wir müssen weder mehr arbeiten noch nur weniger arbeiten, sondern anders arbeiten, nämlich tätig werden, wenn wir die Chance nutzen wollen, die die Krise der Arbeitsgesellschaft uns bietet" (Dahrendorf 1983, 88). Tätigkeitsgesellschaft hieß für ihn dabei vor allem, dass der Versuch der Menschen, ihr eigenes Leben nach ihren eigenen Vorstellungen zu gestalten, vielfältige Unterstützung verdient. Neue Formen der Selbständigkeit seien dementsprechend ebenso wünschenswert wie ältere Formen der Kleinbetriebe, Familienunternehmen, Eigenproduktionen, uvm. „Freiheit ist nie ein weiches Kissen, auf dem man sich ausruhen oder passiven Genüssen hingeben kann. Sie ist immer eine Herausforderung zur Aktivität" (Dahrendorf 2003, 26). „Freiheit heißt immer Tätigkeit" (Dahrendorf 2003, 20). Ein solch tätiges Leben beginne nicht erst in der Freizeit, sondern in der Arbeit selbst. Das, was wir Erwerbsarbeit nennen, wäre dann nur ein Teil unserer Tätigkeiten, zu denen vielfältige Aktivitäten und soziale Interaktionen, oder aber eben Freizeitbeschäftigungen gehören. Und in gewisser Hinsicht wurde diese Vision in der kreativsten aller europäischen Städte auch für einige Jahre gelebt – nämlich in den 1990er Jahren in Berlin. Die günstigen Mieten und zahlreichen Leerstände ermöglichten es vor allem den jüngeren Menschen, mit geringen Investition und viel Phantasie, die eigenen Ideen zu realisieren, um daraus ein regelmäßiges, wenn auch bescheidenes Einkommen zu generieren – sei es ein ansprechendes Café, eine trendbewusste Schneiderei, ein Laden für schöne und selber gemachte Dinge, ein Designstudio oder Architekturbüro, einen Kunstraum oder eine Theatergruppe, einen Buchladen oder

Verlag. Nirgends auf der Welt schien es in dieser Zeit einfacher und zugleich lustiger, sein Leben selbst in die Hand zu nehmen und mit Freunden eine selbständige Existenz zu gründen.

Die Vorstellung von einer Gesellschaft, die nicht auf Arbeit als zentraler gesellschaftlicher Kategorie basiert, ist großen Teilen der Bevölkerung fast unvorstellbar geworden. Trotzdem sehen alle Anzeichen danach aus, dass wir uns wieder einmal aus traditionellen Denkfiguren lösen müssen. Dafür ist es erforderlich, sich aus dem Würgegriff des Faktischen zu befreien. Viele unserer alten Vorstellungen werden dem augenblicklichen gesellschaftlichen Wandel nicht mehr gerecht. Wir müssen nach neuen Perspektiven suchen, um diesen Wandel langfristig bewältigen zu können. Bei aller Dramatik ist das Ende der Arbeitsgesellschaft nicht das Ende der Arbeit und schon gar nicht das der Tätigkeit. Die Fluchtpunkte der Vergangenheit lassen sich nur nicht mehr ungebrochen in die Zukunft verfolgen. In diesem Sine zielt die Rede vom Ende der Arbeit tatsächlich auf einen Neubeginn. Die Grundlagen der Moderne sind unwiderruflich erschüttert. Letztlich geht es deshalb darum, der modernen Zivilisation zukunftsfähige Entwicklungsperspektiven – jenseits von Produktivismus und Konsumismus – zu eröffnen.

Insofern unser Leben endlich ist und das einzige, das uns gegeben ist, stellt sich die Fragen, wie, wieviel, warum und wofür wir arbeiten, letztlich in einem ganz und gar existentiellen Sinn. Es sind Fragen, die die Gestaltung unseres Privatlebens ebenso durchdringen wie die des Zusammenlebens – und die vielleicht alle gemeinsam in die eine (aber entscheidende) Frage münden: Wie sollen wir leben? Es ist der Tod, der das Leben von seinem Ende her perspektiviert. Eine angemessene Reflexion der Arbeit muss sich deshalb der Herausforderung durch das Denken der eigenen Endlichkeit stellen und auch die Frage nach dem Glück oder der Erfüllung menschlichen Lebens, die Frage nach dem 'guten Leben' mit berücksichtigen. Vor rund fünfzig Jahren hat Betrand Russel den unbedingten Willen, eine besondere Leistung zu vollbringen, als engstirnigen und übersteigerten Fanatismus kritisiert (Russel 2002, 41). Dabei kommt er zu einer provozierenden Einschätzung: "Ich glaube nämlich, daß in der Welt viel zu viel gearbeitet wird, daß die Überzeugung, Arbeiten sei an sich schon vortrefflich und eine Tugend, ungeheuren Schaden anrichtet" (Russel 2002, 9). Vielleicht wäre heute vor dem skizzierten Hintergrund gerade die Schwächung der Arbeitsethik ein – wie Richard Sennett schreibt – „zivilisatorischer Gewinn" (Sennett 2000, 142).

3.2. Die Erweiterung des Arbeitsbegriffes

Dass der Arbeitsgesellschaft die Erwerbsarbeit ausgeht, bedeutet nicht, dass es nicht reichlich zu tun gäbe. Das private wie das öffentliche Leben beruht auf einer Vielzahl von Aktivitäten, die sinnvolle Tätigkeiten darstellen, ohne als Erwerbsarbeit im ökonomischen Sinne zu gelten. Das Spektrum dieser Tätigkeiten reicht von Kindererziehung bis zu Altenpflege, von Hausarbeit bis zu Vereinsarbeit, von handwerklichen Hobbys bis zu künstlerischen Projekten, von kostenlosen Weiterbildungsangeboten bis zu wissenschaftlichen Publikationen, von sozialem Engagement bis zu politischen Ehrenämtern. Alle diese Tätigkeiten sind eher dem Ziel einer Bereicherung des individuellen und kollektiven Lebens verpflichtet, als der Anhäufung von materiellem Reichtum.

Seit der ersten Beschäftigungskrise in den achtziger Jahren besteht einer der Ansätze, die Krise zu bewältigen deshalb darin, den zentralen Stellenwert der Erwerbsarbeit zu einem gewissen Grad zu relativieren und im Gegenzug die vielfältigen Tätigkeiten in den Gesamthaushalt der Gesellschaft einzubeziehen, die gemeinhin nicht als Erwerbsarbeit gelten, aber gleichwohl zum individuellen wie sozialen Wohlergehen beitragen. Im Laufe der Geschichte hatte die Konzentration auf die Erwerbsarbeit tendenziell in Vergessenheit geraten lassen, dass die an beruflichen Rollen orientierte Arbeitsteilung stillschweigend eine Vielzahl an Tätigkeiten voraussetzt, die weder finanziell vergütet werden, noch dasselbe Ansehen wie die Lohnarbeit genießen, für das Gelingen des privaten und öffentlichen Lebens aber ebenso erforderlich sind (vgl. Castel 2000). Man denke nur an die Familienfürsorge und Hausarbeit von Frauen, welche die Erwerbstätigkeit ihrer Männer mit ermöglichten. So geht es nicht erst seit gestern darum, die verschiedenen Formen des persönlichen und partnerschaftlichen Engagements außerhalb der Erwerbsarbeit in ihrer Eigenwertigkeit anzuerkennen, aktiv zu beleben und gezielt zu fördern. Die entscheidende Frage lautet daher, auf welche Art und Weise wir dieses Engagement genauer bestimmen und belohnen können: "Wenn immer weniger Bürger die Chance haben, die wenigen formal organisierten und dauerhaft abgesicherten Arbeitsplätze einzunehmen, wird sich notwendigerweise die Frage stellen, wie wir gleichwohl zu vollziehende Tätigkeiten in unserer Gesellschaft, die durch den Arbeitsmarkt nicht geregelt werden, eigentlich bezeichnen, anerkennen, wertschätzen und damit zur Basis der Verteilung machen können" (Honneth 2000, 98).

Das politische Programm der Tätigkeitsgesellschaft

Hatte Ralf Dahrendorf zu Beginn der 1980er Jahre das theoretische Konzept einer so genannten Tätigkeitsgesellschaft entwickelt, ging es Hermann Glaser einige Jahre später um dessen konkrete politische Umsetzung. Der Analyse der meisten Soziologen dieser Zeit folgend, zeichnete sich für ihn ab, dass die moderne Ökonomie immer weniger Beschäftigte bedürfe. Die Produktion funktioniere „ohne das volle Arbeitsvermögen der Bevölkerung zu nutzen und auszulasten" (Glaser 1988, 122). Die Arbeitsgesellschaft werde dabei keineswegs ärmer, sondern reicher. Dank der allgemeinen Produktivitätssteigerungen werde der gleiche Wohlstand mit weniger Arbeit erwirtschaftet. Die Idee einer Gesellschaft, deren Bürger weniger arbeiten, um besser zu leben, rücke damit in greifbare Nähe. Die Verkürzung der Wochen- und Lebensarbeitszeit führe zu mehr Freizeit, die selbständig und sinnvoll gestaltet werden wolle. Die soziale Norm, möglichst viel und möglichst hart zu arbeiten, hätte damit ihren gesellschaftlichen Sinn verloren. An die Stelle des diktatorischen Leistungsprinzips trete das Bedürfnis, etwas zu leisten, was Spaß macht und Sinn hat. Was bliebe, ist „der Wunsch nach sinnvoller Selbstverwirklichung – in der Arbeit ebenso wie in der Freizeit" (ebd.). Glaser stellte der Eindimensionalität des modernen Arbeitsverständnisses damit Tätigkeit als einen „Bereich humaner Selbstbestimmung" entgegen (Glaser 1988, 160). Er stellte sich die Frage, wie die Fähigkeiten und Fertigkeiten der Menschen, die gerade in keinem Beschäftigungsverhältnis stehen, individuell aktiviert, kollektiv genutzt und sozial eingebunden werden könnten. Um dieses Ziel zu erreichen, müsse die Erwerbsarbeit vor allem aufhören, der alles bestimmende Lebensinhalt und die einzige gesellschaftlich relevante Tätigkeit zu sein: „Der erwünschte Wertewandel zielt darauf ab, dass [...] Tätigkeit als wesentlicher Teil von Lebenszeit gesellschaftliche Anerkennung als Arbeit erfährt" (Glaser 1988, 160). In diesem Sinne ging es ihm primär darum, die verschiedenen Formen der Freizeitgestaltung in Hinblick auf individuelles Engagement und kollektive Kooperationen zu fördern, und Netzwerke der partnerschaftlichen Zusammenarbeit zu schaffen, die auf dezentralisierter Selbstverwaltung beruhen: „Es geht um die Mobilisierung sozialer Gruppen, um die Verstärkung bestimmter Handlungsmuster, um das Erfinden und Fördern von Aktivitäten" (Glaser 1988, 261). Und zwar in allen sozialen Bereichen, die keine marktverdrängenden Folgen haben, wie Bildung, Gesundheit, Umweltschutz, Stadtentwicklung, Kultur oder Politik. Die Aktivierung von Selbsthilfegruppen, Nachbarschaftshilfe, Alternativökonomien und sozialen Netzen sollte den schwindenden Stellenwert der Arbeit allmählich kompensieren. Tätigkeiten in der Familie, der Gemeinschaft, den Kooperativen sollten an Bedeutung gewinnen. Gleichzeitig sollte mit den Millionen an brachliegenden Arbeitsstunden die gesellschaftliche Infrastruktur gestärkt werden. Die verkürzte Arbeitszeit und vermehrte Freizeit begünstigten eine verantwortliche Beteiligung am gemeinsamen Leben auf der Basis demokratischer Mitbestimmung. Das politische Engagement könnte verstärkt und die Entfaltung des Menschen als *Zoon politikon* erleichtert werden (Glaser 1988, 166).

Destabilisierung der Fundamente

Im Laufe der letzten zwanzig Jahren vollzog sich ein sozioökonomischer Wandel, der den Stellenwert der Arbeit in der Gesellschaft tatsächlich verändern sollte. Allerdings fielen diese Veränderungen anders aus, als viele erhofft hatten. Konnte man in den achtziger Jahren noch von der Vorstellung einer Erwerbsarbeit ausgehen, welche die stabile Basis für andere freiwillige Tätigkeiten bildete, ist dieses Fundament inzwischen erschüttert. Für viele Menschen hat die Erwerbsarbeit ihre strukturierende Kraft verloren. Die Erwerbsarbeit ist nicht mehr das stabile Gerüst, auf das sich die alltägliche Lebensführung stützen kann. Die fortschreitende Flexibilisierung der Arbeit führt zu einem allmählichen Verschwinden der unbefristeten Verträge. Der erlernte Beruf wird nicht mehr unbedingt ein Leben lang ausgeübt. Patchworkbiographien setzen sich aus vorübergehenden Beschäftigungsverhältnissen in verschiedenen Branchen zusammen. An die Stelle kontinuierlicher Karrierewege treten episodische Lebensläufe, die sich durch kurzfristige Arbeitsverträge, unerwartete Brüche, wiederholte Neuorientierungen und vorübergehende Perioden der Arbeitslosigkeit auszeichnen. Die temporäre, flexible, diskontinuierliche Erwerbsarbeit gewährt nicht mehr den nötigen Halt, um das Leben auf lange Sicht zu gestalten. Damit verliert die Erwerbsarbeit zwar nicht ihren zentralen Stellenwert in Bezug auf die Sicherung des Lebensunterhaltes und die Suche nach einer sinnvollen Lebensperspektive, aber doch zu einem gewissen Grad in Bezug auf die alltägliche Gestaltung der individuellen Lebensführung. Laut Jürgen Kocka und Claus Offe sei daher zu erwarten, „daß [...] Erwerbsarbeit zukünftig nicht mehr die zentrale Rolle für Identitätsbildung und Lebensplanung, soziale Beziehungen und gesellschaftlichen Zusammenhalt spielen wird, wie wir es aus der Vergangenheit kennen" (Kocka/ Offe 1999, 11).

Das sozialwissenschaftliche Konzept der Mischarbeit

In der modernen Arbeitsgesellschaft war Arbeit weitgehend auf Erwerbsarbeit konzentriert. In den Augen von Sebastian Brandl und Eckart Hildebrandt entfalte gesellschaftliche Arbeit ihre Bedeutung aber erst dann, "wenn sie die vielfältigen Formen der Erwerbsarbeit und die Fülle informeller Arbeitsformen einschließt" (Brandl 2002, 13). Dementsprechend ginge es darum, den modernen Begriff der Erwerbsarbeit durch die Einbeziehung informeller Arbeiten zu erweitern. Beruhte das Modell der traditionellen Normalarbeit auf einer klaren Trennung zwischen Erwerbsarbeit und informeller Arbeit, gehe es demgegenüber um eine "*Reintegration von Arbeit und Leben*" (Brandl 2002, 29). Im Jahr 2002 haben die beiden Sozialwissenschaftler daher das analytische Beschreibungsmodell einer *Mischarbeit* vorgelegt, in dem sie versuchen, die vielfältigen Arbeitsformen, die ein tätiges Leben auszeichnen, in ein erweitertes Arbeitsverständnis zu integrieren (Brandl 2002). Die traditionelle Erwerbsarbeit stellt dabei einen dominierenden, aber eben nur einen der Bestandteile dar. Darüber hinaus spielen *Versorgungsarbeit, Gemeinschaftsarbeit* und *Eigenarbeit* eine ebenso wichtige Rolle. Während die Erwerbsarbeit der Erwirtschaftung eines Grundeinkommens nach Marktprinzipien dient, bezieht sich die Versorgungsarbeit auf die Selbstversorgung von Einzelpersonen oder Lebensgemeinschaften im eigenen Haushalt. Die Gemeinschaftsarbeit umfasst all diejenigen Arbeiten, die ohne finanzielle Vergütung für andere beziehungsweise das soziale Miteinander geleistet werden – wie das traditionelle Ehrenamt oder bürgerschaftliche Engagement. Die Eigenarbeit beinhaltet schließlich ein selbst bestimmtes und nutzenorientiertes Arbeiten in Bezug auf den persönlichen Bedarf. Tätigkeiten der individuellen Freizeitgestaltung werden ausdrücklich nicht berücksichtigt. Das Konzept der Mischarbeit bezieht diese verschiedenen Arbeiten als variable Größen eines Gesamtarrangements ein, die im Laufe eines Lebens seitens des Individuums auf vielfältige Art und Weise miteinander kombiniert werden können: "Mischarbeit bezeichnet die Gleichzeitigkeit unterschiedlicher Arbeiten der oder des Einzelnen, die Vielfalt der alltäglichen individuellen Kombinationen und die Veränderung der Kombinationen in biographischer Perspektive" (Brandl 2002, 104). Mit diesem Ansatz geht sowohl eine gewisse Relativierung der traditionellen Erwerbsarbeit, als auch eine gleichzeitige Aufwertung informeller Arbeiten einher. Er erlaubt es, gezielt mit unterschiedlichen Einkommensquellen umzugehen. Er schafft ein Bewusstsein für den sozialen Wert von Tätigkeiten, die von der Erwerbsarbeit lange Zeit tendenziell zurückgedrängt worden sind, gleichwohl sie dem Wohl des Einzelnen wie der Gesellschaft nützen. Er macht sichtbar, wie ungleich diese verschiedenen Arbeiten auf verschiedene gesellschaftliche Gruppen und nicht zuletzt die beiden Geschlechter verteilt sind. Und er verdeutlicht die Zusammenhänge und Spannungsmomente zwischen den vier Segmenten, die spezifische Herausforderungen an die alltägliche Lebensführung des Einzelnen stellen (Brandl 2002, 105). So müssen die Tätigkeiten, die eine Person in verschiedenen Sozialbereichen ausübt, zeitlich und räumlich koordiniert und in ein praktikables Handlungskonzept integriert werden. Neben der Erhöhung des Reflexivitätsgrades im Umgang mit Fragen der gesellschaftlichen Arbeitsteilung, beinhaltet das Beschreibungsmodell eine ganze Reihe an strategischen Optionen in Hinblick auf die Gestaltung des gesellschaftlichen Zusammenlebens. So liegt eines der Potentiale, die auf der Grundlage des Modells sichtbar werden, unter anderem darin, den marktorientierten Konkurrenzindividualismus in Richtung eines eher solidarischen Miteinanders zu minimieren. Der Einzelne erfährt sich nicht mehr als vereinzelter Akteur in einem erbitterten Konkurrenzwettbewerb um individuelle Lebensperspektiven, sondern als eingebettet in ein gesellschaftliches Beziehungsnetzwerk, das ihn auf vielfältige Art und Weise sichert, fordert und bereichert.

Um einen gesellschaftlichen Wandel in die Richtung eines erweiterten Arbeitsbegriffes zu begünstigen, schlagen die beiden Autoren eine Reformstrategie vor, die auf mindestens drei Punkten beruht: *Erstens* müsse ein gewisses Maß an sozialer Sicherheit gewährleistet werden – insbesondere in Form von Übergangshilfen für vorübergehende Unsicherheiten wie Arbeitslosigkeit, Fortbildungen, Existenzgründung, usw. (Brandl 2002, 41). *Zweitens* müssten die für eine erfolgreiche Lebensführung erforderlichen Kompetenzen vermittelt werden – also nicht nur berufliche Aus- und Weiterbildung, sondern soziale und persönliche Kompetenzen wie die Fähigkeit zur reflexiven Selbstorganisation, individuellen Zeitplanung und sozialen Zusammenarbeit (Brandl 2002, 42). *Drittens* gelte es, das Angebot an Teilzeitarbeitsplätzen und flexiblen Arbeitszeitmodellen für beide Geschlechter auszuweiten, um die Kombination von Erwerbsarbeit und Familienbetreuung zu erleichtern (ebd.). Die Verkürzung der Arbeitszeiten schaffe generell mehr Freiräume, um sich kontinuierlich fortzubilden und sozial zu engagieren. Zudem erscheine dies als realistische Möglichkeit, um mehr Menschen in den ersten Arbeitsmarkt zu integrieren.

Um diese Reform zu bewerkstelligen, erscheinen allerdings einige Voraussetzungen erforderlich zu sein (Brandl 2002, 62): So bedarf es einer generellen Verkürzung der Erwerbsarbeitszeiten, die einer Umverteilung der Erwerbsarbeit und informeller Arbeit zwischen den Geschlechtern zu Gute kommt. Darüber hinaus gilt es, ein von der Erwerbsarbeit unabhängiges Grundeinkommen einzurichten, das einen bruchlosen Übergang zwischen den verschiedenen Arbeitsformen ermöglicht. Nicht zuletzt erscheint generell eine höhere Anerkennung informeller Arbeiten als erforderlich, um die Beteiligten zu ermutigen, sich an dem mehrdimensionalen Konzept einer Mischarbeit zu orientieren.

Die sozialliberale Idee der Bürgerarbeit

Insbesondere die Frage, wie das brachliegende Tätigkeitspotential außerhalb des Erwerbsarbeitsmarktes für die Erneuerung der sozialen Wohlfahrt und der Demokratie genutzt werden kann, beschäftigte für einige Zeit auch Ulrich Beck. Ausgehend von der paradoxen Situation, dass es einerseits zu wenig bezahlte Erwerbsarbeitsplätze gibt und andererseits die Arbeit zu einem besonderen Wert geworden ist, entwickelte er das Konzept einer bezahlten Bürgerarbeit. Dieses Konzept ist bis heute nicht vollends ausgearbeitet. Die Grundzüge seien an dieser Stelle aber skizziert: Die Idee beruht auf einem einfachen Motto: "Bürger-Engagement statt Arbeitslosigkeit finanzieren!" (Beck 2000, 417). Demnach solle das freiwillige soziale Engagement der Bürger in zeitlich befristete Formen von selbstorganisierten und kooperativen Initiativen eingebunden werden, die dem Gemeinwohl dienen. Dieses Engagement werde nicht entlohnt, aber "belohnt, und zwar materiell und immateriell" (Beck 2000, 418). Wer darauf angewiesen ist, erhalte ein Bürgergeld als monetäre Anerkennung für die geleistete Bürgerarbeit. Dieses Bürgergeld wird nicht wie ein Lohn berechnet, sondern eher wie eine Sozialleistung ausgezahlt. Die Finanzierung einer solchen Grundsicherung kann sowohl aus staatlichen als auch aus privaten Fördergeldern erfolgen. Ansonsten baut die Bürgerarbeit auf eine Erwerbsarbeit auf. In diesem Sinne sollten sich Erwerbs- und Bürgerarbeit gegenseitig ergänzen, wobei das Verhältnis individuell ausbalanciert werden könnte: Wer vorübergehend arbeitslos geworden ist, kann die Zeit sinnvoll überbrücken, während Vollbeschäftigte einen erfreulichen Ausgleich zum konkurrenzgeprägten Arbeitsalltag finden.

Der zentrale Akteur des Konzeptes ist der so genannte "Gemeinwohl-Unternehmer" (Beck 2000, 428). Der englische Ausdruck *Social Entrepreneur* klingt allerdings sehr viel attraktiver. Im Kern geht es um die Kombination von unternehmerischen Tugenden und sozialem Idealismus. Social Entrepreneurs sind "visionäre Pragmatiker" (Beck 2000, 429). Sie verfolgen ihre Ideen und wissen, sie umzusetzen. Sie sind Experten für soziales Kapital – also für Entfaltung von Beziehungen, Vertrauen, Kooperationen. Ihre Netzwerke, eröffnen den erforderlichen Zugang zu finanziellem Kapital. Sie identifizieren ungelöste Probleme und brachliegende Ressourcen. Sie initiieren Projekte, für die es selten Vorbilder gibt. Die Unternehmen, die sie gründen, sind gemeinwohlorientierte Nonprofit-Organisationen. Sie operieren in zivilgesellschaftlichen Betätigungsfeldern jenseits von Staat und Markt. Vor allem aber motivieren sie Menschen, sich freiwillig für eine gute Sache zu engagieren. Sie betreuen, beraten, begleiten sie.

Für Ulrich Beck fällt dem Staat die Aufgabe zu, eine tragfähige Infrastruktur zur Verfügung zu stellen, die das soziale Engagement der Bürger unterstützt. Dazu zählt auch die Einrichtung eines entsprechenden Ausschusses, in dem Vertreter aus Politik, Wirtschaft und Zivilgesellschaft über die Förderung bestimmter Projekte entscheiden und sie so gegenüber der Öffentlichkeit legitimieren. Der Ausschuss regelt Konflikte und steht den Akteuren beratend zur Seite. Das Ziel besteht letztlich in einer Professionalisierung, welche das traditionelle Ehrenamt entstaubt und die Leistungsfähigkeit freiwilligen sozialen Engagements erhöht. Insofern das Konzept der Bürgerarbeit unweigerlich mit – wenn auch relativ geringen – Kosten verbunden ist, gilt es, den ökonomischen, sozialen und politischen Nutzen von gemeinwohlorientierter Freiwilligenarbeit nicht als Belastung, sondern als eine Bereicherung des gesellschaftlichen Gesamthaushaltes zu betrachten: "Die Wertschöpfung, die durch Bürgerarbeit erbracht wird, liegt in der Bereicherung der demokratischen Kultur und der Erschließung von Kreativität und Spontaneität zur Lösung der anstehenden Zukunftsaufgaben" (Beck

2000, 434). Darüber hinaus gebe es auch einen beträchtlichen wirtschaftlichen Nutzen, der sich allerdings nur ungefähr schätzen lässt. Entscheidend ist letztlich die integrative Kraft eines solchen sozialen Engagements, das nicht nur das brachliegende Tätigkeitspotential der Gesellschaft reaktiviert, sondern die Bürger in die Gestaltung der Gesellschaft einbezieht. In diesem Sinne stellt kooperative Bürgerarbeit eine Form praktizierter Demokratie dar: „Bürgerarbeit meint: *doing democracy*" (Beck 2000, 416).

3.3. Die Potenziale informeller Ökonomien

Angesichts der anhaltenden Massenarbeitslosigkeit und prekären Beschäftigungsverhältnisse gewannen Arbeiten außerhalb des Erwerbsarbeitsmarkts und Wachstumsfelder am Rande der offiziellen Wirtschaft wieder an Bedeutung. Wer keine bezahlte Beschäftigung findet, ist gezwungen, sich selbst zu organisieren und nach alternativen Wegen der Lebensgestaltung oder sogar Lebensfinanzierung zu suchen. Insofern Erwerbslose in der Regel über weniger Geld, dafür aber mehr Zeit verfügen, stellt sich die Frage, inwiefern Ökonomien denkbar sind, die auf selbstorganisierten Arbeitsgemeinschaften und alternativen Währungen wie Gutscheinen, Zeitkonten oder Tauschbörsen beruhen, um so das brachliegende Arbeitspotential der Bevölkerung außerhalb des ersten Arbeitsmarktes legal nutzen und in den gesellschaftlichen Leistungsaustausch einbeziehen zu können.

Claus Offe und Rolf Heinze begannen deshalb 1990 erstmals das bis dahin kaum erforschte Feld der informellen Ökonomie zu untersuchen (Offe 1990). Ziel war es, die Möglichkeiten auszuloten, die eine professionelle Organisation der eigenständigen Tätigkeiten versprachen, die außerhalb der Sphäre betrieblich organisierter Erwerbsarbeit geleistet werden. Dazu zählen z.B. Hausarbeit, Gartenbau, Küchenarbeit, handwerkliche Tätigkeiten als Heimwerker oder Hausbauer, Kinderbetreuung, Nachhilfe, Unterricht, Freundschaftsdienste, Nachbarschaftshilfe, Vereinsaktivitäten, bezahlte Gelegenheitsarbeiten, Ehrenämter, uvm. Solche informellen Ökonomien machen einen großen Teil unseres sozialen Miteinanders aus. Sie beruhen auf Freiwilligkeit und finden in der Regel unter Verwandten, Nachbarn, Freunden, Bekannten statt.

Besonderes Augenmerk richtete die Untersuchung auf Formen der privaten Eigenproduktion und des informellen Leistungsaustausches. Der Sozialstaat hatte die Suche nach selbstorganisierten Versorgungsformen in der Vergangenheit scheinbar überflüssig gemacht. Der mit steigendem Realeinkommen erweiterte Zugang zu den Angeboten des Marktes hatte die traditionelle Selbstversorgung und gemeinschaftliche Selbsthilfe allmählich aus dem Alltag verdrängt. Die Arbeit im eigenen Haushalt wandelte sich in eine Art *Konsummanagement*, das Kaufentscheidungen und Konsumpraktiken zu vollziehen hat. Erst seit Mitte der siebziger Jahre, als erstmals die Grenzen des Sozialsystems sichtbar wurden, wurde gezielt nach alternativen Strategien gesucht, die private und öffentliche Haushalte finanziell entlasten könnten.

Weil die Betriebskosten des professionellen Handels in der Regel sehr hoch sind, bleibt kleineren Privatanbietern der Zugang zum Markt oft verschlossen. Aufgrund ihrer bescheidenen Mittel sind sie nicht in der Lage, die für den modernen Konsumbetrieb erforderlichen finanziellen Ressourcen aufzubringen, die für die Finanzierung der Raummiete, der Infrastruktur, des Personals, des Fachwissens, der Werbung, des Distributionsnetzwerks, der Kundendatei, der Buchhaltung, der Versteuerung, uvm. erforderlich sind. Angesichts dieser Situation stellen nicht allein für Claus Offe und Rolf Heinze informelle *Tauschnetze* und *Kooperationsringe* eine kostengünstige Alternativen zu professionellen Dienstleistungen dar. Tauschnetze und ähnliche soziale Arrangements, ermöglichen es den Beteiligten, unterschiedlichste Güter, Dienstleistungen oder Zeitkontingente zu nutzen, ohne sie in Geld transformieren zu müssen. Das Leistungsangebot beinhaltet sachbezogene Dienste wie die Errichtung, Instandhaltung, Wartung oder Reinigung von Wohnräumen, Einrichtungsgegenständen, Geräten und personenbezogene Dienste wie Hilfestellungen, Babysitten, Einkaufsdienste, Beratungen, Unterricht uvm.

Solche freiwilligen Austauschbeziehungen beruhen auf gemeinschaftlich-solidarischen Prinzipien. In ihnen artikuliert sich nicht nur ein Kompensationsbedürfnis zu prekären Einkommensverhältnissen, sondern ebenso der Wunsch nach Individualität, Kreativität, Gemeinschaftserlebnissen und einem Ausgleich zur Berufsarbeit. Es ist deshalb kein Zufall, dass es in der Praxis häufig akademisch gebildete Akteure aus alternativen oder kreativen Milieus sind, die den Aufbau solcher Tauschbeziehungen aktiv und gezielt verfolgen. Die Attraktivität einer Beteiligung an solchen Kooperationsnetzwerken besteht für Offe und Heinze darin, dass die Teilnehmer mehrere Ziele gleichzeitig verfolgen können: „Sie verschaffen sich diverse Dienste und Hilfen, ohne dafür bezahlen zu müssen; sehr oft finden sie Rat und Hilfe in Fragen, auf die die bürokratischen und formellen Dienstleistungseinrichtungen keine Antwort haben; es gibt auch Teilnehmer, die in ihrem unmittelbaren sozialen Umfeld zu isoliert sind und [...] mit anderen Leuten in Kontakt kommen wollen. [...] Insgesamt ergibt sich eine Mischung von pragmatischen, sozialen und wirtschaftlichen Motiven" (Offe 1990, 226f.). Die Tauschbeziehungen sind zwar nicht ganz unproblematisch, insofern sie gegenseitige Abhängigkeitsverhältnisse schaffen. Sie stabilisieren aber auch das gemeinschaftliche Zusammenleben. Insofern sie auf der Basis eines freiwilligen Einvernehmens beruhen und alle Beteiligten an stabilen Austauschbeziehungen interessiert sind, stellen sie ein gewisses Gleichgewicht zwischen Geben und Nehmen sicher. Im Prinzip stellen Tauschnetze und Kooperationsringe also insgesamt ein „leistungsfähiges und innovatives Instrument" dar, mit dessen Hilfe sich „typische Problemlagen moderner Privathaushalte [...] in wohlfahrtssteigernder Weise bewältigen ließen" (Offe 1990, 289). Es stellt sich deshalb die Frage, wie leistungsfähig solche sozialen Netzwerke sind, um gegebenenfalls den Verlust der Erwerbsarbeit zu einem gewissen Grad auszugleichen. Und zwar sowohl im Hinblick auf die finanzielle als auch die ideelle Dimension der Arbeit.

Mit der modernen Konsumkultur wurden die informellen Systeme der Eigenarbeit formalisiert und ehemals selbständig organisierte Tätigkeiten der Selbsthilfe und Selbstversorgung in finanziell zu erwerbende Leistungen umgewandelt. An die Stelle persönlicher Beziehungen und kommunikativer Verhaltensweisen trat der durch Geld vermittelte Verkehr zwischen Käufer und Verkäufer. Geld erlaubt es, Güter oder Dienstleistungen oder Arbeit zu tauschen, ohne persönliche Beziehungen aufbauen zu müssen. Diese Professionalisierung entzog vielen kommunikativen Beziehungen die Basis. Darüber hinaus wurde das traditionelle Laienwissen durch das Wissen der Professionalisten tendenziell entwertet. Die Professionalisierung droht die in Eigenarbeit erstellten Erzeugnisse als minderwertig erscheinen zu lassen; sie schätzt die dazu erforderlichen Qualifikationen gering und demotiviert ihren Erwerb. In der Vergangenheit seien die Motive zum Erwerb eigener Selbsthilfekompetenzen deshalb nach und nach untergraben worden (vgl. Offe 1990, 75). Insofern der industrielle Modernisierungsprozess die subjektiven Vorstellungen von einer 'normalen' Lebensweise – zumindest in Westeuropa - auf die Erwerbsarbeit, den Markt und den Warenkonsum ausgerichtet hat, begegnen viele Menschen bis heute alternativen Arrangements des gemeinschaftlichen Güteraustausches mit Skepsis: „hier könne es sich nur um allenfalls zweitbeste Not- oder Ersatzlösungen handeln" (Offe 1990, 77). Unwillkürlich haftet denjenigen, die sich als Laien selbst ermächtigt haben und allen Vorurteilen zum Trotz selbst zu Produzenten wurden, das Image desjenigen an, dessen Leistungen nicht wirklich ernst zu nehmen sind. Hinzu kommen konsumbezogene Ängste, dass der Gebrauch eines zweit- oder drittklassigen Gutes dem eigenen Ansehen abträglich sein könnte. Solche kulturellen Muster einer konsumorientierten Lebensweise bereiten den professionellen Warenproduzenten und Dienstleistungsanbietern einen fruchtbaren Boden. Dagegen bleiben die Wachstumsbedingungen für informelle, auf Eigenarbeit beruhende Arrangements eher dürftig (vgl. Offe 1990, 78).

Allerdings gibt es auch Gegentendenzen, die die Geltungskraft eines marktzentrierten Warenaustausches zu einem gewissen Grad destabilisieren: So sehen sich wachsende Bevölkerungsteile aufgrund zunehmender Armut aus den teuren Märkten ausgeschlossen. Ärmeren Mitbürgern bleibt der Zugang zu den Angeboten des freien Marktes ohnedies weitgehend verschlossen. Gleichzeitig orientiert sich die gebildete Mittelschicht stärker an ökologischen Leitbildern. Akademiker, Künstler und Modemacher verleihen den Eigenproduktionen ein positives Image als Teil eines selbständigen und kreativen Lebensstils. Besonders im Berlin der 1990er Jahre avancierte die Überzeugung, sich mit wenigen Mitteln und viel Phantasie eine eigene Existenz aufbauen zu können, zu einem

Lebensgefühl, das ganze Stadtteile nachhaltig prägen und der Stadt das Image der wahrscheinlich produktivsten *Creative City* weltweit verschaffen sollte. Bemerkenswert dabei war die Aufbruchstimmung, mit der nicht alleine Künstler, sondern Menschen verschiedenster Profession ihre Experimente mit alternativen Lebenskonzepten wagten und die gerade gegenüber der Trägheit, Sättigung und Bewegungslosigkeit des ökonomisch so erfolgreichen Westens eine ungeheure Vitalität ausstrahlten. Berlin war tatsächlich arm, aber sexy.

Angesichts solcher erfolgreicher Gegenbewegungen scheint es nach wie vor berechtigt zu sein, auf eine stärkere Nutzung subprofessioneller Arrangements des Bedarfsausgleiches und informelle Formen der Kooperation zu hoffen. Allerdings stellt gerade die jüngste Geschichte Berlins ein Beispiel dafür dar, wie ausgerechnet der Erfolg der kreativen Selbstermächtigung zur Attraktion professioneller Investoren führen kann, die am Ende der Voraussetzung der alternativen Selbstorganisation systematisch den Boden entzieht. So drohen spätestens seit den 00er Jahren steigende Mieten, kommerzielle Anbieter und profitorientierte Wettbewerber die Preise in die Höhe zu treiben, so dass sich kleinere Initiativen die Kosten für die eigene Selbständigkeit nicht mehr leisten können und zwangsläufig verdrängt werden. Letztlich besteht daher wenig Hoffnung, dass alternative Wirtschaftspraktiken und informelle Netzwerke sich ganz ohne staatliche Unterstützung oder marktliche Anreize langfristig durchsetzen werden.

Eines sollte dabei allerdings auch nicht vergessen werden: Schon Offe und Heinze warnten davor, die von Arbeitslosigkeit betroffenen Bevölkerungsteile auf die Suche nach Auswegen aus der Misere innerhalb der Familie, Nachbarschaft oder Gemeinde zu schicken und die Leistungsfähigkeit vorkapitalistischer Lebensverhältnisse zu beschwören (vgl. Offe 1990, 77). Der Grundgedanke eines freiwilligen und egalitären Austausches hätte in der Geschichte zu zahlreichen Experimenten geführt – sei es aufgrund materieller Not oder reformorientierter Gesellschaftsvisionen; die Ergebnisse dieser Experimente seien aber ernüchternd: „In der etwa 150jährigen Geschichte derartiger Bemühungen hat sich [...] kein Modell herausgebildet, das hinreichend leistungs- und übertragungsfähig wäre, um uneingeschränkt als Vorbild für die Einführung in die Gesellschaftsverhältnisse der Bundesrepublik Deutschland dienen zu können" (Offe, 1990, 264). Letztlich ginge mit der Betonung der Eigenarbeit und informellen Tätigkeiten zwangsläufig ein Entzug von Einkommen einher, der die Gefahr sozialer Disparitäten weiter vergrößere. Die Erwerbsarbeit stelle deshalb nach wie vor die entscheidende Basis individueller Existenzsicherung und Wohlstandsmehrung dar. Die Aufwertung informeller Tätigkeiten bietet daher keine umfassende Perspektive zur Existenzsicherung, aber zumindest eine durchaus attraktive *zusätzliche* Möglichkeit, das brachliegende Arbeitspotential der Bevölkerung zu mobilisieren und mehr Bürger in die arbeitsteilige Gesellschaft einzubeziehen. Wie man in Berlin beobachten konnte, können die Übergänge von informeller Eigenarbeit zu professioneller Selbständigkeit dabei sehr fließend sein. Die informellen Tätigkeiten stellen deshalb nicht bloß ein wichtiges Experimentier- und Schulungsfeld für die individuelle Berufstätigkeit oder „Employability" dar, sie bereichern auch buchstäblich das alltägliche Leben und stellen so ein wichtiges Element der Stabilisierung der eigenen Biografie gegenüber den Schwankungen unsicherer oder befristeter Arbeitsverhältnisse dar. Als Ergänzung zur Erwerbsarbeit beinhaltet sie deshalb ein beträchtliches Potential, das zu verschenken sich eine zukunftsorientierte Gesellschaft zu Beginn des 21. Jahrhunderts eigentlich nicht leisten kann. Die Herausforderung besteht denn auch darin, Strategien zu entwickeln, die es ermöglichen, das gewaltige Leistungspotential von mehreren Millionen von Menschen, das bislang weitgehend ungenutzt bleibt, für sie selbst wie für die Gesellschaft fruchtbar zu machen. Und zwar nicht mittels Zwang, sondern mittels geeigneter Anreize. Eine wichtige Frage ist deshalb auch, inwiefern es gelingen kann, diejenigen, die erfolgreich im Berufsleben stehen, dafür zu gewinnen, Verantwortung nicht allein für ihr privates, sondern für das Leben anderer wie für die Gesellschaft zu übernehmen.

3.4. Die Aufgaben der Politik

Die Zeiten, in denen Vollbeschäftigung eine realistische Perspektive zu sein schien, sind auf unabsehbare Zeit vorüber. Mit der Verunsicherung der Arbeitsverhältnisse hat die Erwerbsarbeit für viele Menschen ihre stabilisierende Funktion verloren. Die temporären, flexiblen, diskontinuierlichen Erwerbsarbeitsmodelle gewähren nicht den nötigen Halt, um das Leben auf längere Sicht zu planen. Damit verändern sich auch die Anforderungen an die sozialen Institutionen, die auf die Arbeit ausgerichtet worden sind. In einer Gesellschaft, in der die Zugangsmöglichkeiten zu einem Einkommen und den sozialen Sicherungssystemen in erster Linie durch die Erwerbsarbeit reguliert wird, sehen sich alle diejenigen, die keine Erwerbsarbeit finden, aus dem Wohlfahrtsstaat ausgeschlossen und in ein institutionelles Niemandsland verbannt. Es erscheint daher dringend erforderlich, die soziale Absicherung flexibler Arbeitszeitmodelle und prekärer Beschäftigungsverhältnisse in den Mittelpunkt sozialpolitischer Zukunftsprogramme zu stellen.

Aufgrund der sozialen Ausgrenzung, die mit der Arbeitslosigkeit und der mit ihr einhergehenden finanziellen Einschränkung verbunden ist, fühlen sich die betroffenen Menschen isoliert. Eine der wichtigsten Aufgabe besteht folglich darin, diese Menschen aus der Isolation zu befreien, ihnen Perspektiven zu eröffnen und in Gemeinschaften einzubinden. Dafür müssen Möglichkeiten geschaffen werden, wo sie ihr Potential zur Entfaltung bringen und ihre Begabungen wie Erfahrungen einbringen können. Es geht darum, die Arbeitslosen zumindest zu einem gewissen Grad aus den Zwängen des Arbeitsmarkts zu befreien und ihnen auch ohne Erwerbsarbeit ein selbstbestimmtes und menschenwürdiges Dasein zu ermöglichen. Eine zukunftsweisende Stoßrichtung bildet deshalb das Ziel, die einzelnen Bürger in kooperative Beziehungen miteinander zu bringen. Die Selbstorganisation in zivilgesellschaftlichen Netzwerken und informellen Ökonomien eröffnet Handlungsspielräume, in denen freiwilliges und selbstbestimmtes Engagement zur Entfaltung kommen können. In den Worten von Jeremy Rifkin: „This is the arena where men and women can explore new roles and responsibilities and find new meaning in their lives" (Rifkin 2004, 217).

Schließlich gilt es, das brachliegende Tätigkeitspotential der Gesellschaft außerhalb der Wirtschaftssphäre im Sinne des Gemeinwohls zu nutzen. Das heißt nicht, dass Arbeitslose dazu gezwungen werden, den Müll auf den Straßen wegzufegen. Das heißt vielmehr, dass man die Menschen dazu motiviert, sich für das Gemeinwesen einzusetzen. Auf dem Markt stehen die privaten Vorlieben der Verbraucher im Mittelpunkt. Der Wettbewerb treibt in erster Linie die soziale Distinktion voran. Demgegenüber muss es darum gehen, einen Sinn für das

Gemeinsame und Verbindende zu pflegen. Letztlich geht es darum, die Menschen in das gesellschaftliche Beziehungsnetz zu integrieren und soziale Bindungen zu schaffen, die dieses Netz stärken. Wie aber schafft man kleine soziale Netze, in einer Gesellschaft, in der das Netz sozialer Sicherheiten zu reißen begonnen hat? Sollen die sozialen Bindungen gestärkt werden, sollten die Anstrengungen der Bürger nicht sich selbst überlassen bleiben. Dass sich Menschen selbständig organisieren, darf nicht zu der Einschätzung führen, dass sie sich schon irgendwie selber helfen werden. Die Entfaltung neuer Formen von Gesellschaftlichkeit, von Selbstorganisations- und Kooperationsverfahren, muss gezielt gefördert werden. Ohne eine solche Förderung besteht wenig Hoffnung, dass informelle Netzwerke weiter an Bedeutung gewinnen werden. Die finanziellen Ressourcen der Beteiligten sind oft eng begrenzt, so dass ihr Handlungsspielraum nicht sehr weit reicht. Das Ansehen freiwilliger Arbeiten ist nach wie vor nicht so hoch wie das der Erwerbsarbeit, so dass sie in den Augen vieler Menschen als nicht sonderlich attraktiv erscheinen. Nicht zuletzt sind kommerzielle Anbieter bestrebt, konkurrierende Produkte im Wettbewerb zu bekämpfen. Umso notwendiger ist es, die freiwilligen Bestrebungen der Bürger zu unterstützen. Die kooperativen Beziehungen und selbstorganisierten Netzwerke müssen kontinuierlich gestärkt und ihre Leistungsfähigkeit nach und nach gesteigert werden. Dies bedarf einer gewissen Professionalisierung und finanziellen Förderung – sei es durch private Stiftungen, gemeinnützige Organisationen oder die staatliche Politik.

Julian Nida-Rümelin hat dafür plädiert, „den demokratisch verfaßten Staat als institutionelle Stützung (ziviler) Kooperationsstrukturen zu verstehen" (Nida-Rümelin 1999, 186). Dementsprechend hätten staatliche Institutionen die Funktion "das gesellschaftliche Kooperationsgefüge zu stützen" (Nida-Rümelin 1999, 102). In diesem Sinne ist es die Aufgabe des Staates, aktiv zum erfolgreichen Gelingen des gesellschaftlichen Zusammenlebens beizutragen. Sebastian Brandl und Eckardt Hildebrandt fassen dies folgendermaßen zusammen: "Aktive Teilhabe am gesellschaftlichen Leben (Bürgergesellschaft) setzt die Bereitstellung einer entsprechenden *Infrastruktur* und von *Beteiligungsrechten* durch einen aktiven und aktivierenden Staat und intermediäre Organisationen voraus; individuell und gleichermaßen für alle soziale Gruppen und beide Geschlechter (Chancengleichheit). Aktive Teilhabe erfordert eine politische Kultur, in der Individualität und Solidarität zusammengehen" (Brandl 2002, 30). Die staatlichen Möglichkeiten, den Einsatz der Bürger für das Gemeinwohl zu stärken, sind vielfältig. Eine Regierung kann das Engagement der Bürger fördern, indem sie die dafür erforderlichen Rahmenbedingungen formuliert und die benötigte Infrastruktur bereitstellt. Sie kann finanzielle Anreize wie Steuervergünstigungen,

Aufwandsentschädigungen oder Subventionen schaffen. Sie kann den Aufbau kultureller Einrichtungen anregen, zum Erhalt funktionierender Netzwerke beitragen oder professionelle Beratungsprogramme anbieten. Die Förderung von Eigeninitiative, nützlichen Tätigkeiten und alternativen Beschäftigungsverhältnissen kann dabei nach bestimmten Kriterien erfolgen. Diese Kriterien können inhaltlich skizziert werden. So sollten geförderte Tätigkeiten zum Beispiel nicht schädlich oder unsinnig sein, sondern friedlichen Zwecken und dem sozialen Zusammenhalt, dem Schutz der Umwelt oder der Humanisierung der Städte, der Stärkung der Eigenverantwortung und dem Ausbau der Selbstverwaltung, uvm. dienen. Die bürgerschaftlichen Initiativen können zu einem gewissen Grad professionalisiert werden, indem das Wissen, das zu einer erfolgreichen Praxis führt, vermittelt wird. Neben der finanziellen Unterstützung spielt deshalb vor allem die Vermittlung von organisatorischen, finanziellen und rechtlichen Kenntnissen sowie die Ausbildung, Bereitstellung und Weiterbildung von Fachkräften, Beratern, Sozialarbeitern, uvm. eine wichtige Rolle. Manch eine kluge Initiative ist gut gemeint, bringt aber ihr Potential nicht voll zur Entfaltung, weil den Beteiligten die Erfahrung fehlt. Aus dieser Perspektive erscheint es notwendig, das gesellschaftlich zirkulierende Wissen zu multiplizieren. Der Zugang zu relevantem Wissen muss so leicht wie möglich gemacht werden. Es muss nicht jeder gleich ein Studium absolvieren. Aber es muss möglich sein, sich im Laufe seines Lebens bestimmte Kompetenzen anzueignen, die man für diese oder jene neue Tätigkeit benötigt. Und es sollte möglich sein, dieses Wissen nicht ausschließlich gegen Bezahlung zu erhalten. Neben privatwirtschaftlichen Fortbildungszentren muss es deshalb mehr geförderte Bildungseinrichtungen geben, die es denjenigen, die sich privat engagieren, erlauben, sich allmählich weiter zu qualifizieren. Und es muss Einrichtungen geben, die solche Qualifizierungen zertifizieren, damit das private Engagement eines Tages in eine neue Berufsperspektive münden kann. Auch den Fachhochschulen und Universitäten kommen neuartige Aufgaben im Bereich der weiterbildenden Studien zu, die sie bislang noch lange nicht in dem wünschenswerten Maß erfüllen.

Das garantierte Grundeinkommen

Die Reintegration arbeitsloser Bürger in die Gesellschaft und die Reaktivierung brachliegender Tätigkeitspotentiale wird allerdings nur gelingen, wenn die Frage nach der finanziellen Absicherung der Protagonisten zufrieden stellend beantwortet werden kann. Wie gezeigt wurde, stellen freiwillige Tätigkeiten und informelle Leistungen nur dann eine zukunftsweisende Ergänzung zur Erwerbsarbeit dar, wenn die Existenz der Akteure ausreichend gesichert ist. Eine solche Existenzsicherung bildet die unentbehrliche Basis, auf der die Lebensgestaltung des Einzelnen aufbauen kann. Angesichts anhaltender Massenarbeitslosigkeit und prekärer Beschäftigungsverhältnisse ist die traditionelle Basis einer stabilen Erwerbsarbeit für Millionen von Menschen erschüttert. Deshalb erscheint es dringend erforderlich, ein tragfähiges Fundament zu schaffen, das allen Bürgern eine von der Erwerbsarbeit unabhängige Grundsicherung ermöglicht. Insofern der Arbeitsmarkt nicht in der Lage ist, allen Erwerbspersonen einen sicheren Arbeitsplatz zur Verfügung zu stellen, und die Bedingungen, unter denen Einkommen über Erwerbsarbeit in der Gesellschaft verteilt wird, weder für alle fair noch gleich sind, erscheint es nur gerecht, allen Bürgern ein existenzsicherndes Grundeinkommen zu garantieren, das diese Defizite zumindest zu einem gewissen Grad auszugleichen versucht. Denn reale Freiheit setzt immer ein gewisses Maß an Sicherheit voraus.

Die vielseitigen Diskussionen eines Grundeinkommens, einer Grundsicherung oder eines Bürgergeldes können hier nicht umfassend besprochen werden. Stellvertretend für die Vielzahl an wissenschaftlichen Beiträgen seien an dieser Stelle nur die Arbeiten des Wiener Sozialphilosophen Manfred Füllsack genannt (Füllsack 2002 und 2006). Im Grunde plädieren Wirtschafts- und Sozialwissenschaftler aber bereits seit zwei Jahrzehnten dafür, die anhaltende Massenarbeitslosigkeit und alltägliche Unsicherheit mit Hilfe eines Grundeinkommens abzufedern. Gleichzeitig sollen Anreize geschaffen werden, dieses Grundeinkommen durch gemeinnützige Arbeit und soziales Engagement mit einem sinnvollen Lebensinhalt zu kombinieren.

Das Grundeinkommen dient der Existenzsicherung. Es garantiert ein Existenzminimum, auf das alle Bürger einen Rechtsanspruch haben. Es ermöglicht den Bürgern ein bescheidenes, aber den gesellschaftlichen Standards entsprechendes Leben. Im Unterschied zu Arbeitslosengeld und Sozialhilfe ist das Grundeinkommen nicht an die Erwerbsarbeit gebunden. Sicherungsansprüche und Beitragsfinanzierung werden entkoppelt. Der Bezug ist von keinem Bedürftigkeitsnachweis abhängig. Mit ihm geht keinerlei Arbeitsverpflichtung einher. Das Grundeinkommen wird unabhängig von einer Erwerbsarbeit ausgezahlt. Es ersetzt die zahllosen öffentlichen Zuwendungen und wird allen Bürgerinnen und Bürgern bedingungslos und ohne Prüfung ausgehändigt. Dadurch entfällt ein großer Teil des bisherigen Verwaltungsaufwands. Das eingesparte Geld kommt direkt den Bürgern zu Gute.

Die Sorge, damit nur das Nichtstun zu fördern, erscheint bei genauer Betrachtung als unberechtigt. Niemand ist daran interessiert, Tag für Tag zu faulenzen. Die meisten Menschen wollen aus psychischen, sozialen und kulturellen Gründen sehr gerne arbeiten. Sie sind zudem daran interessiert, möglichst etwas Geld dazu zu verdienen. Die Frage ist nur, unter welchen Bedingungen. Wer unter allen Umständen lieber zuhause bleiben will, wird vermutlich weder seinem Arbeitgeber noch seinen Kollegen sehr viel nutzen. Dagegen gibt es eine moralische Verpflichtung, „alles in ihren Kräften stehende zu tun, damit jeder andere Mensch ein halbwegs anständiges Leben leben kann. Es gibt ein minimales Netz der Sicherheit, aus dem niemand fallen darf" (Dahrendorf 1983, 161). Warum das so ist? Nun, es handelt sich um eine Pflicht, die sich letztlich nur moralisch, humanitär oder religiös begründen lässt. Vielleicht, weil wir im Antlitz des Anderen unser eigenes Antlitz erkennen.

Das Grundeinkommen ermöglicht den Betroffenen ein bescheidenes Leben in Würde. Es schafft den Boden, auf dem das freie und selbstbestimmte Handeln der Bürger aufbauen kann, ohne von materiellen Nöten und existenziellen Ängsten untergraben zu werden. Dabei geht es nicht einfach darum, heute dies und morgen jenes zu tun. Ein stabiles Grundeinkommen schafft das Fundament, auf dem vielfältige Arbeitsleistungen aufbauen können. Das Spektrum reicht von individueller Fortbildung über soziales Engagement oder künstlerische Tätigkeiten bis zur Gründung einer Firma, in die erst einmal viel Zeit und Kraft investiert werden müsste. Ein Mindestmaß an Sicherheit steht der Selbständigkeit der Menschen keineswegs im Wege. Im Gegenteil: Es befreit sie von ihren alltäglichen Sorgen. Es ermutigt sie, selbständig und zuversichtlich zu handeln und gegebenenfalls auch einmal Risiken einzugehen. In diesem Sinne steht das Grundeinkommen der Verwirklichung innovativer Geschäftsideen keineswegs im Wege, sondern begünstigt sie. Das gilt vor allem für die zahllosen Hochschulabsolventen, die sich nach dem Studium erst einmal gezwungen sehen, unbezahlte Praktika zu absolvieren oder die Finanzierung der künftigen Selbständigkeit auf die Beine zu stellen. Da sie vorher nicht länger gearbeitet haben, haben sie derzeit auch wenig Anspruch auf staatliche Unterstützung. Das gilt auch für diejenigen, die sich mehrere Jahre lang von einer befristeten freien Mitarbeit zur nächsten hangeln. Sie arbeiten voll, verdienen nicht besonders viel und stehen vor dem nichts, sobald eine Folgebeschäftigung einmal ausbleibt. In all diesen Fällen würde das Grundeinkommen neue Entwicklungsperspektiven innerhalb und außerhalb des Erwerbsarbeitsmarktes eröffnen. Es würde zukunftsfähige Formen der eigenverantwortlichen Selbstorganisation in Vereinen, Kooperationen, Unternehmen stützen und so der Gesellschaft insgesamt zusätzliche Entwicklungsimpulse geben. Dass günstige Rahmenbedingungen wie niedrige Mieten, leerstehende Räume, unregulierte Orte sehr einfach und schnell mit guten Ideen und tragfähigen Konzepten gefüllt werden können, so dass einer ganzer Stadtteil innerhalb kurzer Zeit aufgewertet wird, kann wiederum Berlin abgelesen werden. In diesem Sinne stellt die Hauptstadt ein ganz konkretes Modell für Generierung kreativer Möglichkeitsräume dar.

Finanzierung

Der Finanzierung eines solchen Grundeinkommens liegen verschiedene Modelle zugrunde. Die Überlegungen gehen davon aus, dass es „eine weitgehend automatisierte Grundproduktion gibt, die eine 'Grundversorgung' der Gesamtbevölkerung sichert" (Glaser 1988, 138). Eine solche Grundversorgung besteht bereits in Hinblick auf staatliche Leistungen wie Infrastruktur, Straßennetze, Nahverkehrsmittel, Bildungseinrichtungen, medizinischer Versorgung, uvm. Dem ökonomischen Einwand, dass sich ein Grundeinkommen für alle nicht finanzieren ließe, können gleich mehrere Argumente entgegen gestellt werden: Erstens würden mit der unbürokratischen Auszahlung große Summen an Verwaltungskosten entfallen, welche die Bearbeitung von traditionellen Zuschüssen wie Arbeitslosengeld, Sozialhilfe, Wohngeld, Studienförderung, Existenzgründerbeihilfen, uvm. derzeit verursachen. Zweitens würden Besserverdienende aufgrund des zusätzlichen Einkommens höhere Steuern bezahlen, so dass ihr Anteil wieder zurück in die öffentlichen Kassen fließe. Drittens würden sich zusätzliche Zahlungen auf diejenigen beschränken, die derzeit gar keinerlei Unterstützung beziehen – also vor allem Hausfrauen, deren Arbeit für die Familie, insbesondere die Fürsorge für Kinder und Alte, einen wertvollen Beitrag zum Gesamthaushalt der Gesellschaft darstellt, ohne dafür bislang eine angemessene Form der monetären Anerkennung zu erhalten.[21]

Insofern Arbeitslosigkeit nicht allein ein ökonomisches, sondern ein gesamtgesellschaftliches Problem ist, sollten die Lasten auch von allen Bürgern getragen werden, wobei die Belastbarkeit der einzelnen Bevölkerungsgruppen zu beachten ist. Wengleich ganz unterschiedliche Finanzierungsvorschläge zur Diskussion stehen, die von der Besteuerung umweltschädigender Wirtschaftsaktivitäten bis zur Spekulation mit Investmentfonds reichen, wird es letztlich einer Umschichtung der Unternehmensgewinne auf breite Bevölkerungsschichten bedürfen, um das erforderliche Kapital zu erschließen. Das scheint noch einmal besonders vor dem Hintergrund der großen Finanzkrise 2009 gerechtfertigt zu sein. Denn während die Banken gigantische Gewinne anhäuften und lediglich ihren Angestellten und Aktionären zu Gute kommen ließen, mussten für die nicht minder gigantischen Verluste und Bürgschaften die öffentlichen Haushalte und damit die Bürger aufkommen. Mehr denn je scheint es deshalb erforderlich zu sein, die Umverteilung der Unternehmensgewinne neu zu verhandeln. Gerade weil die Forderung nach mehr ausgleichender Gerechtigkeit seit mehr als zwanzig Jahren unbeantwortet im Raum steht. Angesichts der staatlichen Subventionen, welche die fahrlässigen Geschäftspraktiken der großen Geldinstitute mit

---

21 Eine ausführliche Diskussion der Entlohnung von Familienarbeit hat die Sozialphilosophin Angelika Krebs unter dem Titel *Arbeit und Liebe* vorgelegt (Krebs 2002).

einem gewaltigen Kraftakt stützen mussten, erscheinen die Worte von Hermann Glaser als ungebrochen aktuell: „Ein neuer Lastenausgleich tut Not; nicht mehr als einmaliger Akt, sondern als Daueranstrengung: nämlich zwischen denjenigen, die von der technologischen Entwicklung profitieren, und denjenigen, die ihr zum Opfer fallen; zwischen denjenigen, die im Besitz von Arbeit, und denjenigen, die arbeitslos sind" (Glaser 1988, 131). Dass es sich bei der Frage, wie die erwirtschafteten Gewinne tatsächlich – wie es die Wirtschaftswissenschaft selbst verspricht – dem Gemeinwohl zu Gute kommen, um ein Thema handelt, dass niemals abgeschlossen ist und fortwährend neu verhandelt werden muss, verdeutlicht der schlichte Umstand, dass zahllose Autoren im Laufe der Zeit nicht müde werden, den Beitrag der Wirtschaft wieder und wieder einzuklagen. So beispielsweise auch Ulrich Beck: „Die transnationalen Konzerne [...] müssen ihren Beitrag zur Demokratie leisten. Dieser kann wohl auf Dauer kaum darin liegen, keine Steuern zu zahlen und Arbeitsplätze in Billiglohnländer auszulagern" (Beck 2000, 442). Und in einem ganz ähnlichen Sinne müssten für Jeremy Rifkin die politische Bewegungen stärker darauf drängen, einen möglichst großen Anteil des Produktivitätszuwachses vom marktwirtschaftlichen in den zivilgesellschaftlichen Sektor zu verlagern, um auf diese Weise soziale Gemeinschaften und lokale Infrastrukturen zu stärken (Rifkin 2004, 250). Die formulierten Ziele und Begründungsstrategien mögen dabei sehr ähnlich und damit nicht sonderlich originell sein. Bei gesellschaftspolitischen Forderungen geht es letztlich aber eher um Machtverhältnisse, Standfestigkeit und Durchsetzungsvermögen, als um einzigartige Originalität.

Im Prinzip hätte die anhaltende Krise der Arbeitsgesellschaft schon längst zu einer Fülle an Freiräumen und Förderprogrammen für selbstorganisierte Initiativen oder selbständige Kooperativen führen können. Dieser Schritt fand aber nicht wirklich statt. Zwar gab es hier und da vereinzelte Auszeichnungen für ehrenamtliches Engagement. Auch werden zahlreiche bürgerschaftliche Projekte mit finanziellen Mitteln unterstützt. Der erforderliche Wandel wurde aber nicht geschafft. Was sich abzeichnet, ist keine Tätigkeitsgesellschaft, sondern eine Arbeitsgesellschaft, an der ein wachsender Teil der Bevölkerung einfach nicht mehr beteiligt ist. Einer der Gründe, warum es der Sozialpolitik bis heute nicht gelungen ist, die sozialen Spannungen auszugleichen, liegt darin, dass sie offensichtlich an Gestaltungsmacht verloren zu haben scheint. Die soziale Marktwirtschaft der alten Bundesrepublik war durch ein differenziertes System innerstaatlicher Umverteilung von Arbeit und Einkommen gekennzeichnet. Im Zuge der Globalisierung werden die traditionellen Grenzen der Nationalstaaten brüchig – und mit ihnen die Instrumente sozialstaatlicher Steuerungspolitik. Insbesondere die Steuerhoheit stellt ein zentrales Prinzip nationalstaatlicher Autorität dar. Sie ist aber auf wirtschaftliche Aktivitäten innerhalb des nationalen Territoriums begrenzt. In den grenzüberscheitenden Wirtschaftsräumen der Gegenwart lassen sich Fragen nach Unternehmensbesteuerung oder Steuerschlupflöchern nicht allein auf nationaler Ebene beantworten. In der Folge drohen ausgerechnet die reichsten Gesellschaftsmitglieder zu "*virtuellen Steuerzahlern*" zu werden (Beck 1997, 19). Die Konsequenzen dieser Entwicklung sind fatal: „Die neue Zauberformel lautet: Kapitalismus *ohne Arbeit* plus Kapitalismus *ohne Steuern*" (Beck 1997, 20). Damit drohen die politischen Gestaltungsmöglichkeiten der gesellschaftlichen Betätigungsfelder außerhalb des Erwerbsarbeitsmarktes auf unabsehbare Zeit geschwächt zu werden. Im Rückblick erscheinen die in den achtziger Jahren gepflegten Hoffnungen auf ein von der Mühsal der Arbeit befreites Leben als eher überschaubare Visionen einer in den Fronten des Kalten Krieges geordneten Welt.

3.5. Zur Krise der Regierbarkeit

Aus der Perspektive der Nationalstaaten erscheint die Globalisierung in erster Linie als eine Öffnung gegenüber dem Weltmarkt, von der die ansässige Wirtschaft in Form von Import- und Exportgeschäften profitiert. In diesem Sinne ist die Globalisierung vor allem das Ergebnis wirtschaftspolitischer Entscheidungen. Im Zuge der Liberalisierung der Märkte werden nationale Handelsschranken abgebaut. Staatliche Infrastrukturmaßnahmen beschleunigen die digitalen Informationsströme wie den konventionellen Güterverkehr. Eine wirtschaftsorientierte Energiepolitik sorgt für niedrige Transportkosten. Systematisch wurde der Markt dereguliert, so dass der Wettbewerb der Marktakteure seine Dynamik entfalten konnte. In diesem Sinne profitieren transnationale Unternehmensnetzwerke von nationaler Politik. Und deshalb hängt der Strukturwandel der Arbeitswelt letztlich auch mit politischen Fragen zusammen.

Die ökonomische Neustrukturierung des sozialen Raumes

Gleichzeitig ist der Staat auf eine erfolgreiche Wirtschaft angewiesen. Wie Saskia Sassen darlegte, spielen dabei vor allem die großen Städte eine zentrale Rolle (Sassen 2002). Während große Unternehmen global agieren, siedeln sie bevorzugt an bestimmten Orten an. Zum einen dort, wo sie niedrige Produktionskosten vorfinden; zum anderen dort, wo sie von wertvollen Ressourcen profitieren. Etwa von einer vorteilhaften Infrastruktur und geeigneten Büroräumen, von ausgebildeten Fachkräften und brauchbaren Dienstleistungsangeboten, von einem Zugang zu innovativen Milieus und interessanten sozialen Netzwerken, von einem attraktiven Arbeitsumfeld und nicht zuletzt einer kaufkräftigen Klientel. Schließlich muss selbst das mobilste Kapital irgendwo gemanagt werden. Und die räumliche Dezentralisierung der Arbeitsprozesse hat zugleich einen neuen Bedarf an integrierenden Koordinationsstellen geschaffen. Darüber hinaus mag das Internet zwar den Zugang zu allerlei nützlichen Informationen eröffnen – diese Informationen bleiben aber wertlos, wenn man es nicht versteht, sie auf die richtige Art und Weise auszuwerten. Die Zusammenarbeit talentierter Fachkräfte erhöht die Wahrscheinlichkeit, die zirkulierenden Informationen angemessen zu interpretieren und folgerichtig zu verwerten. So mag die Virtualisierung des Finanzwesens, die Digitalisierung der Produktion, die Flexibilisierung der Unternehmensorganisation nahe legen, dass der Ort als geographische Größe an Bedeutung verloren hat – als soziale Größe spielt er aber nach wie vor eine ganz entscheidende Rolle. Die Konsequenz ist eine ausgesprochen hohe Konzentration wirtschaftlicher Aktivitäten und global agierender Wirtschaftsakteure an wenigen zentralen Orten. Die großen Metropolen wie New York, London oder Tokyo sind zentrale Knotenpunkte des höchst leitungsfähigen Netzwerkes der Weltwirtschaft.

Dagegen erscheinen Gegenden, die von den schnellen Transportrouten und Datenautobahnen abgeschnitten sind, als wirtschaftlich unattraktiv. In der Regel werden sie von Investoren gemieden. Abgelegene Regionen laufen Gefahr, dauerhaft brachzuliegen und allmählich zu verarmen. Selbst traditionelle Großbetriebe wie die Deutsche Bahn vernachlässigen sie, weil dort keine lukrativen Gewinne zu erwarten sind. Insofern die großen Telefongesellschaften und Internetanbieter mittlerweile privatwirtschaftliche Anbieter sind, folgt auch der Ausbau der digitalen Infrastruktur primär der Maxime des größtmöglichen Profits. In der virtuellen Welt der dezentralisierten Computernetzwerke hat der reale Raum deshalb nur in einem sehr spezifischen Sinne an Bedeutung verloren. Distanzen werden mühelos überwunden, die lokale Verortung der Internetzugänge und Datenhighways stellt aber eine elementare Voraussetzung für alle weiteren Wirtschaftsaktivitäten dar. Nicht zuletzt deshalb streben die großen Unternehmen in die größten Wirtschaftszentren, um von hier aus eine Spitzenposition auf dem Weltmarkt zu erringen. Ob in Buxtehude der Zug pünktlich fährt oder ein Internetcafé eröffnet, interessiert demgegenüber einfach nicht. Und das gerade weil die Unternehmen einem unerbittlichen Wettbewerb ausgesetzt sind, der fehlerhafte Investitionsentscheidungen hart bestraft. Es ist nun einmal sehr viel einfacher, sich in eine bestehende Infrastruktur einzuklinken, als eine solche erst aufbauen zu müssen. Wer aber kann diese Aufbauarbeit dann leisten?

Unwillkürlich sind Städte, Länder und Nationen darauf angewiesen, dass ihr wirtschaftliches Leben floriert. Fehlt das notwendige Kapital, um in zukünftige Entwicklungen zu investieren, drohen die betroffenen Regionen zu veröden. Die Zahl der Arbeitslosen wächst; Arbeitsuchende wandern ab; die Alten vermögen den Jungen keine Perspektive mehr zu eröffnen. So drohen ganze Regionen und ehemals wohlhabende Stadtteile allmählich zu verarmen. Immobilien stehen leer und verfallen. Siedlungen werden aufgegeben. Sinkende Einnahmen und steigende Sozialausgaben belasten die öffentlichen Haushalte und gefährden die Gestaltungsmacht der Politik. Öffentliche Bildungseinrichtungen beginnen zu bröckeln und das kulturelle Leben erlahmt. Die Infrastruktur der lokalen Wissensgenerierung wird langfristig beschädigt. Innovativen Kleinstbetrieben fehlen hochqualifizierte Mitarbeiter. Die Krise begünstigt Tendenzen der intellektuellen Abschottung und provinziellen Verfilzung. Kollektive Resignation droht das letzte Fünkchen an risikofreudigem Unternehmergeist zu ersticken. Das stadtsoziologische Forschungsprojekt *Schrumpfende Städte* hat solche Entwicklungen eindringlich beleuchtet (Oswalt 2004). Insofern die traditionelle Großindustrie eng mit der Entwicklung der Städte verbunden war, führen die fortschreitende Deindustrialisierung, die Abwanderung von Kapital und die Verlagerung von

Produktionsstandorten in Billiglohnländer seit den achtziger Jahren zu einer tief greifenden Krise des europäischen Stadtmodells. Eine ganze Reihe an Städten ist nicht mehr in der Lage, gut ausgebildete Arbeitskräfte anzuziehen. Im Vergleich mit den attraktiven Metropolen, in denen sich Kapital und talentierte Arbeitskräfte konzentrieren, haben sie kaum etwas zu bieten. Vor allem in den ehemaligen innerdeutschen Grenzregionen macht ein andauernder Verödungsprozess den Betroffenen zu schaffen. In ostdeutschen Regionen fehlt das notwendige Kapital, um die bestehenden Produktionsstätten und Vertriebsnetze aus eigener Kraft auszubauen. Aber auch in Westdeutschland und hier insbesondere im Ruhrgebiet, das mit dem Übergang von der industriellen zur postindustriellen Gesellschaft ganz besonders zu kämpfen hat, übersteigt die Zahl der Leerstände und Rückbauten bei weitem die Möglichkeiten privater wie öffentlicher Geldgeber. Die krisengeschüttelten Regionen abseits der europäischen Wirtschaftszentren erscheinen in den Augen finanzkräftiger Investoren als wenig attraktiv. Und die Transportrouten verbinden in erster Linie die internationalen Handelszentren. So entsteht eine besondere Geographie: Während manche Weltregionen immer dichter miteinander vernetzt werden, dünnen die Anbindungen anderer Regionen weiter aus. In diesem Sinne droht die ökonomische Logik den sozialen Raum nach ihren eigenen Gesetzen zu restrukturieren. In der Vergangenheit war es vor allem der integrativen Kraft der Nationalstaaten zu verdanken, dass die einzelnen Regionen in den staatlichen Gesamthaushalt einbezogen und einigermaßen gleichberechtigt entwickelt worden sind. Mit der Privatisierung wird dieses Vermögen geschwächt.

Der internationale Standortwettbewerb

Länder, Städte und Gemeinden sind unwillkürlich auf finanzkräftige Investoren angewiesen. Die regierenden Volksvertreter sind deshalb zu einem gewissen Grad von privaten Kapitaleignern abhängig. Diese Abhängigkeit droht die Gestaltungsmacht der Politik zu schwächen. Um die Chancen des Wettbewerbs und der Globalisierung zu nutzen, wird gemeinhin zu einer möglichst schnellen Anpassung an die Herausforderungen des Weltmarktes geraten. Staaten in einer offenen Weltwirtschaft benötigen Investitionen in die Erforschung und Entwicklung innovativer Wettbewerbsstrategien. Dazu zählen herausragende Produkte ebenso wie hervorragende Arbeitskräfte. In Folge der politisch forcierten Liberalisierung der Märkte, sind Länder, Städte und Gemeinden unweigerlich gezwungen, miteinander um Investoren zu konkurrieren. Die weltweite Mobilität des Kapitals und die globalen Unternehmensnetzwerke setzen die westeuropäischen Hochlohnländer einem wachsenden Standortwettbewerb aus. Die flexiblen Unternehmensnetzwerke sind in der Lage, ihre Standorte innerhalb weniger Monate zu verlagern. Sie können einer Regierung eine Forderung stellen, ohne sich selbst verpflichten zu müssen. Zwar bestreiten Wirtschaftsvertreter immer wieder gern, dass sie Regierungen gegeneinander ausspielen; aber allein die Option stärkt ihre Verhandlungsposition und provoziert vorauseilenden Gehorsam bei den Verhandlungspartnern.

Die innenpolitischen Konsequenzen

In der Folge vermag die Politik kaum eine Regulierung gegen den Willen der Arbeitgeber durchzusetzen, ohne nicht deren Reaktion fürchten zu müssen. Ob es darum geht, den Kündigungsschutz zu sichern, die Löhne anzuheben, die Sozialfürsorge zu verbessern, oder Steuern einzufordern – stets wird kritisiert, dass die staatlichen Maßnahmen die Wettbewerbsfähigkeit der Wirtschaft gefährde. Um Investoren nicht abzuschrecken, bleibt der Regierung letztlich kaum eine andere Wahl, als die Wünsche der Unternehmen aufzugreifen. So werden soziale Standards gesenkt, weil sie sich negativ auf die Arbeitskosten auswirken könnten, oder Subventionen angeboten, für die andernorts gespart werden muss. Am Ende belastet der Wettbewerb die staatlichen Haushalte und setzt die sozialpolitischen Sicherungssysteme unter Druck.

Mit anderen Worten: Die nationale Selbstoptimierung im Standortwettbewerb erfordert eine Anpassung der Gesellschaft an die ökonomischen Strukturen. Globalisierung ist daher „mehr als die bloße Existenz des Weltmarkts, sie ist Gesellschafts*gestaltung*" (Altvater 1996, 58). Um die internationale Wettbewerbsfähigkeit von Standorten zu sichern, erscheint es notwendig, möglichst viele Bereiche an die Erfordernisse des Marktes anzupassen und die wirtschaftliche Leistungskraft aller Bürger und aller Organisationen zu steigern. Gefragt sei ein "*Produktivitätspakt*" von Politikern und Bürgern (Altvater 1996, 68). In der Folge werden Schulen und Hochschulen auf die Bedürfnisse der Wirtschaft ausgerichtet; staatliche Forschungseinrichtungen mit Konzernen verzahnt; Gesundheitsvorsorge und Sozialversicherung mit Instrumenten des Kapitalmarktes gesteuert; die Verluste privater Unternehmungen mit öffentlichen Gelder ausgeglichen; private Risiken staatlich gedeckt; diplomatische Beziehungen gepflegt, um neue Märkte zu erschließen; usw. usf. Kaum ein Vorschlag erscheint inakzeptabel, um das Land in einen effizienten Betrieb umzubauen. In der von hohen Löhnen gepeinigten Deutschland-AG sollen konkurrierende Unternehmen permanent Höchstleistungen bringen und alle unrentablen Bereiche nach und nach beseitigt werden. An die Stelle politischer Leitbilder wie nationale Wohlfahrt, sozialstaatliche Sicherheit oder soziale Gerechtigkeit, tritt die – mitunter durchaus patriotisch anmutende - Mobilisierung aller Kräfte für den Kampf um attraktive Standorte und erfolgreiche Geschäfte auf dem Weltmarkt. Alles Weitere ergebe sich dann schon von selbst.

Es stellt sich allerdings die Frage, inwieweit sich die Bürger einer Gesellschaft nicht nur auf das wirtschaftliche, sondern auch auf das politische Ziel einer Steigerung der nationalen Wettbewerbsfähigkeit verpflichten lassen. Tatsächlich ist der Gesellschaftsvertrag der modernen Marktgesellschaft in erster Linie ein Produktivitätsbündnis. Der Druck auf die Bevölkerung, sich mit den Zielen der heimischen Unternehmen zu identifizieren, ist nicht zuletzt aufgrund der globalen Standortkonkurrenz gewaltig. Denn schließlich hängen Arbeitsplätze, Steuereinnahmen, Investitionen davon ab. Das aber impliziert ein prinzipielles Problem: Dominiert wird dieses Bündnis nicht von demokratischen Verständigungsprozessen, sondern von der Logik des Marktes (vgl. Altvater 1996, 29). Der Wohlfahrtsstaat droht zu einem „Wettbewerbsstaat" zu werden, „der auf einen bestimmten Standort (Staatsgebiet) bezogene Wettbewerbschancen an global agierende Nachfrage vermakelt" (Albert 1999, 266). Die Regierung eines Wettbewerbstaates sieht ihre Aufgabe vor allem darin, attraktive Standortbedingungen zu schaffen. Sie lockt Investoren mit lukrativen Angeboten wie günstigen Grundstücken, guten Verkehrsanbindungen, neuen Infrastrukturmaßnahmen, ausgebildetem Nachwuchs, niedrigen Lohnnebenkosten, günstigen Abschreibemöglichkeiten, vielfältigen Steuervorteile, individuellen Sonderkonditionen, stabilen Verhältnissen, uvm. Gleichzeitig findet Politik im Sinne einer Gesellschaftsgestaltung, bei der sich die Bürger über grundlegende Fragen des gesellschaftlichen Zusammenlebens und erstrebenswerte Ziele verständigen, kaum mehr statt. Fragen gesamtgesellschaftlicher Regulierung oder globaler Einkommensverteilung stehen nicht zur Debatte. Vielmehr erweist sich eine Regierungen nach der anderen als beflissener Sachverwalter der nationalen Selbstoptimierung (Altvater 1996, 382). Letztlich unterliegt der Wettbewerbsstaat allerdings demselben Rationalitätskalkül und den gleichen Effizienzkriterien wie alle anderen Marktakteure. Entsprechend gerät eine Regierung vor allem dann in Bedrängnis, wenn der wirtschaftliche Erfolg ausbleibt. Zwangsläufig werden diesem Ziel andere Ziele untergeordnet.

Die meisten Politiker wissen auf die Herausforderungen durch den internationalen Wettbewerb nicht anders zu antworten, als die unter Druck geratenen Sozialleistungen aufzugeben. Im globalen Standortwettbewerb erscheinen sie in erster Linie als Kostenfaktor. Letztlich mündet die Liberalisierung der Märkte daher in ein simples Downsizing der Sozialprogramme. Um die Wettbewerbsfähigkeit unter dem Druck der rigiden Zeitvorgaben der globalen Konkurrenz zu verbessern, werden kurzfristig Kosten gesenkt und die sozialen Errungenschaften des Wohlfahrtsstaates eilfertig abgebaut (vgl. Altvater 1996, 32). Die Folgen dieser Vorgehensweise sind hinlänglich bekannt: „Strukturelle Arbeitslosigkeit, Auflösung sozialer Netze, Einschränkungen tariflicher Leistungen, Deregulierung der Arbeitszeit, Reallohnverlust bei wachsender öffentlicher und privater

Armut kennzeichnen die Lage in Westeuropa und [...] in den USA" (Albert 1999, 266). In einer an kurzfristigen Lösungen orientierten Politik geraten Probleme, die eines langfristigen Lösungsprozesses bedürfen, ins Hintertreffen. Dass die Probleme damit nur auf unbestimmte Zeit in die Zukunft aufgeschoben werden, hält die wenigsten Interessengruppen davon ab, ihre Rechnung in der Gegenwart auf Kosten zukünftiger Generationen zu machen. Erinnert sei nur an die gigantische Staatsverschuldung von fast acht Billionen Euro im Jahr 2010. Mit den wirtschaftlichen Schwierigkeiten werden ökologische und soziale Fragen der ökonomischen Konkurrenzfähigkeit untergeordnet. Statt die absehbaren Folgen des eigenen Handelns verantwortungsvoll abzuwägen, nähren sie eine diffuse Hoffnung, dass sich die gewaltigen Probleme im Zuge der allgemeinen Entwicklungen, des wirtschaftlichen Wachstums oder des technischen Fortschritts schon irgendwie lösen werden. Schließlich gelte es, optimistisch in die Zukunft zu blicken, um den sich gerade wieder einmal andeutenden konjunkturellen Aufschwung nicht unnötig zu gefährden.

Insofern der internationale Wettbewerb ein dynamischer Prozess ist, erreicht die nationale Selbstoptimierung niemals ein Ende. Die normativen Anforderungen der Arbeitgeber werden beständig nach oben geschraubt. Nicht selten nutzen Unternehmen die Wettbewerbsdebatte, um Interessen durchzusetzen, die im Einzelfall gar nicht unbedingt erforderlich wären. So wird gefordert, ökologische Einschränkungen zu beseitigen oder die Bildung an den Erfordernissen der Wirtschaft auszurichten. Es geht dabei ganz offensichtlich um wirtschaftliche Interessen mit gesellschaftspolitischen Folgen, die den Handlungsspielraum der Unternehmen gegenüber dem Staat ausweiten sollen. Dabei werden die globalen Sachzwänge gerne als sozialpolitisches Totschlagargument ins Feld geführt. So warnen etliche Autoren denn auch davor, die Wettbewerbsdiskussion allzu sehr zu dramatisieren (Albert 1999, 267). In den meisten Fällen sind durchaus bestimmte Auflagen möglich, die die Wettbewerbsfähigkeit nicht weiter beeinträchtigen. Außerdem sind es nicht nur Regierungen, die miteinander um Unternehmensinvestitionen konkurrieren. Die Unternehmen konkurrieren ihrerseits um günstige Standorte, ausgebildete Arbeitskräfte, attraktive Arbeitsumgebungen, uvm. Es wächst allmählich das Bewusstsein, dass der Erfolg global agierender Unternehmen entscheidend davon abhängt, wie sie in regionale Netzwerke eingebunden sind, die Qualifikationen, Erfahrungswissen, Vertrauen, Sicherheit zur Verfügung stellen. Glaubt man dem optimistischen Credo des Managers und Präsidenten des deutschen Führungskräfteverbandes Joachim Betz, würden die Unternehmen deshalb unter Umständen auch restriktivere wirtschaftspolitische Maßnahmen akzeptieren (vgl. Kübler 2004, 14). Gerade in den wissensorientierten Branchen sind hochqualifizierte und kreative Mitarbeiter besonders gefragt. Gerade die besten Köpfe stellen hohe Ansprüche an ihren Arbeitsplatz und ihr Lebensumfeld. Will ein Unternehmen tatsächlich die besten aller Bewerber gewinnen, wird es sich in Zukunft sehr viel stärker um attraktive Angebote bemühen müssen. In bestimmten Branchen wie den Banken sind exorbitante Bonuszahlungen für begehrte Mitarbeiter schon seit geraumer Zeit alltäglicher Standard. Während die Maßlosigkeit dieser – von Erfolg oder Misser-folg völlig abgekoppelten – Anreizzahlungen zu Recht in die Kritik geraten ist, wächst das Bewusstsein vor allem bei gut qualifizierten Mitarbeitern in anderen Branchen, die nicht zwangsläufig weniger leisten, aber deutlich weniger verdienen, dass die eigene Leistung durchaus zu einem gewissen Anspruch an die Vergütung, die Organisation des Arbeitsalltags sowie die Gestaltung des Arbeitsumfeldes berechtigt.

Das sozialpolitische Dilemma

Zum gegenwärtigen Zeitpunkt ist den Anforderungen des Weltmarktes mit sozialpolitischen Gegenmaßnahmen kaum entgegenzusteuern, ohne die eigene Weltmarktkompetenz zu einem gewissen Grad zu gefährden. Das Dilemma, in dem sich die Sozialpolitik befindet, ist offensichtlich: Auf der einen Seite müssen die nationalen Regierungen allgemeine Bedingungen schaffen, die der Wettbewerbsfähigkeit der eigenen Wirtschaft dienen, um auf dem Weltmarkt möglichst hohe Gewinne zu erzielen – Gewinne, die am Ende wieder dem nationalen Wohlstand dienen. Auf der anderen Seite drohen diese Bedingungen aber den Wohlfahrtsstaat zu untergraben, weil soziale Sicherheiten abgebaut und kulturelle Infrastruktur zerstört werden. Zerrissen zwischen den Zwängen einer zukunftsfähigen Standortpolitik und den Anforderungen des Wohlfahrtsstaates, drohen die Parteien ihre Handlungsfähigkeit einzubüßen.

Nichtsdestotrotz nimmt die politische Führung gerne für sich in Anspruch, die nationale Wirtschaft einigermaßen im Griff zu haben. Ihre politischen Instrumente seien geeignet, die Arbeitslosigkeit zu senken, das Wachstum zu erhöhen, den Wohlstand zu sichern und Investitionen in die Zukunft zu unternehmen. Tatsächlich drohen aber zahlreiche Entwicklungen, der politischen Führung seit geraumer Zeit zu entgleiten. Regierungspläne werden regelmäßig von Ereignissen eingeholt, die außerhalb ihres nationalen Handlungsspielraums liegen. Insofern die Macht der Nationalstaaten räumlich begrenzt ist, erweisen sich die staatlichen Steuerungsmechanismen als beschränkt. Auf den globalen Märkten reicht ihre Gestaltungsmacht nicht sonderlich weit. Die staatlichen Grenzen sind nicht nur sichtbare Schranken, sie markieren auch die Reichweite politischer Kontrollmöglichkeiten. In Folge sinkender Steuereinnahmen und steigender Sozialausgaben sind die meisten Städte, Länder und Staaten mit einem erheblichen Haushaltsdefizit konfrontiert. Mit der Unfähigkeit des Staates, die Kapitalströme zu kontrollieren und soziale Sicherheit zu garantieren, sinkt sein Ansehen in den Augen der Bürger. Zusätzlich erschwert die Komplexität multilateraler Bündnispolitik nationale Entscheidungen. Letztlich trägt selbst der Versuch der Nationalstaaten, dem eigenen Herrschaftsanspruch in der globalen Arena mit Hilfe von internationalen Institutionen neue Geltung zu verschaffen, zur Schwächung der staatlichen Macht bei. Es stellt sich deshalb ernsthaft die Frage, inwieweit konkurrierende Nationalstaaten grundsätzlich in der Lage sind, die globalen Herausforderungen in den Griff zu kriegen, oder ob dies nicht einzig und alleine transnationale und kooperativer Staatenverbünden nach dem Vorbild der EU vermögen.

Das sozialstaatliche Projekt der modernen Demokratien ist unauflöslich an die Idee des Nationalstaates geknüpft. Der Nationalstaat ist viel zu langsam, um mit der Geschwindigkeit der globalen Märkte mithalten zu können. Die kapitalistische Wirtschaftswelt steuert auf der Grundlage der neuen Kommunikationstechnologien einer Entzeitlichung und Entstofflichung entgegen. Gegenüber einem virtuellen Unternehmen erscheint der demokratische Staatsapparat als ein schwerfälliges, kräftezehrendes, ineffizientes Ungetüm, das den technologischen Innovationen der Zeit nicht mehr gerecht wird. Die Blickrichtung lässt sich allerdings auch umdrehen: Aus der Perspektive der Demokratie erscheint das kapitalistische Wirtschaften als hektisch, spekulativ, unmenschlich. Die Frage, die daran anschließt, lautet: Welchen Standpunkt wollen wir wählen? Entscheiden wir uns für ein Primat der Politik oder ein Primat der Ökonomie? Oder lassen sich beide vielleicht doch zum Wohle aller nachhaltig ausbalancieren?

Die Entgrenzung des Nationalstaates

Der moderne Nationalstaat ist territorial begrenzt. Er schließt die Menschen, die auf seinem Territorium leben, zu einer sozialen Einheit zusammen. In der Vergangenheit wurde diese Einheit häufig als Volkskörper oder Schicksalsgemeinschaft aufgefasst. Die Vereinigung wurde nach außen durch Abgrenzung und nach innen durch Angleichung vollzogen. In die eine Richtung wurden die Unterschiede, in die andere Richtung die Gemeinsamkeiten betont. Die Akzentuierung der Differenzen sollte bekanntlich in gegenseitige Vorurteile, Klischees und Konflikte münden. In Wirklichkeit kann von ursprünglichen Gemeinschaften freilich keine Rede sein. Die Grenzen der Nationalstaaten sind letztlich nichts anderes als mit politischen Mitteln gezogene Linien auf einer Landkarte. Sie markieren das Territorium, auf dem ein Staat seine Herrschaftsgewalt ausübt. Die Staatsgrenzen frieden das nationale Leben ein und schützen es zugleich gegen äußere Einflüsse. Die Übertretung dieser Grenzen wurde lange Zeit als Verletzung nationaler Souveränität betrachtet. Die Souveränität des modernen Nationalstaates definiert sich nach innen absolut und nach außen relativ im Verhältnis zu anderen Nationalstaaten. In diesem Sinnen existiert der souveräne Nationalstaat nur im Plural. „Souveränität ist die Definitionsmacht, Grenzen eines Territoriums setzen und die Zugehörigkeit von Staatsbürgern festlegen zu können" (Altvater 1996, 375). Historisch betrachtet erfolgten die Grenzziehungen ziemlich willkürlich.

Im Zeitalter des Kaisers Karl V. hatte das *Römische Reich Deutscher Nation* im Mittelpunkt der europäischen Geschichte gestanden. Solange Karl V. regierte, stellte nicht ein Staat, sondern eine Dynastie die politische Macht in Europa dar. Das von ihr beherrschte Territorium erstreckte sich über ganz unterschiedliche Regionen hinweg – von den Niederlanden bis nach Sizilien, von Spanien bis nach Ungarn. In der globalisierten Welt der Gegenwart werden die Grenzen der Nationalstaaten erneut anachronistisch. Globale Informationsflüsse, digitale Kapitaltransfers, transnationaler Güterverkehr und weltweite Migrationsbewegungen stellen den Herrschaftsanspruch des Staates beständig in Frage. Die neuen Telekommunikationstechnologien haben transnationale Wirtschaftsräume geschaffen, in denen nationale Grenzen weitgehend bedeutungslos geworden sind. Das globale Finanzsystem hat sich zu einem hohen Maß aus nationalstaatlichen Regulierungen befreit. Das digitalisierte Geld zirkuliert in virtuellen Räumen, die aus der territorialen Dimension der Nationalstaaten herausgelöst sind. Die Finanzmärkte beeinträchtigen den Wert einer nationalen Währung. Weltweit verstreute Steuerparadiese schwächen die Macht des Staates, Steuern zu erheben und das Staatseinkommen zu sichern. Der Standortwettbewerb lässt wenig Spielraum für nationale Sonderwege und großzügige Wohlfahrtsstaaten.

Mit anderen Worten: Aus wirtschaftlicher Perspektive erscheint der Nationalstaat nicht als ein geschützter Bereich, in dem sich eine Bevölkerung selbständig organisiert und die eigene Souveränität gegenüber dem Herrschaftsansprüchen anderer Völker verteidigt, sondern als eine Schranke, die den freien Handel und Verkehr behindert. Die Globalisierung der Wirtschaft perforiert die politischen Grenzen, insofern sie die räumlichen Grenzen überschreitet, die das staatliche Herrschaftsgebiet markieren (vgl. Altvater 1996, 376). Nationale Grenzen werden destabilisiert und nationale Imaginationen relativiert. Nicht die internationale Staatengemeinschaft, sondern die transnationalen Märkte stellen die entscheidende Dimension grenzübergreifender Zusammenarbeit und internationaler Beziehungen dar. Von staatlicher Souveränität mag auch in der Vergangenheit nur sehr bedingt die Rede gewesen sein. Der Handlungsspielraum der Staaten wurde stets von anderen Staaten begrenzt. Dies gilt insbesondere für diejenigen Nationen, deren wirtschaftliche und militärische Stärke gering ist. Seit geraumer Zeit wird die Gestaltungsmacht der Nationalstaaten aber zusätzlich geschwächt. Während der Staat an Souveränität verliert, gewinnt der Markt an Ordnungsmacht: „Die Strukturierungsmacht verschiebt sich von den Regierungen zu den Kapitaleignern" (Albert 1999, 259). Zu erwarten ist deshalb, dass sich das Spannungsverhältnis zwischen Staatspolitik und Wirtschaftsgeschehen noch weiter verschärfen wird (vgl. Albert 1999, 260).

Im Laufe seiner Geschichte hatte der moderne Nationalstaat eine Reihe an Konkurrenten: Stadtstaaten, Länder, Handelsbünde, Militärbündnisse, Reiche. In der Gegenwart sind Staaten erneut konkurrierenden Mächten ausgesetzt, die sich mitunter nicht einmal klar definieren lassen. Es sind die transnationalen Netzwerke des Kapitals, des Handels, der Produktion, der Kommunikation, der Medien, der öffentlichen Meinung, der transnationalen Konzerne, der Nichtregierungsorganisationen, der internationalen Organisationen, der supranationalen Militärapparate und nicht zuletzt des organisierten Verbrechens (Castells 2002, 323). Sie alle bilden ihre eigenen Netzwerke der Macht. Neben ihnen erscheint der moderne Nationalstaat lediglich als ein Knoten eines weiteren Netzwerkes von Mächten und Gegenmächten. Die Staaten hängen von einer Vielzahl an inneren und äußeren Einflüssen ab. Sie agieren nicht als souveräne Einheiten, sondern eher als Elemente einer internationalen politischen Struktur (vgl. Castells 2002, 323).

All diesen Tendenzen zum Trotz ist der Nationalstaat damit nicht einfach erledigt. Vielmehr werden erhebliche Anstrengungen unternommen, um die Macht der Politik wieder zu stärken. Deshalb wäre es falsch, sich einfach mit ihrer Ohnmacht abzufinden. Der Nationalstaat hatte sich in der Geschichte stets in der Auseinandersetzung mit den ihm widerstrebenden Kräften behaupten müssen. Und so gibt es auch in der Gegenwart durchaus politische Instrumente, die wirtschaftliche Entwicklungen zumindest zu einem gewissen Grad zu steuern erlauben. Trotz aller Machtverluste spielen die traditionellen Nationalstaaten deshalb eine wichtige Rolle und bleiben potente Akteure in der internationalen Arena: „Tatsache ist, dass die Nationalstaaten nach wie vor mächtig sind und ihren politischen Lenkern eine wichtige Rolle in der Welt zukommt" (Giddens 1999, 30). So wird oft vergessen, dass der Handel auf ein politisches Einverständnis und eine staatliche Erlaubnis angewiesen ist. Freie Märkte funktionieren nur innerhalb rechtlicher Rahmenbedingungen. Allein der Nationalstaat ist gleichberechtigter Vertragspartner anderer Staaten. Er bleibt der Bezugspunkt für die gesellschaftlichen Akteure und sichert die Absprachen privater Akteure rechtlich ab. Die Unternehmen bedürfen einer gewissen Rechtssicherheit. Selbst der globale Markt ist das Ergebnis einer Reihe politischer Entscheidungen. Ob alle diese Entscheidungen richtig oder falsch waren, sei an dieser Stelle dahingestellt. Wichtig ist, dass es Politiker waren, die den Weg zu einer wettbewerbsorientierten Wirtschaftsordnung ebneten. Die nationale Wettbewerbsfähigkeit liegt in erster Linie in den Händen der nationalen Regierungen. Der Bildungsgrad der Bevölkerung hängt größtenteils von öffentlichen Einrichtungen ab. Nach wie vor können Nationalstaaten ihre Regulierungsmacht nutzen, um die Bewegung von Kapital, Waren, Arbeitskräften und Informationen zu erleichtern oder zu erschweren (Castells 2002, 326f). Dementsprechend geht es für die Regierungen vor allem darum, die Grenzen nationaler Souveränität anzuerkennen und sich auf diejenigen Aufgaben zu konzentrieren, die weder der Markt, noch zivilgesellschaftliche Organisationen angemessen bewältigen können. Dazu zählt die Sicherung des sozialen Friedens ebenso wie die Erhaltung eines öffentlichen Forums demokratischer Politik, die Bereitstellung einer funktionierenden Infrastruktur ebenso wie die Formulierung von wirtschaftspolitischen Rahmenbedingungen oder umweltfreundlicher Gesetze.

Die Zukunftsfähigkeit der nationalstaatlichen Demokratie

Die Globalisierung hat nicht das Ende des Nationalstaates herbeigeführt – seine Souveränität ist aber unwiderruflich angetastet. Mit Recht muss deshalb die Frage gestellt werden, wie groß der politische Handlungsspielraum eigentlich noch ist. Muss er – wie aus Wirtschaftskreisen zu hören ist – noch weiter eingegrenzt werden, um den freien Kräften des Marktes gänzlich zum Durchbruch zu verhelfen? Oder muss er nicht im Gegenteil wieder ausgeweitet werden, weil er in den vergangenen Jahren ohnedies schon weit reichend eingeschränkt wurde und sich diese Einschränkung als alles andere als positiv erwies. Diese Fragen sind vor allem von zentraler Bedeutung, weil mit ihnen nicht weniger zur Diskussion steht, als die individuelle wie kollektive Fähigkeit zur politischen Selbstgestaltung der Gesellschaft. Zur Diskussion steht nichts anderes als die Zukunftsfähigkeit der nationalstaatlichen Demokratie.

Der aktuelle Demokratiebegriff bezeichnet in der Regel ein politisches System, das durch die Selbstbestimmung der Bürger, freie Wahlen und parlamentarische Repräsentation gekennzeichnet ist. Entgegen dem Wortlaut des Begriffs beinhaltet dieses System heute nicht so sehr die Herrschaft des Volkes als vielmehr eine pluralistische Machtverteilung zwischen Parteien, Staatsbürokratien, Privatunternehmen, internationalen Organisationen, supranationalen Institutionen, die alle ein gewisses Maß an demokratischer Mitbestimmung vorsehen.

Die nationalstaatliche Demokratie basiert auf Strukturen und Institutionen der Repräsentation innerhalb eines begrenzten nationalen Raumes. Mit dem Verlust des politisch definierten Raumes der nationalstaatlichen Souveränität kommt dem demokratischen Prozess der Ort abhanden, in dem das Staatsvolk seinen politischen Willen bildet (Altvater 1996, 542). Er wird gewissermaßen entterritorialisiert. Daher heißt Globalisierung "immer zugleich Entdemokratisierung" (Dahrendorf 2003, 124). Die politische Macht des Nationalstaates, Grenzen zu setzen, verflüchtigt sich in der Weite des Globus. Ulrich Beck brachte dies auf den Punkt: „The closed space of national politics no longer exists" (Giddens 2000, 173).

Ein Recht auf Mitbestimmung öffentlicher Angelegenheiten hat bekanntlich nur, wer Mitglied der nationalen Gemeinschaft und Staatsbürger ist. Mit der Erosion der Grenzen des Nationalstaates verschwimmen die einst klaren Konturen von Staatsgebiet, Staatsvolk und Staatsmacht. Eine eindeutige Festlegung der nationalen Identität ist nicht immer möglich. Die Entgrenzung politischer Prozesse stellt den Begriff der Staatsbürgerschaft grundsätzlich zur Diskussion. Die Zuschreibung von Rechten und Pflichten gegenüber einer heterogenen Bevölkerung von Staatsbürgern, Immigranten, Gastarbeitern, Asylbewerbern, usw. bleibt zweifelhaft.

Darüber hinaus werden mehr und mehr Entscheidungen außerhalb der nationalen Parlamente ausgehandelt. Das demokratische System bleibt zwar formal erhalten, kann aber die politische Mitbestimmung der Bürger nicht mehr gewährleisten. Mit dem Verlust nationaler Souveränität in der Wirtschafts-, Gesellschafts- und Kulturpolitik kommt – wie es Joachim Betz formulierte – "dem demokratischen Prozeß innerhalb der Landesgrenzen das Objekt der bürgerlichen Selbstbestimmung abhanden" (Kübler 2004, 17).

Die vollkommen neue Frage für die Demokratietheorie lautet deshalb, was geschieht, wenn die nationale Schicksalsgemeinschaft nicht mehr die entscheidende Gemeinschaft ist (Castells 2002, 324). Der soziale Bezugsrahmen, der für die Kapitalströme bedeutend ist, ist ein anderer als der, der für Arbeitskräfte, soziale Bewegungen oder politische Parteien maßgeblich ist. Mit anderen Worten: „Wie soll man die global und lokal zum Ausdruck kommenden Interessen in einer variablen Geometrie, in der Struktur und Politik des Nationalstaates miteinander verknüpfen?" (Castells 2002, 324). Die Antwort darauf kann nur darin bestehen, internationale Organisationen zu etablieren, die es erlauben, die globalen Netzwerke auf der Grundlage eines gemeinsamen politischen Willens zu kontrollieren: „If markets are global, their regulation must also be global" (Giddens 2000, 152). Zu einer ähnlichen Einschätzung kommt der amerikanische Wirtschaftsexperte Joseph Stiglitz: "We cannot go back on globalization; it is here to stay. The issue is how can we make it work. And if it is to work, there have to be global public institutions to help set the rules" (Stiglitz 2002, 222).

Der Weg dorthin ist allerdings noch weit. Der Versuch, solche transnationalen Regulierungen gegen nationale Egoismen durchzusetzen, steht nach wie vor am Anfang. Wie schwer es ist, die widerstreitenden Interessen unter einen gemeinsamen Hut zu bringen, kann man jedes Jahr aufs Neue auf der Welthandelskonferenz beobachten. Gemeinsamen Richtlinien stehen doppelte Standards entgegen, die die Öffnung neuer Märkte fordern, den eigenen Markt aber verschließen. Dabei würden sich auch führende Wirtschaftsvertreter geltende Richtlinien wünschen. Sie würden eine langfristige Planungssicherheit gewähren und gegen unlautere Wettbewerber schützen. Über kurz oder lang wird in der globa-

lisierten Welt aber vermutlich kein Weg an gemeinsamen Organisationen vor-
beiführen. Globale Probleme bedürfen eines internationalen Lösungsansatzes,
der den komplizierten globalen Interdependenzen gerecht wird. Das gilt letztlich
auch für den gesellschaftlichen Umgang mit der Arbeit und der Arbeitslosigkeit.

3.6. Zum Verhältnis von Kapitalismus und Demokratie

Demokratie ist eine der mächtigsten Ideen des 20. Jahrhunderts. Die meisten Menschen auf der Welt leben heute gerne als Bürgerinnen oder Bürger in einer demokratischen Gesellschaft. Dafür gibt es gute Gründe. Die westlichen Demokratien haben sich als erfolgreiche Gesellschaftsmodelle bewährt. Das Versprechen der Freiheit und die Aussicht auf finanziellen Wohlstand lässt sie als äußerst attraktiv erscheinen. So haben in den letzten Jahrzehnten mehr und mehr Staaten den Schritt zu einer demokratischen Verfassung vollzogen. Spätestens seit den siebziger Jahren ist die Zahl der demokratischen Regierungen kontinuierlich gestiegen. Während in machen Regionen wie etwa in der arabischen Welt um demokratische Grundrechte gekämpft wird, macht sich in den westlichen Industrienationen allerdings zunehmend Unmut über die Leistungsfähigkeit demokratischer Politik breit. In den meisten westlichen Ländern hat das Vertrauen in die Politik abgenommen. Allerorten sinkt die Wahlbeteiligung. In Ländern wie Italien oder Ungarn war sogar ein Rückbau demokratischer Institutionen innerhalb Europas zu beobachten, ohne dass dies den Großteil der Bevölkerung sonderlich beunruhigt hätte. In den Augen von Anthony Giddens entstand so ein eigenartiges Paradox: „Dieses Paradox besteht darin, dass sich die Demokratie zwar überall in der Welt ausbreitet, wir jedoch in den alten Demokratien, die der Rest der Welt angeblich nachahmt, eine weit verbreitete Enttäuschung über demokratische Verfahren beobachten" (Giddens 1999, 92). Vor allem der Ruf nach effizienten Problemlösungen und wirtschaftlichem Erfolg hat den demokratischen Sozialstaat vielerorts in die Defensive geraten lassen. Dafür gibt es sicher Gründe: Überbordende Bürokratien haben die Initiative der Bürger oft unnötig erschwert. Der staatliche Verwaltungsapparat funktioniert schwerfällig und langsam. Das politische Personal ist nicht zwangsläufig besser als das der Privatwirtschaft. Demokratie ist keine effiziente Regierungsform. Sie kostet Zeit und Geld. Ihre Ergebnisse sind nicht selten mittelmäßige Kompromisse. Für viele Beobachter stellt sich deshalb die Frage, welche Alternativen wir haben und inwiefern der Markt eventuell besser geeignet ist, das gesellschaftliche Leben zu organisieren, als die Politik. Dabei wird die Lösung der Probleme demokratischer Entscheidungsfindung allerdings häufig nicht in einer Reformierung, sondern in der Beseitigung der Demokratie gesehen.

Synergien

In der Tradition liberaler Denker wie Milton Friedman seien Kapitalismus und Demokratie aufgrund der engen Beziehung von individueller Freiheit und freiwilligen Handelsbeziehungen voneinander abhängig. Nur wo Freiheit herrscht, könnten freiwillige Handelsbeziehungen eingegangen werden. Und nur wo freiwillige Handelsbeziehungen eingegangen werden können, herrsche Freiheit. Politische Freiheit und ökonomische Freiheit fielen gewissermaßen in eins. In der Tat sind Kapitalismus und Demokratie in der westlichen Welt für einige Jahrzehnte ein synergetisches Bündnis eingegangen. Seit geraumer Zeit ist dieses Bündnis allerdings brüchig geworden. So selbstverständlich uns das fruchtbare Zusammenspiel im Laufe der Jahre geworden ist, so sind Kapitalismus und Demokratie doch nicht einfach dasselbe. Ein Blick auf den Kapitalismus des 19. Jahrhunderts genügt, um zu begreifen, dass Gewinnmaximierung und Bürgerrechte im Grunde zwei völlig verschiedene Dinge sind. Kapitalismus und Demokratie haben einige gemeinsame – liberale – Merkmale. Dennoch sind beide voneinander zu unterscheiden. Beide verlangen eigene Anstrengungen. Weder garantiert Demokratie wirtschaftlichen Wohlstand, noch gewährleistet eine florierende Wirtschaft eine lebendige Demokratie. Dass beide ein fruchtbares Bündnis eingingen, ist kein Zufall, sondern das Ergebnis blutiger Auseinandersetzungen und sozialer Kämpfe. Der Kapitalismus der ersten Stunde war ein Raubtierkapitalismus, der Millionen von Menschen grenzenlos ausbeutete. Und dass wirtschaftlicher Erfolg nicht zwangsläufig an demokratische Strukturen gebunden ist, zeigt der gewaltige ökonomische Aufschwung in China. Wirtschaftliches Wachstum ist durchaus in Staaten zu beobachten, die weder Bürgerrechte noch Menschenrechte achten. Es könnte sich sogar erweisen, dass totalitäre Staaten einen Wettbewerbsvorteil haben, weil sie ihre Ressourcen radikaler nutzen. Längere Arbeitszeiten und niedrigere Löhne bei einer hohen Arbeitsmoral und einem niedrigen Arbeitsrecht lassen den ostasiatischen Wirtschaftsraum seit den neunziger Jahren in einem atemberaubenden Tempo aufblühen.

Recht und Rechenschaft

Nach der Katastrophe der faschistischen Diktatur wurde das deutsche Reich in einen demokratischen Rechtsstaat umgebaut. Die Verfassung der Bundesrepublik Deutschland bildete das tragfähige Fundament. Insofern die herrschenden Eliten der Weimarer Republik versagt und dem nationalsozialistischen Terror den Weg geebnet hatten, bestand eine der größten Herausforderungen darin, die Stabilität des Rechtsstaates auf Dauer zu garantieren. Dafür wurde ein politisches System etabliert, in dem sich die gesetzgebende, die rechtsprechende und die vollstreckende Gewalt gegenseitig beobachteten und ausbalancierten. Der demokratische Rechtsstaat legt damit die Kontrolle der politisch Mächtigen in die Hände der Bürger. Der Grundgedanke der Demokratie beruht auf der Selbstbestimmung freier Menschen. In der Sprache der römischen Republik: Res publica res populi. Im Artikel 20(2) des Grundgesetzes heißt es entsprechend:

„Alle Staatsgewalt geht vom Volke aus. Sie wird vom Volke in Wahlen und Abstimmungen und durch besondere Organe der Gesetzgebung, der vollziehenden Gewalt und der Rechtsprechung ausgeübt". Die Volksmetapher ist seit geraumer Zeit in die Kritik geraten. Zahlreiche Autoren haben darauf hingewiesen, dass die Vorstellung einer kollektiven Volksidentität beziehungsweise eines kollektiven Volkswillens eine unzulässige Verallgemeinerung sei. Dem ist sicher zuzustimmen. Im strengen Sinne handeln nur Personen. Das Volk zerfällt in eine Vielzahl an Individuen und Gruppen, deren rechtliche, kulturelle oder emotionale Verbundenheit mit einem Staat aufgrund ihrer Migrationsgeschichte nicht immer eindeutig ist. Das Volk, das sind demnach die Bürger, die in einem Staat unter gesetzlich festgelegten Rechten und Pflichten zusammenleben.

Für Aristoteles ist das Recht die Ordnung der staatlichen Gemeinschaft. Es ist die in Gesetzen festgeschriebene Entscheidung darüber, was als gerecht angesehen wird (Politik I 2). Vor dem Gesetz sind alle Menschen gleich (Politik III 9). Ohne diese Gleichheit gibt es keinen Rechtsstaat, sondern nur willkürliche Gewalt. Das Recht garantiert die Freiheit des Einzelnen, in dem es die Freiheit aller zu einem gewissen Grad begrenzt und das Gewaltmonopol in die Verantwortung des Staates legt. In diesem Sinne ist das Individuum der staatlichen Herrschaft unterstellt. Der Liberalismus hat deshalb stets versucht, den Herrschaftsanspruch des Staates im Namen der Freiheit des Individuums zurückzuweisen. Der Staat wird als Bedrohung der individuellen Freiheit und gesellschaftlichen Ordnung betrachtet, während der Markt auf der Initiative der Einzelnen beruhe und so dem Wohl der Gesellschaft diene. Der Staat sei nicht die Institution, die uns frei mache, sondern die uns die Freiheit nehme. In feudalistischen oder totalitären Staaten erscheint dieser Vorwurf als durchaus berechtigt. Die Gefahr, die dem Einzelnen seitens der Herrschenden droht, ist dort offensichtlich. Der demokratische Staat ist aber nicht das Andere der Gesellschaft, sondern deren genuines Gestaltungsinstrument. Er schränkt die Freiheit des Einzelnen ein, um die Freiheit aller zu gewährleisten. Freiheit wird durch den Staat erst ermöglicht und auf Dauer gesichert. In diesem Sinne erweist der Liberalismus der Demokratie einen schlechten Dienst. Er betont die privaten Interessen und individuellen Freiheiten statt die Interessen des Gemeinwohls und die Freiheit aller Bürger.

Außerhalb des Rechtsstaates droht der Einzelne seiner Freiheit beraubt zu werden. Diese Erfahrung formulierte bereits Aristoteles (Politik I, 2): Ohne Recht, Gesetz und Tugend sei der Mensch das ruchloseste und wildeste Lebewesen. Der Einzelne allein verfügt nicht über die Mittel, sich gegen die Übermacht der anderen zu behaupten. Erst wenn er sich gesellschaftlich organisiert, besteht Hoffnung auf Freiheit. Die Freiheit des Einzelnen ist nur gesichert, wenn die Gesellschaft sich darauf verständigt, sie zu respektieren. Ohne diese Verständigung ist sie ständig bedroht. Freiheit vermag einzig und allein ein Gemeinwesen zu garantieren. Erst der Rechtsstaat vermag die Freiheit des Einzelnen wirksam zu gewährleisten.

Der demokratische Rechtsstaat beruht auf den Prinzipien der Freiheit, Gleichheit und Brüderlichkeit. Er schützt das private Eigentum, sorgt für eine gerechte Verteilung der öffentlichen Güter und stärkt die Selbständigkeit aller Gesellschaftsmitglieder. Wer den demokratischen Rechtsstaat schwächt, raubt dem Bürger die Rechte, die seine Freiheit garantieren. Er liefert den Einzelnen dem Herrschaftsanspruch privater Mächte aus, die sich gegenüber keinem Wahlvolk legitimieren müssen. Deshalb sind der Sozialstaat und die Privatwirtschaft im Grunde unvereinbar. Es bedarf einer gemeinsamen Anstrengung, beide miteinander zu vereinen. Mit der Verschiebung des Kräftegleichgewichts, mit dem sich im Zuge der Globalisierung die Gestaltungsmacht des Parlaments in die Richtung privater Kapitaleigner verlagert, tritt der latente Konflikt wieder offen zu Tage.

In einem demokratischen Rechtsstaat haben Bürger ein gesetzlich verbrieftes Recht darauf, die Repräsentanten des Volkes um Rechenschaft zu bitten. Die Politiker sind dazu verpflichtet, die Bürger über ihr Tun und Handeln aufzuklären. Dass alle Macht vom Volke ausgeht, heißt nichts anderes, als dass jede politische Entscheidung letztlich auf den Willen der Bürger zurückzuführen sein muss. Im Unterschied zu einer direkten Demokratie genügt es in einer repräsentativen Demokratie, dass die Entscheidung nicht direkt, sondern durch einen durch die Bürger autorisierten Entscheidungsträger gefällt wird. Die Entscheidung kann sich auf die Wahl eines weiteren Entscheidungsträgers beziehen, so dass die Beziehung zwischen dem Bürger und seinem Interessenvertreter sehr abstrakt wird. Dies ändert jedoch nichts daran, dass Politiker gewählte Repräsentanten sind, die von der Bevölkerung eingesetzt und im Notfall abgesetzt werden können. Die Stärke der Demokratie gegenüber autoritären Regimes liegt darin, dass sie inkompetente Führungskräfte entlassen kann. Die Leistung der Demokratie besteht gerade darin, den Mächtigen ihre demokratische Legitimation abzuringen, um einen Missbrauch der Macht zu verhindern.

Privatisierung und Entdemokratisierung

Im Gegensatz dazu haben sich mächtige Privatunternehmen nicht gegenüber den Bürgern zu legitimieren. Es gibt keine Möglichkeit, ihre Führung abzuwählen. Es ist nahezu unmöglich, einen Machtmissbrauch zu ahnden. Fehlentscheidungen lassen sich von den Bürgern nicht korrigieren, geschweige denn verhindern. Im Gegenteil müssen sie zusehen, wie der Misserfolg von Managern mit hohen Bonuszahlungen und Abfindungen vergütet wird. Die Privatisierung staatlicher Einrichtungen nimmt den Bürgern die Politik aus der Hand und legt sie in die

Hände von privaten Kapitaleignern. In dem Maße, in dem gesellschaftliche Entscheidungen aus der politischen Verantwortung entlassen und privaten Mächten überantwortet werden, schwinden die Mitbestimmungsmöglichkeiten der Bürger. Die ehemals staatliche Macht entzieht sich dem Zugriff der Öffentlichkeit und verschwindet hinter den Türen privater Geschäftsräume und exklusiver Kaminzimmer. An die Stelle einer diskursiven Selbstverständigung und demokratischen Selbstbestimmung des Volkes treten die Entscheidungen mächtiger Konzerne. Mehr Privatisierung heißt deshalb genau genommen auch: weniger Demokratie. Die Privatisierung entdemokratisiert die Politik und entpolitisiert die Gesellschaft. Unvermeidlich führt die Privatisierung zu einer Entdemokratisierung und Refeudalisierung der Gesellschaft.

Die Macht der Unternehmen

Die Macht, die private Unternehmen ausüben, entspricht keiner politischen Macht. Privatunternehmen erlassen keine Gesetze. Ihre politische Bedeutung liegt auf einer informellen Ebene. Ihre Entscheidungen haben aber politisches Gewicht. Nicht selten betreffen sie erhebliche Teile der Gesellschaft. Die Investitionspolitik eines Unternehmens hat nicht nur wirtschaftliche, sondern auch soziale und kulturelle Konsequenzen. In diesem Sinne sind große Unternehmen maßgeblich an der Gestaltung der Gesellschaft beteiligt. Dabei hat ihr finanzielles Vermögen längst eine Größenordnung erreicht, die dem Finanzvolumen kleinerer Staaten entspricht. Und mit dem Reichtum wächst ihr Einflussgebiet: „As their economic power grows, so does their political and intellectual reach" (Giddens 2000, 147). Mittlerweile sind die großen Weltkonzerne zu Machtzentren der Weltwirtschaft geworden. Wie Benjamin Barber bereits 1984 erläuterte, sind diese gewaltigen Organisationen einerseits zu einflussreich, um einfach als privat zu gelten, andererseits aber zu abgeschlossen, um als öffentlich anerkannt zu werden (Barber 1984, 256).

Aktionär und Lohnempfänger

In einem privaten Großunternehmen ist das Management den Aktionären auf eine ähnliche Art und Weise zur Rechenschaft verpflichtet, wie der Politiker den Bürgern. Dennoch sind beide Rollen grundverschieden. Als Bürger interessiert mich das öffentliche Wohl der Gesellschaft – als Aktionär nur mein persönlicher Profit. Die Verwechslung von öffentlicher Politik und privater Wirtschaft führt zu problematischen Konsequenzen wie die Verhärtung der Egoismen oder die Entsolidarisierung der Gesellschaft. Der Staat ist keine Aktiengesellschaft. Der Bürger ist kein Aktionär. Der Bürger ist das konstituierende Zentrum der Demokratie.

Wir alle spüren freilich mehr oder weniger, dass unsere alltägliche Erfahrung als Bürger eine andere ist. Trotz bestehender Tendenzen, den Aktienbesitz auf größere Bevölkerungsteile auszuweiten, befinden sich die meisten in irgendeinem Abhängigkeitsverhältnis von einem Arbeitgeber. Dieses Verhältnis ist zumeist hierarchisch organisiert. Daran haben auch innovative Netzwerkorganisationen nichts geändert. In einem Unternehmen spielt das Individuum nicht die Rolle des Bürgers, sondern des abhängigen Lohnempfängers. Als Lohnempfänger sind Arbeitnehmerinnen und Arbeitnehmer der Verfügungsgewalt der Arbeitgeber unterstellt. Für Lohnempfänger sind die individuellen Freiräume nur so groß, wie es die Bewältigung der vorgegebenen Aufgabe verlangt. Ein bestimmtes Stellenprofil markiert den Zuständigkeitsbereich. Das Mitspracherecht ist beschränkt. Erwünscht wird Loyalität, die bedingungslose Identifikation mit der Organisation, ihren Zielen wie ihren Methoden. Es ist kein Geheimnis, dass ein Unternehmen kein genuines Interesse daran hat, sich an der Verwirklichung der Idee bürgerlicher Freiheit und demokratischer Selbstbestimmung zu beteiligen. Die systematische Verwertung der Mitarbeiter als *human resources* steht sogar in einem harschen Widerspruch zum Selbstbestimmungsrecht der Bürger. Der Widerspruch löst sich nur dann auf, wenn der Bürger seine Bestimmung in der wirtschaftlichen Nutzbarmachung seiner eigenen Leistungskraft sieht. Dafür ist es notwendig, die kapitalistischen Prinzipien als persönliche Prinzipien zu verinnerlichen. Persönliche und berufliche Ziele verschmelzen. Die Verinnerlichung der Unternehmensziele lässt den Konflikt zwischen Selbst- und Fremdbestimmung vorübergehend in den Hintergrund treten. Das eigene Handeln wird als selbstbestimmt und nicht als fremdbestimmt erlebt. Dass dieses Handeln wirklich frei sei, ist aber eine Illusion. Die Freiheitsillusion zerbricht, sobald die persönlichen Ziele von den unternehmerischen Zielen abweichen und miteinander in Konflikt geraten. Der Einzelne erfährt sich als in einen Machtkampf verstrickt, der ihm bisher verborgen geblieben war. Er erfährt die Übermacht der Verhältnisse, die ihn zu überwältigen droht. Er fühlt sich gezwungen, seine Ziele – trotz seines inneren Widerstandes – den Zielen der herrschenden Ordnung anzupassen. Deshalb kann Benjamin Barber behaupten, dass das kapitalistische Unternehmen im Grunde unvereinbar mit der Idee von Freiheit und Demokratie ist: „The corporation is incompatible with freedom [...] It is an enemy of democracy in all ist forms [..] the corporate society and the corporate mentality themselves stand in the way of the idea of active citizenship" (Barber 1984, 256f.). Noam Chomsky formuliert es noch härter: „corporations themselves are effectively totalitarian organizations, operating along nondemocratic lines" (Chomsky 1999, 13).

In der Konsequenz bleibt das demokratische Versprechen auf Selbstbestimmung des Bürgers in der alltäglichen Praxis des Arbeitens größtenteils uneingelöst. Die Enttäuschung kann unter Umständen zu antidemokratischen Tendenzen führen. Es beginnt ein Misstrauen gegenüber allem Demokratischen zu entstehen. Zumal wenn die politischen Akteure ihrerseits große Schwächen und Orientierungslosigkeit demonstrieren. Anstatt die konkreten Verhältnisse zu kritisieren oder gar zu verbessern, die der Verwirklichung der demokratischen Idee im Wege stehen, wird die Idee der Demokratie als idealistisch und der Wirklichkeit unangemessen diffamiert. Das Misstrauen gegenüber der Demokratie legt es nahe, insgesamt weniger Staat zu fordern. Man traut den Politikern nichts Gutes zu und glaubt, viele Probleme besser allein lösen zu können. In manchen Bereichen mag das sogar zutreffen. Nicht jeder gewählte Politiker besitzt die Qualitäten eines erfolgreichen Unternehmers oder international agierenden Managers. Individuelle Lösungen für spezifische Probleme können besser von flexiblen Organisationen als von bürokratischen Institutionen entwickelt werden. Private Initiativen sind häufig origineller und lassen sich schneller umsetzen. Ein erfolgreiches bürgerschaftliches oder privatwirtschaftliches Engagement setzt aber genau das gleiche Verantwortungsbewusstsein voraus, wie ein erfolgreicher politischer Einsatz. Die Skepsis gegenüber Politikern ist kein Argument für das Vertrauen in Privatleute. Die politische Klasse mag in keinerlei Hinsicht qualifizierter oder kompetenter als ein privater Akteur sein; umgekehrt ist sie aber auch nicht zwangsläufig schlechter.

Bürger und Konsumenten

Auf dem Markt wird die Verantwortung für eine Produktentwicklung von einer einzelnen Person auf zahllose Konsumenten verteilt. Als Verbraucher hat der Einzelne zu einem gewissen Grad die Möglichkeit, den Erfolg oder Misserfolg eines Produktes – und damit der Unternehmensführung – durch sein Kaufverhalten zu beeinflussen. Die Verbraucher stimmen sozusagen mit ihrem Geldbeutel ab. Die Abstimmung hat Folgen für den Produzenten. Der Konsument trägt deshalb eine Verantwortung für sein Konsumverhalten. Umgekehrt kann jedoch niemand dafür verantwortlich gemacht werden, ein unattraktives oder unfaires Produkt auf den Markt zu bringen. Schließlich werde niemand gezwungen, ein Produkt zu kaufen. Den Kunden stehe es frei, sich für oder gegen ein Angebot zu entscheiden. Jeder könne sich etwas nach persönlichem Belieben auswählen. Die Kunden seien mündige Käufer, die ihre Kaufentscheidungen selbst treffen können. Diese Rede von der freien Wahlmöglichkeit der Konsumenten erweist sich in der alltäglichen Praxis des Wirtschaftens allerdings als reine Rhetorik. Erstens versuchen professionelle Werbestrategen das Kaufverhalten der Kunden mit allen Künsten der Wissenschaft zu manipulieren. Zweitens sind die Hersteller bemüht, alle anstößigen Aspekte ihrer Produkte zu verschleiern. In den meisten Fällen weiß ein Käufer weder, unter welchen Bedingungen ein Produkt hergestellt wurde, noch welche Stoffe enthalten sind und ob diese Stoffe von unerwünschten Nebenwirkungen begleitet werden. Um eine vernünftige Kaufentscheidung zu treffen, braucht der Käufer ausreichend Informationen, auf die er seine Entscheidung gründen kann. Nur der informierte Verbraucher ist in der Lage, seiner Verantwortung als Konsument gerecht zu werden. Deshalb ist die Einführung entsprechender Kennzeichnungen und Gütesiegel ein entscheidender Beitrag zur Stärkung der Konsumenten. Drittens drängt das Primat der wirtschaftlichen Gewinnmaximierung die Unternehmen dazu, die Verkaufszahlen in die Höhe zu treiben – egal mit welchem Produkt. Die Läden sind voll mit überflüssigem Krimskrams, den im Grunde niemand braucht. Die ökologischen Konsequenzen sind offensichtlich.

Auf dem Markt stehen nicht Argumente im Mittelpunkt, sondern Angebot und Nachfrage. Nicht jede Nachfrage ist rational zu begründen und folglich gerechtfertigt. Die Existenz von Drogen-, Waffen- oder Menschenhandel belegt, dass es private Vorlieben gibt, die von der Gesellschaft nicht einfach geduldet werden können. Nicht jedes Angebot, für das es eine Nachfrage gibt, ist akzeptabel. Dass offensichtlich eine Nachfrage nach Kinderpornographie besteht, legitimiert noch lange nicht, dass sie angeboten wird. So geht mit dem Marktprinzip keineswegs nur eine rationale Abwägung von Kosten und Nutzen einher. Vor einem stets vernünftigen und verantwortungsbewussten Verhalten der Marktakteure kann nicht die Rede sein. Im Gegenteil: Nicht, was der Gesellschaft nutzt, setzt sich notwendig durch, sondern was der Einzelne begehrt. Das individuelle Begehren aber ist unbeständig und anfällig für Manipulationen. Am Ende erweist sich nicht das beste Argument, sondern der eindringlichste Sinnesreiz als entscheidend, nicht die bewusste Verständigung, sondern die unbewusste Verführung.

Selbstverständlich versuchen auch Parteien, das Wahlverhalten der Wähler zu manipulieren. Sie haben ebenfalls kein Interesse daran, negative Schlagzeilen zu provozieren. Nicht alle Mittel, die sie benutzen, sind mustergültig. Gleichzeitig gibt es aber einen mächtigen Apparat aus medialer Öffentlichkeit, staatlichen Behörden und politischer Konkurrenz, der das Treiben der Parteien sehr genau beobachtet und gegebenenfalls Korrekturen, Rücktritte oder Machtwechsel erzwingt. Dagegen sind die derzeitigen Formen des Verbraucherschutzes und des Warentestes vergleichsweise gering. Den internen Strategien und undurchschaubaren Praktiken eines Weltkonzerns haben sie kaum etwas entgegenzusetzen.

Dieser letzte Punkt führt uns den grundlegenden Unterschied von Markt und Demokratie noch einmal deutlich vor Augen: Auf dem Markt haben Unternehmen dem Bürger allenfalls ein Angebot zu machen. Als Konsument kann er aus verschiedenen Angeboten auswählen. Er kann ein Angebot annehmen und ein anderes ablehnen. Das ist aber schon alles. Und wenn ein bestimmtes Marktsegment von nur wenigen Anbietern beherrscht wird wie z.B. im Energiesektor, ist selbst das nicht ernsthaft möglich. In der Regel hat er kein Mitspracherecht und keinerlei Einfluss auf die Frage, welche Angebote zur Entscheidung gestellt werden. Seine Freiheit und Selbständigkeit erschöpft sich im mehr oder weniger bewussten Vollzug bestimmter Konsumtechniken und Kaufentscheidungen. Die moderne Konsumkultur stellt der Organisationsmacht großer Unternehmensnetzwerke den atomatisierten Konsumenten entgegen. Sie reagiert aber nur auf die Kaufkraft der Massen. Sie orientiert sich nicht am Gemeinwohl, sondern an privaten Profiten. Sie beruht auf einem Wettbewerb, in dem alle unternehmerische, staatliche oder zivilgesellschaftliche Initiative als bedrohliche Konkurrenz bekämpft wird. Das alles ist etwas anderes als demokratische Selbstbestimmung und partizipatorische Mitbestimmung der Bürger. Das marktorientierte Demokratieverständnis reduziert die Rechte der Bürger auf die Rechte von Konsumenten: „Instead of citizens, it produces consumers. Instead of communities, it produces shopping malls" (Chomsky 1999, 11).

Partizipieren

Im Gegensatz dazu lebt eine starke Demokratie von demokratisch gesinnten Bürgern, die sich einmischen, mitreden, gestalten. In der Definition von Aristoteles lässt sich der Bürger durch nichts anderes bestimmen, als dadurch, dass er „am Richten und an der Regierung teilnimmt" (Politik III, 1). Benjamin Barber sagt im Grunde dasselbe: „to be a citizen *is* to participate" (Baber 1984, 155). „To participate *is* to create a community that governs itself" (Barber 1984, 155). Demokratische Prozesse erschöpfen sich nicht in der Wahl einer Regierungspartei. Demokratie ist tatkräftige *Gesellschaftsgestaltung* im Sinne des Gemeinwohls. Demokratische Prozesse bedürfen der Initiative der Bürger. „Demokratie ist eine Lebensform" (Dahrendorf 2003, 110). Mit dem Staat gewinnen die Initiativen der Bürger die Gestalt von Institutionen, die auf Dauer gewährleisten sollen, dass die Interessen der Bürger berücksichtigt werden. Laut Ralf Dahrendorf bedürfe eine offene Demokratie solcher Institutionen, die zweierlei leisten: „Initiative und Kontrolle. Es muss möglich sein, neue Wege zu gehen, und es muss möglich sein, diejenigen, die diese Wege beschreiten, abzuberufen, um anderen andere Wege zu erlauben" (Dahrendorf 1983, 65). Initiative ist ein zentrales Moment der Demokratie. Wer die Initiative erschwert, beeinträchtigt den demokratischen Prozess. Deshalb muss das Maß an Kontrollen sorgfältig abgewogen und die Initiative gefördert werden.

Öffentliche und private Wahl

Die Privatisierung verlagert die Rechte des Bürgers, am öffentlichen Leben als gleichberechtigtes Gesellschaftsmitglied zu partizipieren, auf die Rechte des

Konsumenten, kraft seines finanziellen Privatvermögens am Marktgeschehen zu partizipieren. Bürger und Konsument sind aber nicht einfach dasselbe. Eine private Wahl ist keine öffentliche Wahl. Die Wahl des Käufers bleibt auf Fragen der privaten Lebensgestaltung beschränkt. Die Wahl des Bürgers berührt Fragen des gesellschaftlichen Zusammenlebens. Der Verbraucher wählt nach seinen ganz persönlichen Vorlieben: Der Bürger wählt nach allgemeineren Gesichtpunkten. In den Worten Benjamin Barbers: „the difference between the citizen and the consumer is that the consumer votes a private will, a particular will, and the citizen votes a public will, a common will, a general will, a volonté générale" (Barber 2004, 103). Die Wahl des Käufers kann die Wahl des Bürgers niemals ersetzen. Die Wahl zwischen zwei Produkten ist keine wirklich freie Wahl. Die wichtigste Wahl ist zu entscheiden, wer die Wahlmöglichkeiten festlegt, wer die Agenda bestimmt: „The crucial choice is who makes the agenda, who puts the choices down" (Barber 2004, 105). Als überzeugter Demokrat gibt sich Barber keineswegs damit zufrieden, etwa zwischen verschiedenen Automarken zu wählen. Er will zwischen privaten und öffentlichen Transportmitteln wählen können. In manchen amerikanischen Städten könne man zwischen 200 verschiedenen Automarken wählen, während es kein einziges öffentliches Transportmittel gebe.

Diejenigen, die eine Privatisierung staatlicher Güter einfordern, nehmen gerne für sich in Anspruch, den einzelnen Bürger gegenüber dem Staat zu stärken. Sie argumentieren, dass die Bürger von der Vielfalt der Angebote, dem Wettbewerb der Anbieter und den niedrigen Preise profitierten. Am Ende sind die Wahlmöglichkeiten der Bürger aber nicht größer, sondern kleiner geworden. Der Zutritt zu mehr und mehr gesellschaftlichen Gestaltungsbereichen wird beschränkt. Die öffentlichen Räume, die den Bürgern offenstehen, werden weniger und kleiner. Mit dem Verlust der öffentlichen Räume geht auch die Möglichkeit verloren, Menschen anders als mittels ihres Geldbeutels in die Gesellschaft zu integrieren. Angesichts anhaltender Massenarbeitslosigkeit, abnehmender Kaufkraft und zunehmender Verarmung großer Bevölkerungsgruppen, werden infolgedessen mehr und mehr Menschen aus dem gesellschaftlichen Leben ausgeschlossen.

Exklusion

Laut der Definition von Aristoteles zeichne sich der Bürger dadurch aus, dass ihm der Zutritt zur Teilnahme an der beratenden und richtenden Staatsgewalt offen steht (Politik III, 1). Die Befürworter der Privatisierung fordern uns auf, dieses politische Mitspracherecht aufzugeben und die Gestaltung der Gesellschaft den Kräften des Marktes zu überlassen. Sie drängen die in die Rolle isolierter und ohnmächtiger Konsumenten, die nur über ihr Privatleben zu entscheiden haben, nicht aber über öffentliche Angelegenheiten, die alle angehen. Die Privatisierung verlagert die gesellschaftliche Gestaltungsmacht von öffentlichen Institutionen auf private Organisationen, vom öffentlichen Willen auf die private Finanzkraft. Wenngleich öffentliche Güter gewissermaßen zurück in die Hand des Bürgers gegeben werden, so garantiert doch nichts, dass der Einzelne dieses Gut auch im Interesse der Gesellschaft und nicht ausschließlich im Interesse des Privatmanns handhaben wird. In diesem Sinne werden bürgerliche Rechte aufgegeben und gegen den guten Willen von Privatunternehmen eingetauscht. Die Privatisierung raubt den Bürgern ihre politischen Partizipationsmöglichkeiten. Die Privatisierung negiert den öffentlichen Raum und dünnt das öffentliche Leben der Bürger aus. Wer privatisiert beseitigt nicht nur unproduktive Staatsbürokratie, sondern die Voraussetzungen einer bürgerlichen Öffentlichkeit. Sie gefährdet die Grundlagen des demokratischen Zusammenlebens. Sie forciert eine Spaltung der demokratisch legitimierten Herrschaft der Bürger in eine Oligarchie der professionellen Parteipolitiker und eine Plutokratie der privaten Kapitaleigner. Der Bürger hat weder auf der einen, noch auf der anderen Seite einen ernstzunehmenden Platz (vgl. Barber 2004, 31).

Private und öffentliche Güter

In einer lebendigen Demokratie sind die Bürger aufgefordert, sich über gemeinsame Aufgaben und Fragen des gesellschaftlichen Zusammenlebens in öffentlicher Rede und Gegenrede zu verständigen. Solche öffentlichen Angelegenheiten, die alle Bürger gleichermaßen betreffen, bilden die *res publica*. Im Gegensatz dazu ist das Private gerade dadurch gekennzeichnet, dass es das Leben der Mitmenschen ausblendet und sich dem Einblick der Öffentlichkeit entzieht. Hannah Arendt formulierte dies folgendermaßen: „Der private Charakter des Privaten liegt in der Abwesenheit von anderen; was diese anderen betrifft, so tritt der Privatmensch nicht in Erscheinung, und es ist, als gäbe es ihn gar nicht" (Arendt 2001, 73). Die Folge eines Rückzugs ins Private sei demnach nicht die Freiheit des Einzelnen von den Zwängen der Gesellschaft, sondern ein Gefühl der Verlassenheit, in dem der Einzelne eines Teils seiner zwischenmenschlichen Beziehungen beraubt ist.

In einem ganz ähnlichen Sinne sind private und öffentliche Güter voneinander zu unterscheiden. Daniel Bell spricht von *individual goods* und *social goods*: „Individual goods are divisible and each person or household buys particular objects and individual service on the basis of free consumer choice. Social goods are not divisible into individual items of possession but are part of a communal service [...]. These goods and services are not sold to individual consumers nor adjusted to individual tastes" (Bell 1974, 304).

Mit anderen Worten: Niemand kann sich ein Segment gesunde Natur oder saubere Luft auf dem Markt kaufen. Ökologische Fragen können nur gemeinsam beantwortet werden. Der Straßenbau, die Stadtplanung, das Bildungssystem, der Kulturbetrieb, das Gesundheitswesen, die Landschaftspflege, der Umweltschutz, die Sozialversicherung, die nationale Sicherheit, die soziale Gerechtigkeit – all das ist *Gegenstand gemeinsamer Verständigung und politischer Gestaltung des gesellschaftlichen Zusammenlebens* und nicht allein privater Lebensgestaltung. Dass gar nichts öffentlich und den Bürgern eines Staates nichts gemein ist, ist dagegen – wie es bereits Aristoteles formulierte – unmöglich (Politik II 1). Seit der Antike lautet die entscheidende Frage, was in einem Staat allen Bürgern gemeinsam und deshalb öffentlich zugänglich ist – und was nicht.

In den Augen von Wolfgang Thierse sei eine humane Gesellschaft nur möglich, wenn öffentliche Güter ausreichend und in großer Vielfalt bereitgestellt werden (vgl. Nida-Rümelin 2004, 18). Dies schaffe den kulturellen und sozialen Zusammenhalt, der für eine lebendige Demokratie unverzichtbar ist, und stütze die Kooperationsgefüge der Bürger. Eine lebendige politische Kultur benötigt integre Medien, gute Schulen, unabhängige Büchereien, öffentliche Räume, offene Diskussionsgruppen, gemeinschaftliche Kooperativen, freiwillige Assoziationen, uvm. Kurz: offene Räume, in denen Bürger ihren Mitbürgern begegnen, um miteinander zu reden und zu handeln. Der Reichtum an öffentlichen Gütern und das Niveau der öffentlichen Einrichtungen tragen entscheidend zur Lebensqualität einer Gesellschaft und dem Glück des Einzelnen bei. Der Markt allein vermag öffentliche Güter nicht in ausreichendem Maße bereitzustellen. Im Gegenteil: Weil sich die Marktteilnehmer in der Regel auf private Gewinnoptionen konzentrieren, werden Investitionen in öffentliche Einrichtungen nicht nur vernachlässigt, sondern gezielt auf andere abgeschoben. Der Markt droht die öffentlichen Güter zu zerstören. Deshalb verlangt eine humane Gesellschaft eine Begrenzung des Marktes. Für Nida-Rümelin lautet die entscheidende Frage denn auch: „Welche öffentlichen Güter (einschließlich sozialer Leistungen) müssen allen Bürgern zur Verfügung stehen, aber auch von ihnen gemeinschaftlich bereitgestellt werden, um ein selbstbestimmtes Leben aller zu ermöglichen?" (Nida-Rümelin 2004, 8).

Aus diesem Grund ist auch die Frage der Umverteilung und Steuergerechtigkeit keine Frage von hoch oder niedrig, sondern von der Bereitschaft der Bürger, sich an der Erhaltung der öffentlichen Güter zu beteiligen. Diese Erhaltung kann niemand allein leisten. Sie kann nur gemeinsam gemeistert werden. Die grundlegend falsche Fiktion der gegenwärtigen Steuerdebatte beruht auf der irrigen Vorstellung, dass mir als Privatmann einfach von anderen etwas genommen wird, das mir nicht zu Gute kommt. Es gibt aber Güter, die ich mir als Privatmann nicht kaufen kann. Dazu zählen die innere und äußere Sicherheit ebenso wie eine friedliche Gesellschaft, ein anregendes kulturelles Umfeld oder eine gesunde Natur – kurz eine attraktive Lebenswelt. Die irrtümliche Annahme des Liberalismus beruht letztlich darauf, dass sich das Individuum nicht isolieren lässt. Man mag territoriale Grenzen ziehen können – aber Naturschutzgebiete, Verkehrsnetze, Städteplanung, Kulturerbe, Bibliotheken, Hochschulen, uvm. sind soziale Güter, die nicht einem allein, sondern nur der Gesellschaft zur Verfügung gestellt werden können. Letztlich lässt sich individuelles Glück nur steigern, wenn es dem gesamten Umfeld, in das ein Individuum eingebettet ist, besser geht.

Was privat und was öffentlich ist, ist nicht immer genau zu unterscheiden. Zum Beispiel schaffen technologische Innovationen neue Investitionsmöglichkeiten. Im Laufe der Zeit werden die privaten Investitionen wieder und mit Gewinn erwirtschaftet, während die Kosten für die Entlassungen in Folge des technologischen Wandels von den öffentlichen Kassen getragen werden müssen. Eine andere Technologie schafft neue Arbeitsplätze – ihre umweltschädigende Nebenwirkungen gehen aber auf Kosten der Kommunen. Private Unternehmen produzieren eine ganze Reihe an Ergebnissen und Effekten, die gar nicht oder nur nebenbei beabsichtigt sind. Sehr viele davon haben öffentliche Konsequenzen und gehen auf Kosten der öffentlichen Haushalte. Solche Konsequenzen können auch zu einem späteren Zeitpunkt auftreten. Etwa wenn die Entsorgung giftiger Abwässer zu einer allmählichen Verschmutzung von Gewässern oder Verseuchung von Böden führt. Umgekehrt profitiert die Privatwirtschaft von staatlichen Investitionen, deren Wert sich nicht genau belegen lässt. Während die Wirtschaft von gut ausgebildeten Nachwuchskräften profitiert, haben die Kosten für Lehrergehälter und Schulausstattungen die Städte und Gemeinden zu tragen. Die Frage, welche Kosten von der Privatwirtschaft und welche von den öffentlichen Kassen getragen werden sollen, ist eine Frage der Politik. Die Konsequenzen des privaten Wirtschaftens betreffen die gesamte Gesellschaft. Sie sind öffentlich und deshalb zu Recht Gegenstand der Politik.

Derweil ist die Bereitschaft, die Demokratie preiszugeben, um effizientere Problemlösungen entwickeln zu können, allgegenwärtig. Effiziente Problemlösungen in sachverständigen, geordneten, verwalteten Prozessen mögen einen Großteil der Arbeit in modernen Gesellschaften bestimmen. Und es gibt zahlreiche Gründe, die brachliegenden Leistungspotentiale der Bürgerinnen und Bürger mit größerer Anstrengung zu aktivieren. Dennoch wäre es falsch, alles gesellschaftliche Leben auf effiziente Problemlösungen reduzieren zu wollen. Ob wir Atomwerke betreiben oder erneuerbare Energien nutzen, ob wir Müllberge anhäufen oder Abfall recyceln, ob wir Landschaften zersiedeln oder Städte restaurieren, ob wir die Profite der Tabakindustrie der Privatwirtschaft überlassen oder diese an den Kosten für Entziehungskuren und Krankenhausaufenthalte beteiligen – all dies sind nicht allein technische, sondern in erster Linie politische Fragen. Freilich nicht der Politik allein, insofern sich die Antworten auch technisch umsetzen lassen müssen, aber doch eben primär der Politik. Bevor man sich um eine effiziente Lösung bestimmter Probleme bemühen kann, muss erst einmal entschieden werden, *welches Problem* unter *welchen Gesichtspunkten* eigentlich behandelt werden soll. Mit anderen Worten: Was soll zu welchem Zeitpunkt auf die Agenda gesetzt werden? Eine solche Entscheidung kann einzig und allein politisch gefällt werden. In diesem Sinne geht die Politik allen technokratischen Problemlösungsansätzen voraus. Deshalb ist es auch naiv, zu glauben, abseits der Politik läge eine ideologiefreie Welt der sachorientierten Problemlösungen. Die weltanschaulichen Konflikte sind vielmehr in den Problemen selbst angelegt. Solche Konflikte können nicht einfach mathematisch gelöst werden. Es bedarf eines Verständigungsprozesses, in dem auch Kompromisse ausgehandelt werden. Die institutionalisierte Politik stellt nichts anderes als den Versuch dar, diese Konflikte innerhalb festgelegter Spielregeln auszutragen, damit sich nicht alle gegenseitig die Köpfe einschlagen und auch die Interessen von schwachen Minderheiten berücksichtigt werden.

Der Staat wird heute gerne verstanden als eine Arena widerstreitender Interessengruppen. Das ist nicht ganz falsch. Es ist aber auch nicht ganz richtig. Der Staat ist nicht einfach die Summe aller Interessenverbände. Der Staat muss auch denen gerecht werden, die in keinem Interessenverband organisiert sind, also etwa Kindern, Familien, Kranken, Arbeitslosen. Er muss die Rechte gesellschaftlicher Minderheiten garantieren. Wenn man so möchte, so hat der Staat die Aufgabe, all diejenigen Interessen zu wahren, die im Machtkampf der real existierenden Interessenverbände unter den Tisch zu fallen drohen. Der Staat muss für öffentliche Güter sorgen, die niemandem als Privatmann gehören, sondern allen Menschen zu Gute kommen. Der Staat muss sich um einen Ausgleich der Interessen im Sinne des Gemeinwohls bemühen. Der Staat ist aber nicht einfach ein Schiedsrichter. Demokratie bedarf – in den Worten von Alexis de Tocqueville – eines „gegenseitigen Entgegenkommens" (Postman 1999, 68). Oder drastischer formuliert: des Prinzips der Solidarität, das einen Ausgleich der Interessen in Hinblick auf ein gelingendes Zusammenleben gewährleistet. Es geht nicht um konforme Kollektive, sondern um offene Gemeinschaften, an denen sich die Bürger freiwillig beteiligen, um in öffentlichen Auseinandersetzungen über Fragen ihres Zusammenlebens zu entscheiden. In der Sprache von Aristoteles geht es wie auf einem Schiff um das Aufrechterhalten einer guten Fahrt (Politik III, 4). Das ist eine gemeinsame Aufgabe, die – bei allen Unterschieden und Ungleichheiten der Besatzungsmitglieder – nur erfolgreich bewältigt werden kann, wenn es gelingt, sich auf gemeinsame Ziele zu verständigen. Diese Aufgabe ist aber etwas anderes und vor allem sehr viel komplexer als ein simpler Produktivitätspakt im Sinne der Deutschland AG. Demokratie war stets von dem Geist beseelt, dass eine legitime Regierung auf der Einbeziehung aller und der Zustimmung der Mehrheit basiere.

Private und öffentliche Interessen

Im Gegensatz zum sozialen Gestaltungsanspruch der Politik besteht das primäre Ziel eines Privatunternehmens darin, Profit zu erwirtschaften. Nun sind die privaten Interessen eines Unternehmens selbstverständlich vollkommen legitim. Die entscheidende Frage ist, auf welche Art und Weise es seine Interessen verfolgt. Den Mitgliedern einer Gesellschaft kann nicht gleichgültig sein, wie dies geschieht. Aus der Perspektive eines Unternehmens erscheinen Tariflöhne, Kündigungsschutz, Urlaubsgeld, Sozialabgaben oder Steuern als Kosten, die es einzusparen gilt. Ein Unternehmen muss in erster Linie die Interessen seiner Eigentümer und Anteilseigner befriedigen. Auf deregulierten Märkten ist es einer unnachgiebigen Konkurrenz ausgesetzt. Selbst wenn sich alle rational verhalten und die Marktmechanismen perfekt funktionieren kommen nicht automatisch *public benefits* heraus. Negative Konsequenzen korrigieren sich nicht von alleine. Der Markt schafft keinerlei sozialen Ausgleich. Das extreme Ungleichgewicht von Reichtum und Armut ist ihm gleichgültig. Der Markt garantiert keine faire Verteilung von Chancen. Der Markt bedroht die öffentlichen Räume und untergräbt die Rechte der Bürger. Er atomisiert die Gesellschaft in isolierte Individuen und freie Radikale. Deshalb genügt es nicht, auf die Selbstregulierungskräfte des Marktes zu hoffen. Davon ist selbst Francis Fukuyama überzeugt: „Free markets work well much of the time, but there are also market failures that require government intervention to correct" (Fukuyama 2002, 100). Soziale Gerechtigkeit muss gesetzlich festgeschrieben und mit staatlicher Gewalt gegen Widerstände durchgesetzt werden. In einem ähnlichen Sinne formuliert es der amerikanische Wirtschaftsexperte Lester C. Thurow: „Der Kapitalismus ist kurzsichtig und nicht in der Lage, die langfristigen sozialen Investitionen in Ausbildung, Infrastruktur sowie Forschung und Entwicklung zu erbringen, die er für sein künftiges Überleben benötigt. Er braucht die Hilfe des Staates, um diese Investitionen zu tätigen, aber seine eigene Ideologie erlaubt es ihm nicht, die Notwendigkeit dieser Investitionen zu erkennen oder die Hilfe des Staates anzufordern" (zit. n. Wolman 1998, 284f.).

Gesetzliche Rahmenbedingungen

Der Kapitalismus steht in Widerspruch zum demokratischen Ideal der Freiheit, Gleichheit und Brüderlichkeit. Er entsolidarisiert, schafft ständig neue Ungleichheiten und setzt den Einzelnen einem erbitterten Konkurrenzkampf aus, in dem die Macht des Stärkeren siegt. Die Freiheit des Kapitalismus ist die Freiheit des Krieges aller gegen alle: bellum omnium contra omnes. Deshalb bedarf der Kapitalismus eines rechtlichen Rahmens, der Chancengleichheit garantiert und dem Markt klare Grenzen setzt. Ohne solche Rahmenbedingungen mündet das maßlose Gewinnstreben aller zwangsläufig ins Chaos. Die von der Wirtschaft provozierten Finanzkrisen haben dies rund um den Globus immer wieder schmerzhaft vor Augen geführt. Die kapitalistische Marktwirtschaft hat kein Sensorium für die Verletzbarkeit des Einzelnen. Die Achtung vor der Unantastbarkeit des Individuums muss ihr unwillkürlich vorgeschrieben werden. Es gibt keinen impliziten Mechanismus, der die systematische Verwertung von (pflanzlichem, tierischem, menschlichem) Leben von selbst begrenzen würde. Gleichzeitig ist dem Marktgeschehen alles, was außerhalb seiner alltäglichen Geschäftspraxis liegt, schlicht und ergreifend gleichgültig.

Nichts spricht dafür, dass die Entfesselung des Marktgeschehens zu einem globalen Ausgleich zwischen arm und reich führen wird. Dagegen spricht sehr viel dafür, dass ein ganz und gar entfesselter Markt, die sozialen Spannungen vergrößern wird. In diesem Sinne gilt es, den Kapitalismus vor sich selbst zu schützen. Nicht eine Entfesselung des Raubtierkapitalismus wird die Marktwirtschaft langfristig am Leben halten, sondern klare Rahmenbedingungen, an die sich alle halten. Nur so können Unternehmen sinnvoll planen und langfristigere Perspektiven entwickeln. Diesen rechtliche Rahmen zu schaffen, ist die elementare Aufgabe der Demokratie. „Ohne dieses Primat der Demokratie über die Ökonomie kann es" wie der Sozialphilosoph Walter Oswalt formuliert – „weder tatsächlich freie Märkte noch überhaupt eine auf Selbstbestimmung der Bürger beruhende Gesellschaft geben" (Oswalt 2004, 690).

Soziale Marktwirtschaft

Dieser grundlegenden Bedingung waren sich auch die Väter der sozialen Marktwirtschaft bewußt. Nach den zahllosen Katastrophen in der ersten Hälfte des 20. Jahrhunderts war es offensichtlich, dass die freie Marktwirtschaft nur Erfolg versprechen würde, wenn sie sozial ausgeglichen werden kann. Diese Einsicht lag dem wirtschaftspolitischen Verständnis der westdeutschen Nachkriegsgesellschaft zu Grunde: „Ihr inhärent war die Einsicht, dass soziale Rahmenbedingungen die Gesellschaft befrieden und der kapitalistischen Wirtschaft ein solides Fundament gewährleisten" (Bourdieu 2001, 84). Bis in die sechziger Jahre galt ‚Kapitalismus' deshalb selbst bei den Anhängern der sozialen Markwirtschaft als verpönt (Dahrendorf 2004). Die Wirtschaftspolitiker der Nachkriegsjahre – allen voran Ludwig Erhard und Alfred Müller-Armack – waren zwar darum bemüht, den Wettbewerb allmählich aus der Regulierung durch die Besatzungsmächte zu befreien; sie waren sich aber auch der sozialen Verantwortung des Staates bewusst und betrachteten einen wirtschaftspolitischen Ordnungsrahmen als unverzichtbar. Nicht zuletzt die desaströsen Erfahrungen der Zwischenkriegsjahre hatten zu der Einsicht geführt, dass der Kapitalismus allein nicht in der Lage ist, sozialen Fortschritt zu bewerkstelligen. Der Markt garantiert keine akzeptable Verteilung wirtschaftlicher Chancen und Erfolge. Er sorgt nicht ausreichend für öffentliche Güter wie Bildung oder Gesundheitsfürsorge. Kurz: Er kann gar nicht alles leisten, was die Menschen aus guten Gründen für wünschenswert halten. Kapitalismus allein reicht daher nicht aus. Es muss, wie es Ralf Dahrendorf formuliert, „etwas hinzukommen, um dem Kapitalismus ein menschliches Gesicht zu geben" (Dahrendorf 2004, 7).

Von Anfang an stellte die *soziale Marktwirtschaft* ein Konzept dar, das im Grunde zwei entgegengesetzte Ziele zu vereinbaren suchte: Auf der einen Seite freien Wettbewerb, auf der anderen soziale Gerechtigkeit und ‚Wohlstand für alle' (Erhard 1957). Die Frage, die die alte Bundesrepublik beschäftigte, galt denn auch in erster Linie dem Verhältnis der beiden Seiten: *Wieviel Staat, wieviel Markt?* Dieses Spannungsverhältnis hat sich aufgrund des härteren Wettbewerbs im Zuge der Globalisierung weiter verschärft. In einem transnationalen Wirtschaftsraum stoßen nationalstaatliche Steuerungsinstrumente an ihre Grenzen. Der solchermaßen entfesselte Kapitalismus droht den wirtschaftspolitischen Ordnungsrahmen der sozialen Marktwirtschaft zu sprengen. Die daraus resultierende Forderung ist in Augen von Anthony Giddens offensichtlich: „Unsere entfesselte Welt braucht nicht weniger, sondern mehr Lenkung – dies können nur demokratische Institutionen leisten" (Giddens 1999, 103). Die alles entscheidende Frage laute daher: „The question is to what extend we can modify capitalism so that it can live with other values like equality and social justice" (Giddens 2000, 19). Nach der erschütternden Finanzkrise 2009 gab es hierfür in der Bevölkerung wie bei deren politischen Representanten einen klar artikulierten Willen zu einer neuerlichen Begrenzung und Regulierung des freien Wirtschaftens – insbesondere mit riskanten Finanzprodukten. Inwiefern sich dies am Ende wirklich durchsetzen lassen wird, ist zum gegenwärtigen Zeitpunkt noch offen.

Dass die Neustrukturierung des Kapitalismus den Sozialstaat geschwächt hat, heißt nicht, dass es nicht auch unter dem Druck eines globalen Wettbewerbs beträchtliche Spielräume für soziale Zielsetzungen gäbe. Der amerikanische Ökonom Adair Turner sagt es in aller Deutlichkeit: „Entwickelte reiche Gesellschaften sind weitgehend frei, ihr eigenes Schicksal zu bestimmen" (zit. n. Dahrendorf 2004, 7 und Turner 2001, 377). Es bedarf aber einer größeren gesell-schaftlichen Anstrengung, diese Ziele auch zu erreichen. Die entscheidende Frage ist, was die Bürger eines Landes wollen. Wieviel Wettbewerb und wieviel Staat sie sich wünschen. Und inwiefern sie bereit sind, den Preis für das eine oder andere zu zahlen. Dafür bedarf es einer öffentlichen Debatte. Manfred Moldaschl bringt es auf den Punkt: „Die Gesellschaft kann und muss bestimmen, was die Ökonomie für sie (uns) leisten soll, wo und wozu sie den Markt als Allokationsprinzip nutzen will, und wie sie entsprechend dieser Zielsetzungen die Regeln zweckmäßig gestalten kann" (Moldaschl 2003, 17).

Es gehört zu den Grundannahmen einer demokratischen Gesellschaft, dass es eine Art öffentlicher Arena gibt, in der die Bürger die sie betreffenden Probleme diskutieren und sich auf sinnvolle Problemlösungen verständigen: „Zentrales Kennzeichen einer Demokratie ist der offene Dialog. Sie sucht autoritäre Machtstrukturen und erstarrte Traditionen durch die freie Diskussion von Problemen zu ersetzen – durch einen Raum der öffentlichen Auseinandersetzung. Und sie gerät ins Wanken, wenn sie autoritäres Verhalten oder Gewalt zulässt" (Giddens 1999, 81). Das Ideal besteht darin, dass aus der gemeinsamen Auseinandersetzung die beste Idee hervorgeht. Das setzt freilich sehr viel voraus. Nicht jeder ist ausreichend informiert, um eine Situation angemessen einzuschätzen. Nicht jeder vermag, seine Einfälle vernünftig darzustellen. Nicht jeder ist bereit, die Einfälle eines anderen sorgfältig zu durchdenken. So ist Demokratie sehr viel mehr als bloß die Macht der Mehrheit. Sie gründet auf einer sozialen Praxis, die auf gemeinsame Verständigung zielt. Im Kern stellt die Demokratie eine spezifische Form der Kommunikation dar. Sie ist angewiesen auf demokratische Tugenden. Diese Tugenden zeichnen sich durch einen Sinn für das Gemeinwohl aus. Sie appellieren an die Bürger, interessierte Mitbürger in die Debatten einzubeziehen, ihnen Einblick in die Sachlage zu gewähren, ihre Anmerkungen ernst zu nehmen und ihre Argumente zu prüfen. Nichts anderes heißt Herrschaft des Demos. Die Bürger einer demokratischen Gesellschaft sind dazu aufgerufen, Verantwortung für das Zusammenleben und die Pflege der gemeinsamen – ökonomischen, politischen und kommunikativen – Kultur zu übernehmen.

Dieser Verantwortung lässt sich in ganz verschiedenen Lebensbereichen nachkommen: in der Politik, in der Wirtschaft, in der Zivilgesellschaft. Glücklich darf sich eine Gesellschaft nennen, in der alle drei Bereiche aufeinander bezogen sind und gemeinsam an konstruktiven Lösungen gearbeitet wird. Dementsprechend kann es nicht darum gehen, den einen Bereich gegen den anderen auszuspielen. Alle drei haben die ihnen jeweils innewohnenden Möglichkeiten und Aufgaben; und alle drei haben mit spezifischen Herausforderungen und Gefahren zu kämpfen. Entscheidend scheint letztlich das Gleichgewicht aller drei zu sein. Und dieses Gleichgewicht muss beständig neu ausbalanciert werden. Einzig auf die Politik zu hoffen, wäre ebenso fatal, wie alle Entscheidungen der Privatwirtschaft zu überlassen. Und der Zivilgesellschaft all die schwerwiegenden Aufgaben aufzubürden, welche weder der Staat noch die Unternehmen zu bewältigen im Stande sind, wäre ebenfalls eine Sackgasse. Es bedarf einer gemeinsamen Kraftanstrengung aller, um die vor uns liegenden Herausforderungen erfolgreich und vor allem nachhaltig zu meistern.

Das gilt letzten Endes auch für den Umgang mit der Arbeit und Arbeitslosigkeit. Gerade weil hier die Probleme immens sind, kann es keine einfachen Lösungen geben. Dass ganz praktische Fragen der alltäglichen Arbeitsorganisation unwillkürlich mit technischen, ökonomischen, kulturellen, philosophischen, sozialen und politischen Fragen verknüpft sind, hat die vorliegende Arbeit zu zeigen versucht. Dementsprechend werden einseitige Antworten aus der einen oder anderen Fachdisziplin auch nicht ausreichen, um die komplexe Problematik angemessen und vor allem in ihren weit reichenden Bezügen zu erfassen. Die fachliche Spezialisierung der Wissenschaften stößt hier zwangsläufig an eine strukturelle Grenze, die nur mittels interdisziplinärer Zusammenarbeit zu überwinden wäre. Da ein solcher übergreifender Forschungsverbund zur Entstehungszeit dieses Buches nicht existierte, mussten einige Exkurse in andere Fachgebiete alleine unternommen werden. Das hatte zwangsläufig seinen Preis. Meine Hoffnung besteht freilich darin, dass der Leser diese Blätter dennoch mit Gewinn beiseite legt. Denn letztlich geht es hier vor allem um ihn. Bei aller Wissenschaftlichkeit sollte das wissenschaftliche Arbeiten letztlich doch gerade nicht einfach nur der fachlichen Spezialisierung, sozialen Distinktion und institutionellen Hierarchisierung dienen, sondern gerade im Gegenteil der Ermutigung und (Selbst-)Ermächtigung der Bürgerinnen und Bürger, ihr Leben selbst in die Hand zu nehmen und ihr soziales Miteinander gemeinsam – und gegen einschüchternde Widerstände und vermeintliche Autoritäten – aktiv zu gestalten. Denn nichts anderes meint demokratische Bildung.

Schlussbemerkung: Gemeinsam Zukunft gestalten

Seit der Antike gilt der einfache Grundsatz, dass man nach dem Besten streben sollte. Aristoteles zum Beispiel suchte nach der besten Verfassung eines Staates. In der Gegenwart wird alles versucht, um zu den Besten zu gehören. Universitäten suchen die besten Studenten, Unternehmen die besten Mitarbeiter, Staaten die besten Köpfe. Im Wettbewerb sollen die Besten gewinnen und wer nicht zu den Besten gehört, soll sich zumindest an den Besten orientieren, um vielleicht irgendwann doch einmal zu den Besten zu gehören. Seit der Antike ist freilich umstritten, was das 'Beste' eigentlich sei. Darüber hinaus erscheint das Ergebnis unserer Anstrengungen bei allem Leistungswillen und Erfolgsstreben als nicht sonderlich berauschend. In den letzten zwanzig Jahren sind die gravierenden Probleme größer und nicht kleiner geworden. Sollte das wirklich das Beste gewesen sein, was man zu bieten hat, sieht die Bilanz nicht besonders erfolgreich aus und die Zukunft eher beunruhigend. Angesichts dieser Situation stellt sich die Frage, ob wir die richtigen Prioritäten setzen. Tun wir wirklich genug, um der Verarmung breiterer Bevölkerungsschichten, der Verödung ganzer Stadtteile, der Vernichtung unserer Lebensgrundlagen entgegenzuarbeiten? Könnten wir nicht viel mehr leisten? Ließen sich unsere Kräfte nicht sehr viel wirkungsvoller einsetzen? Könnte nicht jeder Einzelne über seine persönliche Lebenssicherung hinaus sehr viel mehr zum öffentlichen Wohl beitragen als es bislang der Fall ist?

Die statistischen Daten, die unsere gesellschaftlichen Probleme belegen, sprechen eine verständliche Sprache. Wir kennen die Größenordnung unserer Arbeitslosigkeit. Die Pisa-Studie hat uns die Mittelmäßigkeit unseres Bildungssystems vor Augen geführt. Die Integration von Migranten ist offensichtlich weitgehend gescheitert. Die Jugendkriminalität bezeugt eine zunehmende Gewaltbereitschaft. Die ungleiche Verteilung von Reichtum und Armut setzt die Einen einer existenziellen Bedrohung aus, während die Anderen ihren Besitz gar nicht mehr überblicken. All dies ist hinlänglich bekannt. Die Zeitungen, das Fernsehen, der tägliche Small-Talk sind voll damit. Warum sind wir dennoch unfähig, unser Wissen in gesellschaftlich verantwortliches Handeln umzusetzen? Unser Wissen von der Welt bleibt ohne Wirkung. Es hat keinen Effekt. Die Informationen rauschen an uns vorüber, als seien sie nicht real. Philosophische Reflexionen verflüchtigen sich im endlosen Raum der Diskursivität. Politische Debatten verhallen in den Gängen der Parlamente. Soziale Proteste verklingen in den Straßen oder dem unter Rauschen der Wasserwerfer wie bei Stuttgart 21.

Dabei scheinen ausgerechnet die Eliten, das alltägliche Elend auszublenden. Der Mythos vom elfenbeinernen Turm mag eine unwirkliche Phantasie sein. Dass selbst Theoretiker mitten im gesellschaftlichen Gefüge stehen, wie Gadamer stets betonte, hindert viele aber nicht, sich von den Schwierigkeiten dieser Gesellschaft zu distanzieren. Konfrontiert mit der eigenen Unfähigkeit, die sozialen Probleme zu lösen, reagiert ein Großteil der wissenschaftlichen, ökonomischen und politischen Eliten so wie John-Ralston Saul charakterisiert: "They set about building a wall between themselves and reality by creating an artificial sense of well-being on the inside" (Saul 1995, 9). Ausgerechnet in den mächtigsten gesellschaftlichen Kreisen scheint eine vernünftige Auseinandersetzung um Sinn oder Unsinn kapitalistischer Glaubenssätze zum gegenwärtigen Zeitpunkt weitgehend tabuisiert zu sein. Statt vernünftige Frage zu stellen wird ein möglichst naiver Optimismus beschworen: Wenn die Stimmung im Land besser werde, werde alles gut. Dass viele Menschen versuchen, sich trotz der misslichen Lage nicht den Tag verderben zu lassen, hat allerdings wenig mit konkreten Problemlösungen zu tun. Für Saul sei das Ergebnis einer solchen Abschottung eine Selbstsicherheit der handelnden Eliten, die keinen Zweifel kenne, weil sie alles, was sich jenseits ihres engen Horizontes abspielt, einfach ignoriere. „The result is that where a knowing woman or man would embrace doubt and advance carefully, our enormous, specialized, technocratic elites are shielded by a childlike certainty. Whatever they are selling is the absolute truth" (Saul 1999, 5). Die Folge der fortwährenden Selbstsuggestion sei nicht selten eine Orthodoxie, die sich allen Fakten verschließe. Tatsächlich kennt das herrschende Dogma nur eine Wahl: Verinnerliche unser Weltbild oder verzichte auf Macht. Wenn der zeitgenössische Kapitalismus an eine Religion erinnert, dann deshalb, weil die Scholastiker des Mittelalters ebenfalls keine Alternative zuließen.

Im Grunde müsste die kritischste Auseinandersetzung mit der kapitalistischen Marktwirtschaft von den Wirtschaftswissenschaften selbst geleistet werden. Das aber ist nur in herausragenden Ausnahmefällen der Fall. Die meisten Wirtschaftsinstitute begnügen sich mit der Lehre praktischer Fertigkeiten. Für Saul liegt eine der Ursachen dafür, dass es allen Reformanstrengungen zum Trotz nicht gelingt, die Massenarbeitslosigkeit, die Bildungsmisere, die Verarmung ganzer Bevölkerungsschichten in den Griff zu bekommen, deshalb vor allem in der Vorherrschaft eines bestimmten Managementverständnisses. Anstatt vernünftig, kreativ und weitsichtig zu agieren, begnüge man sich mit einer engstirnigen Anwendung erlernter Managementtechniken: "A crisis, unfortunately, requires thought. Thought is not a management function" (Saul 1995, 14). Oder in den Worten von Richard Sennett: „Wie jeder Denkakt ist mechanische Intel-

ligenz stumpfsinnig, wenn sie nur funktional und nicht selbstkritisch arbeitet"
(Sennett 2000, 95).

Mit dem endgültigen Scheitern des Sozialismus gibt es zur kapitalistischen
Marktwirtschaft anscheinend keine Alternative. Tatsächlich ist weder eine dikta-
torische Planwirtschaft, noch eine aristokratische Vetternwirtschaft sonderlich
erstrebenswert. Die Frage, die sich zu Beginn des 21. Jahrhunderts stellt, kann
daher nur lauten, welche Form der freien Marktwirtschaft wir uns wünschen.
Der Kapitalismus ist kein einheitlicher Standard. Es gibt eine Vielfalt von Kapi-
talismen. Die kapitalistische Praxis kann auf ganz verschiedene Art und Weise
betrieben werden. Die Frage lautet daher nicht Kapitalismus oder Sozialismus.
Die Frage lautet, wie sozial wir die Marktwirtschaft gestalten wollen. Dafür bedarf es einer offenen Debatte, die nicht von Marktfundamentalisten und Wett-
bewerbsapologeten blockiert wird.

Die Geschichte des Kapitalismus war in den letzten zweihundert Jahren stets
ambivalent. Es gab enormen Wohlstand und schreckliches Elend. In Westdeutschland und Westeuropa sollten nach dem 2. Weltkrieg die positiven Effekte überwiegen. Das Land entwickelte sich zu einer der reichsten Regionen der
Welt. Angesichts dieses Erfolges erschien alle Kritik an der sozialen Marktwirtschaft als unangebracht. Mittlerweile hat sich die Situation verändert. Die globale Wirtschaftsordnung ist nicht mehr dieselbe. Der Kapitalismus hat sein Gesicht
verwandelt und zeigt eine hässliche Fratze. Das beunruhigt vor allem diejenigen,
die gerade ihr Berufsleben beginnen. In den wohlhabenden Achtzigern groß geworden, werden die 'Kinder der Freiheit' nun mit viel größeren Unsicherheiten
und gewaltigeren Herausforderungen konfrontiert als ihre Väter und Mütter, die
vom Wohlstand der alten Bundesrepublik profitierten. Der gegenwärtige Strukturwandel erinnert sie daran, dass der Kapitalismus stets von negativen Konsequenzen begleitet worden ist und mehr als einmal in die Katastrophe führte.
Wenn die Forderung, das Beste zu geben, irgendeinen Sinn haben soll, dann
den, solchen unheilvollen Auswirkungen mit aller Kraft entgegenzuwirken.

Nichts erscheint dabei als tragischer und zugleich lächerlicher, als das Individuum, das um die Anerkennung seiner widerspenstigen Weltsicht ringt: "In a
society of ideological believers, nothing is more ridiculous than the individual
who doubts and does not conform" (Saul 1995, 20). Mehr noch: In der ideolo-
gisch gefestigten Wettbewerbsgesellschaft wird alles Denken, das nicht dem augenblicklichen *state of the art* einer Fachwissenschaft entspricht, als unprofes-
sionell abgewertet. Der Leitsatz lautet nicht: Habe Mut, Dich Deines eigenen
Verstandes zu bedienen; sondern: Spare Geld, um einen Experten zu bezahlen,
ein Studium zu absolvieren oder eine Therapie zu machen. Selten wurde professionelles Wissen so sehr als Machtinstrument genutzt, wie in der Wissensgesellschaft.

Im Unterschied zu einer Meritokratie geht das Beste in einer Demokratie aus einem offenen Argumentationsprozess hervor, in dem die widerstreitenden Meinungen mit dem Ziel vorgetragen werden, sich gemeinsam auf die für alle Beteiligten beste Entscheidung zu verständigen. Das reibungslose Funktionieren der ökonomischen Maschinerie beruht auf dem Glauben an die sichere Gewissheit, das Richtige zu tun. Demokratische Entscheidungsprozesse bedürfen dagegen des widerstreitenden Dialogs, des Arguments, des Zweifels und Selbstzweifels, der Bereitschaft, sich überzeugen zu lassen und dazuzulernen. Für Ralf Dahrendorf beruhe die Demokratie daher auf einer tief liegenden Legitimation: auf der Grundverfassung des Menschen, die darin bestehe, dass niemand alle Antworten wisse (Dahrendorf 1983, 61f.). Niemand kann sicher sein, dass seine Antworten richtig sind. Überdies können die richtigen Antworten von heute morgen falsch sein. Das gilt auch für die Wissenschaften – insbesondere dort, wo sich einzelne Fächer und Institute, Schulen und Traditionen um Anerkennung und Definitionsmacht streiten. Und wo tun sie das nicht?! So sehr wir uns auch um Wissen bemühen – wir leben in einer Welt der Ungewissheit. Niemand ist in der Lage, alles zu sehen. Der Blick ist unvermeidlich an einen spezifischen Standpunkt gebunden. Der Horizont ist zeitlich und räumlich beschränkt. Diese Standortgebundenheit impliziert die ethische Forderung – wie es Josef Simon formulierte – , die Möglichkeit anderer Standpunkte, die man gerade nicht einnimmt oder nicht einnehmen kann, prinzipiell anzuerkennen (Simon 2003). Ein solcher Akt der Selbstrelativierung hat nichts mit mangelnder Leistungsfähigkeit zu tun. Im Gegenteil: Er beruht auf der Einsicht, dass wir als endliche Wesen begrenzt und auf unsere Mitmenschen angewiesen sind. Und er legt eine ethische Haltung nahe, die der Frage, auf welche Art und Weise wir miteinander und mit unserer Umwelt umgehen, größere Bedeutung einräumt, als dem Streben danach, der Erste, der Größte, der Erfolgreichste zu sein. Nicht selten mündet der allgegenwärtige Konkurrenzkampf in demütigende Niederlagen und unaufrichtige Siege. Der private Ehrgeiz, eine bestimmte Perfektion zu erreichen – schreibt Richard Rorty – lasse uns "abstumpfen gegen den Schmerz und die Demütigung, die wir verursachen" (Rorty 1989, 230). Dagegen gilt es – etwa im Sinne von Judith Butler – die eigene Verletzlichkeit als eine gemeinsame Verletzlichkeit anzuerkennen. Denn eines haben wir mit allen Menschen gemein: die Fähigkeit, Schmerz zu empfingen. Daraus erwächst Solidarität. Solidarität wird nicht entdeckt, sondern von unserer Einbildungskraft geschaffen. Sie wird dadurch geschaffen, dass wir – wie Rorty weiter ausführt – unsere Sensibilität für die Schmerzen und Demütigungen unserer Mitmenschen steigern (Rorty 1989, 16). Deshalb folgt Solidarität einer ganz einfachen ethischen Haltung: "nimm wahr, was einer tut, und hör vor allem zu, was andere Menschen sagen. Denn es kann sich dabei zeigen, und es zeigt sich sehr oft dabei, dass diese Menschen versuchen, dir zu sagen, dass sie leiden" (Rorty 1989, 266).

Vor diesem Hintergrund besteht die Herausforderung für das Schreiben darin, den Mitmenschen etwas über die Beschränkung des eigenen Horizontes hinweg zu sagen, das sie selbst aus ihrer Sicht so nicht hätten sagen können. Der Einzelne mag zwar durch mangelndes Wissen und begrenzte Rationalität gekennzeichnet sein, der Versuch einer (Selbst-)Verständigung der Gesellschaft ist aber gerade einer Überschreitung der individuellen Horizonte und der Formulierung *gemeinsamer* Ziele verpflichtet. In diesem Sinne hängt das Gelingen unseres gesellschaftlichen Zusammenlebens ganz entscheidend von unserer Fähigkeit ab, den anderen in unser Denken mit einzubeziehen und selbst in das Denken der anderen einbezogen zu werden. Aus dieser Perspektive erscheint auch die Politik im besten Falle nicht einfach als einfältiger Machtkampf, sondern als hohe Kunst der Diplomatie. Die ethische Forderung würde entsprechend darin bestehen, den anderen als gleichberechtigten Gesprächspartner anzuerkennen und sich um ein Verständnis seines Standpunktes zu bemühen – selbst wenn ihm die Mittel fehlen, diese Anerkennung aus eigenen Kräften und notfalls mit Gewalt zu erkämpfen. Darin besteht vielleicht der ehrenwerteste Einsatz der modernen Kunst und Kultur: für diejenigen Aspekte der Wirklichkeit zu streiten und zu sensibilisieren, denen der herrschende Diskurs der Mächtigen gerade keine Aufmerksamkeit schenkt.

Aus einer solchen Möglichkeit der Verständigung erwächst wirkliche Zuversicht. Und die Hoffnung, dass es uns eines Tages gelingen könnte, die gegenwärtigen Herausforderungen trotz aller Schwierigkeiten gemeinsam zu bewältigen. Dort, wo die Demokratie auf pure Machtpolitik setzt, läuft sie Gefahr, die alten Fehler eines aggressiven Imperialismus erneut zu begehen. Dort, wo der Wettbewerb tiefe Gräben zwischen die Individuen treibt, droht aller Gemeinsinn zerstört zu werden. Dort aber, wo der Zweifel ausgehalten, das Fragen zur Gewohnheit und das Interesse an unseren Mitmenschen zur Selbstverständlichkeit geworden sind, besteht Hoffnung auf bessere Antworten. Dort ist Zuversicht ganz und gar berechtigt. Das weltweite Leiden an der Arbeit und Arbeitslosigkeit ist weder von einem Gott auferlegt, noch von der Natur erzwungen. Es liegt einzig und allein in der Verantwortung von Menschen. Das heißt aber auch, dass die Hoffnung darauf, dass dieses Leiden eines Tages geringer werden und die Demütigung des Menschen durch den Menschen tatsächlich einmal aufhören könnte, letztlich nicht unbegründet ist. Es liegt an uns, es liegt an Ihnen, das Beste dafür zu tun.

Literaturverzeichnis

Abel, Günter (2004) *Zeichen der Wirklichkeit*, Frankfurt am Main: Suhrkamp.

Abele, Eberhard / u.a. (Hg)(2006) *Handbuch Globale Produktion*, Hanser: München.

Adamowsky, Natascha (2003) "Totale Vernetzung - totale Verstrickung?" In: Bundeszentrale für politische Bildung (Hg)(2003) *Aus Politik und Zeitgeschichte*, Bd. 42, Bonn: BpB, S. 3-12.

Adorno, Theodor W. (1963) *Erziehung zur Mündigkeit*, Frankfurt am Main: Suhrkamp.

Adorno, Theodor W. (1977a) *Dialektik der Aufklärung*, GS Bd.3, Frankfurt am Main: Suhrkamp.

Adorno, Theodor W. (1977b) *Minima Moralia*, GS Bd.4, Frankfurt am Main: Suhrkamp.

Agamben, Giorgio (2001) *Mittel ohne Zweck. Noten zur Politik*, Zürich-Berlin: diaphanes.

Albert, Mathias / u.a. (1999) *Die neue Weltwirtschaft. Entstofflichung und Entgrenzung der Ökonomie*, Frankfurt am Main: Suhrkamp.

Altvater, Elmar / Mahnkopf, Birgit (1996) *Grenzen der Globalisierung. Ökonomie, Ökologie und Politik in der Weltgesellschaft*, Münster: Westfälisches Dampfboot.

Altvater, Elmar / Eberhard Fehrmann (Hg)(1999) *Turbo-Kapitalismus. Gesellschaft im Übergang ins 21. Jahrhundert*, Hamburg: VSA.

Altvater, Elmar (2005) *Das Ende des Kapitalismus, wie wir ihn kennen*, Münster: Westfälisches Dampfboot.

Arendt, Hannah (1996) *Ich will verstehen. Selbstauskünfte zu Leben und Werk*, München: Piper.

Arendt, Hannah (2001) *Vita activa oder Vom tätigen Leben*, 12. Aufl., München: Piper.

Arendt, Hannah (2003) *Macht und Gewalt*, 15. Aufl., München: Piper.

Aristoteles (1994) *Politik*, Reinbek: Rowohlt.

Augustinus (1997) *Vom Gottesstaat (De civitate dei)*, Buch 1-10, München: dtv.

Bacon, Francis (1963) *Novum organum, Dispositio*. Works 1, o.O.

Babbage, Charles (1999) *Die Ökonomie der Maschine*, Berlin: Kadmos.

Baecker, Dirk (1991) *Womit handeln Banken?,* Frankfurt am Main: Suhrkamp.

Baecker, Dirk (1999) *Organisation als System*, Frankfurt am Main: Suhrkamp.

Baecker, Dirk (Hg)(2002) *Archäologie der Arbeit*, Berlin: Kadmos.

Baecker, Dirk (Hg)(2003) *Kapitalismus als Religion*, Berlin: Kadmos.

Baethge, Martin (1991) "Arbeit, Vergesellschaftung, Identität - Zur zunehmenden normativen Subjektivierung der Arbeit". In: *Soziale Welt* 42 (1), S. 6-19.

Baitsch, Christof / Ulich, Eberhard (Hg)(1988) *Zukunft der Arbeit*, Psychosozial Bd.33, München: Verlags Union.

Barber, Benjamin R. (1984) *Strong Democracy. Participatory Politics for a New Age*, Berkeley: California Press.

Barber, Benjamin R. (2004) "How privatization corrupts res publica". In: Nida-Rümelin 2004, S. 21-38.

Baudrillard, Jean (1970) *La société de consommation*, Paris: Denoël.

Bauer, Robert (2002) *Struktur und Differenz. Vielfalt als Konstruktionsprinzip von Organisationen und Organisationstheorien*, Linz: Trauner.

Beck, Ulrich (1996) "Die Subpolitik der Globalisierung". In: *Gewerkschaftliche Monatshefte* 11-12/96, 1996, S. 673-680.

Beck, Ulrich (1997) *Was ist Globalisierung?*, Frankfurt am Main: Suhrkamp.

Beck, Ulrich (1997) *Die Kinder der Freiheit*, Frankfurt am Main: Suhrkamp.

Beck, Ulrich (1999) *Schöne neue Arbeitswelt*, Frankfurt am Main: Campus-Verlag.

Beck, Ulrich (Hg)(2000) *Die Zukunft von Arbeit und Demokratie*, Frankfurt am Main: Suhrkamp.

Beck, Ulrich / Christoph Lau (Hg)(2004) *Entgrenzung und Entscheidung*, Frankfurt am Main: Suhrkamp.

Becker, Konrad (2002) *Die Politik der Infosphäre*, Bonn: BpB.

Bell, Daniel (1974) *The Coming of Post-Industrial Society*, London: Heinemann.

Bell, Daniel (1996) *The Cultural Contradictons of Capitalism*, New York: BasicBooks.

Bergmann, Frithjof (2004) *Neue Arbeit. Neue Kultur*, Freiamt: Arbor.

Bologna, Sergio (Hg)(1997) *Il lavoro autonomo di seconda generazione. Scenari del postfordismo in Italia*, Milano: Feltrenelli.

Boltanski, Luc / Chiapello, Ève (2003) *Der neue Geist des Kapitalismus*, Konstanz: UVK.

Bourdieu, Pierre (Hg)(1993) *La misère du monde*, Paris: Seuil.

Bourdieu, Pierre (Hg)(1998) *Das Elend der Welt*, 2.Aufl., Konstanz: UVK.

Bourdieu, Pierre (Hg)(2001) *Der Lohn der Angst: Flexibilisierung und Kriminalisierung der neuen Arbeitsgesellschaft*, Konstanz: UVK.

Brandl, Sebastian / Hildebrandt, Eckart (2002) *Zukunft der Arbeit und soziale Nachhaltigkeit*, Opladen: Leske + Budrich.

Bröckling, Ulrich / u.a. (Hg)(2000) *Gouvernementalität der Gegenwart. Studien zur Ökonomisierung des Sozialen*, Frankfurt am Main: Suhrkamp.

Bröckling, Ulrich (2007) *Das unternehmerische Selbst*, Frankfurt am Main: Suhrkamp.

Bundesagentur für Arbeit (2010) *Der Arbeits- und Ausbildungsmarkt in Deutschland*, Monatsbericht Dezember und im Jahr 2010, Nürnberg.

Busche, Hubertus (2002) *Die moralische Entgrenzung der Ökonomie in der frühen Neuzeit - Exemplarische Argumente des Florentinischen Stadtbürgerhumanismus 1400-1460*, Bonn: Unveröfflichtes Manuskript.

Butler, Judith (2001) *Kritik der ethischen Gewalt*, Frankfurt am Main: Suhrkamp.

Butler, Judith (2002) *Psyche der Macht. Das Subjekt der Unterwerfung*, Frankfurt am Main: Suhrkamp.

Carp, Stefanie (Hg)(2001) *Alles Kunst? Wie arbeitet der Mensch im neuen Jahrtausend - und was tut er in der übrigen Zeit?* Reinbek: Rowohlt.

Castel, Robert (2000) *Die Metamorphosen der sozialen Frage. Eine Chronik der Lohnarbeit*, Konstanz: UVK.

Castells, Manuel (2001) *Das Informationszeitalter I - Der Aufstieg der Netzwerkgesellschaft*, Opladen: Leske + Budrich.

Castells, Manuel (2002) *Das Informationszeitalter II - Die Macht der Identiät*, Opladen: Leske + Budrich.

Castells, Manuel (2003) *Das Informationszeitalter III - Jahrtausendwende*, Opladen: Leske + Budrich.

Chomsky, Noam (1999) *Profit over People. Neoliberalism and global order*, New York: Seven Stories.

Cohen, Jean L. / Arato, Andrew (1992) *Civil Society and Political Theory*, Massachusetts: MIT Press.

Conze, Werner (1972) „Arbeit". In: Brunner, Otto / u.a. (1972) *Geschichtliche Grundbegriffe. Historisches Lexikon zur politisch-sozialen Sprache in Deutschland*, Bd. 1 A-D, Stuttgart: Klett, S. 154-215.

Dahrendorf, Ralf (1980) "Im Entschwinden der Arbeit". In: *Merkur* 34. Jg. Heft 8, 1980.

Dahrendorf, Ralf (1983) *Die Chancen der Krise*, Stuttgart: DVA.

Dahrendorf, Ralf (2003) *Auf der Suche nach einer neuen Ordnung*, München: Beck.

Dahrendorf, Ralf (2004) *Ludwig-Erhard-Lecture* vom 28.10.04, Berlin: Vortragsmanuskript.

Deleuze, Gilles / Guattari, Félix (2002) *Tausend Plateaus. Kapitalismus und Schizophrenie*, 5. Auflage, Berlin: Merve.

Derrida, Jaques (2004a) *Marx' Gespenster*, Frankfurt am Main: Suhrkamp.

Derrida, Jaques (2004b) *Marx & Sons*, Frankfurt am Main: Suhrkamp.

Dönhoff, Marion (1997) *Zivilisiert den Kapitalismus. Grenzen der Freiheit*, Stuttgart: DVA.

Durkheim, Emile (1960) *Über soziale Arbeitsteilung*, Frankfurt am Main: Suhrkamp.

Egbringhoff, Julia / Kleemann, Frank (2003) *Subjektivierung von Bildung*, Stuttgart: Ta-Akademie.

Ehrenreich, Barbara (2001) *Arbeit poor. Unterwegs in der Dienstleistungsgesellschaft*, o.O: Kunstmann.

Engler, Wolfgang (2005) *Bürger, ohne Arbeit. Für eine radikale Neugestaltung der Gesellschaft*, Berlin: Aufbau.

Enquete-Kommission der Bundesrepublik Deutschland (2002) *Globalisierung und Weltwirtschaft, Abschlussbericht*.

Enwezor, Okwui (Hg)(2002) *Demokratie als unvollendeter Prozess*, Ostfildern: Hatje Cantz.

Erhard, Ludwig (1957) *Wohlstand für alle*, Düsseldorf: Econ.

Fichte, Johann Gottlieb (1812) *Wissenschaftslehre und das System der Rechtslehre*, NW (1962) Bd. 2, Berlin: de Gruyter.

Flores d'Arcais, Paolo (2004) *Il sovrano e il dissidente, La democrazia presa sul serio*, Milano: Garzanti.

Florida, Richard (2002) *The rise of the creative class*, New York: Basic Books.

Forrester, Viviane (1997) *Der Terror der Ökonomie*, Wien: Paul Zsolnay Verlag.

Forst, Rainer (1996) *Kontexte der Gerechtigkeit*, Frankfurt am Main: Suhrkamp.

Foucault, Michel (1977) *Überwachen und Strafen. Die Geburt des Gefängnisses*, Frankfurt am Main: Suhrkamp.

Foucault, Michel (1981) *Archäologie des Wissens*, Frankfurt am Main: Suhrkamp.

Foucault, Michel (1997) *Die Ordnung des Diskurses*, Frankfurt am Main: Fischer.

Fourastié, Jean (1963) *Le Grand Espoir du Xxe siècle. Progrès technique, progrès économique, progrès social*, Paris: Gallimard.

Fraser, Nancy / Honneth, Axel (2003) *Umverteilung oder Anerkennung? Eine politisch-philosophische Kontroverse*, Frankfurt am Main: Suhrkamp.

Frambach, Hans (1999) *Arbeit im ökonomischen Denken: zum Wandel des Arbeitsverständnisses von der Antike bis zur Gegenwart*, Marburg: Metropolis.

Franck, Georg (1998) *Ökonomie der Aufmerksamkeit*, München: Hanser.

Friedman, Milton (1987) *The essence of Friedman*, Stanford: Hoover.

Friedman, Milton (1962) *Capitalism and Freedom*, Chicago: University Press.

Fuchs-Brüninghoff, Elisabeth (Hg)(1993) *Arbeit und Arbeitslosigkeit. Zum Wert von Arbeit heute*, München: Ernst Reinhardt.

Füllsack, Manfred (2002) *Leben ohne zu arbeiten? Zur Sozialtheorie des Grundeinkommens*, Berlin: Avinus.

Füllsack, Manfred (Hg)(2006) *Globale soziale Sicherheit. Grundeinkommen - weltweit?* Berlin: Avinus.

Fukuyama, Francis (1992) *The End of History and the Last Man*, New York: Free Press.

Fukuyama, Francis (1997) *The Virtual Corporation and Army Organization*, Washington D.C.: Rand.

Fukuyama, Francis (2002) *Our posthuman Future. Consequences of the biotechnology revolution*, London: Profile Books.

Fukuyama, Francis (2004) *State-Building. Governance and World Order in the 21st Century*, New York: Cornell University Press.

Giarini, Orio / Stahel, Walter R. (Hg)(2000) *Die Performance-Gesellschaft: Chancen und Risiken beim Übergang zur Service Economy.* Marburg: Metropolis-Verlag.

Giddens, Anthony (1991) *Modernity and Self-Identity*, Cambridge: Polity Press.

Giddens, Anthony (1995) *Konsequenzen der Moderne*, Frankfurt am Main: Suhrkamp.

Giddens, Anthony (1999) *The Third Way*, Cambridge: Polity Press.

Giddens, Anthony / Hutton, Will (Hg)(2000) *On the edge. Living with Global Capitalism*, London: Jonathan Cape.

Giddens, Anthony (2001) *Entfesselte Welt. Wie die Globalisierung unser Leben verändert.* Frankfurt am Main: Suhrkamp.

Glaser, Herrmann (1988) *Das Verschwinden der Arbeit*, Düsseldorf: Econ.

Glotz, Peter (1999) *Die beschleunigte Gesellschaft. Kulturkämpfe im digitalen Kapitalismus*, München: Kindler.

Glotz, Peter (2001) *Von Analog nach Digital*, Frauenfeld: Huber.

Glotz, Peter (2004) *Der Wissensarbeiter. Essays zur politischen Strategie*, Frauenfeld: Huber.

Gosewinkel, Dieter / u.a. (Hg)(2003) *Zivilgesellschaft - national und transnational*, Berlin: edition sigma.

Gorz, Andrè (1983) *Wege ins Paradies* Hamburg: Rotbuch Verlag.

Gorz, André (1994) *Kritik der ökonomischen Vernunft. Sinnfragen am Ende der Arbeitsgesellschaft*, Hamburg: Rotbuch Verlag.

Gorz, André (2000) *Arbeit zwischen Misere und Utopie*, Frankfurt am Main: Suhrkamp.

Gorz, André (2004) *Wissen, Wert und Kapital*, Zürich: rotpunktverlag.

Gramsci, Antonio (1972) *Briefe aus dem Kerker*, Frankfurt am Main: Fischer.

Greven, Thomas / Scherrer, Christoph (2005) *Globalisierung gestalten. Weltökonomie und soziale Standards*, Bonn: BpB.

Habermas, Jürgen (1969) *Technik und Wissenschaft als Ideologie*, Frankfurt am Main: Suhrkamp.

Habermas, Jürgen (1981) *Theorie des kommunikativen Handelns*, Frankfurt am Main: Suhrkamp.

Habermas, Jürgen (1985) *Die neue Unübersichtlichkeit*, Frankfurt am Main: Suhrkamp.

Habermas, Jürgen (1996) *Die Einbeziehung des Anderen*, Frankfurt am Main: Suhrkamp.

Habermas, Jürgen (2001) *Kommunikatives Handeln und detranszendentalisierte Vernunft*, Stuttgart: Reclam.

Haefner, Klaus (1984) *Mensch und Computer im Jahre 2000*, Stuttgart: Birkhäuser.

Hammer, Michael / Champy, Lames (1993) *Reengineering the Corporation. A manifesto for business revolution*, New York: HarperBusiness.

Hegel, Georg Wilhelm Friedrich (1999a) *Phänomenologie des Geistes*, Hauptwerke Bd. 2, Darmstadt: WBG.

Hegel, Georg Wilhelm Friedrich (1999b) *Grundlinien der Philosophie des Rechts*, Hauptwerke Bd. 5, Darmstadt: WBG.

Heidegger, Martin (1962) *Die Technik und die Kehre*, Stuttgart: Klett-Cotta.

Held, David (Hg)(1991) *Political Theory Today*, Cambridge: Polity Press.

Held, David (Hg)(1995) *Cosmopolitan Democracy*, Cambridge: Polity Press.

Held, David (1999) *Global Transformations. Politics, Economy and Culture*, Cambridge: Polity Press.

Hirsch, Joachim (1986) *Das neue Gesicht des Kapitalismus - Vom Fordismus zum Postfordismus*, Hamburg: VSA.

Hobbes, Thomas (1966) *Leviathan*, Berlin: o.V.

Honneth, Axel / Jaeggi, Urs (Hg)(1980) *Arbeit, Handlung, Normativität*, Frankfurt am Main: Suhrkamp.

Honneth, Axel (1994) *Kampf um Anerkennung. Zur moralischen Grammatik sozialer Konflikte*, Frankfurt am Main: Suhrkamp.

Honneth, Axel (1995) *Kommunitarismus. Eine Debatte über die moralischen Grundlagen moderner Gesellschaften*, Frankfurt am Main, New York: Campus-Verl.

Honneth, Axel (2000) "Die gespaltene Gesellschaft". In: Pongs, A. (Hg)(2000) *In welcher Gesellschaft leben wir eigentlich?* München: S.79-102.

Honneth (2002) *Befreiung aus der Mündigkeit. Paradoxien des gegenwärtigen Kapitalismus*, Frankfurt am Main: Campus.

Höffe, Ottfried (2004) *Wirtschaftsbürger - Staatsbürger - Weltbürger*, München: Beck.

Huffschmid, Jörg (2002) *Politische Ökonomie der Finanzmärkte*, Hamburg: VSA.

ILO International Labour Office (2005a) *A global alliance against forced labour*, Geneva: ILO.

ILO International Labour Office (2005b) *World Employment Report 2004-2005*, Geneva: ILO.

ILO International Labour Office (2006) *Changing patterns in the world of work*, Geneva: ILO.

Inglehart, Ronald (1997) *Modernization and Postmodernization*, Princeton: University Press.

Jahoda, Marie (1975) *Die Arbeitslosen von Marienthal*, Frankfurt am Main: Suhrkamp.

Jahoda, Marie (1983) *Wieviel Arbeit braucht der Mensch? Arbeit und Arbeitslosigkeit im 20. Jahrhundert*, 2. Auflage, Weinheim: Beltz.

Kambartel, Friedrich (1993a) *Philosophie und Politische Ökonomie*, Göttingen: Wallstein.

Kambartel, Friedrich (1993b) "Arbeit und Praxis". In: *Deutsche Zeitschrift für Philosophie* 41.2 (1993), S. 239-249.

Kant, Immanuel (1995) *Grundlegung zur Metaphysik der Sitten*, Frankfurt am Main: Suhrkamp.

Katschnig-Fasch, Elisabeth (Hg)(2003) *Das ganz alltägliche Elend. Begegnungen im Schatten des Neoliberalismus*, Wien: Löcker.

Keynes, John Maynard (1936) *The General Theory of Employment*, London: Macmillan

Kißler, Leo (Hg)(1996) *Toyotismus in Europa*, Frankfurt am Main: Campus.

Kitzmüller, Erich (2005) *Der Zauberstab des Geldes*, Wien: LIT.

Knorr-Cetina, Karin (Ed)(2005) *The Sociology of Financial Markets*, Oxford: UP.

Kocka, Jürgen / Offe, Claus (Hg)(2000) *Geschichte und Zukunft der Arbeit*, Frankfurt am Main: Campus.

Koslowski, Peter (Hg)(1998) *The Social Market Economy*, Berlin: Springer.

Koslowski, Peter (1990) "Wirtschaftsethik in der Marktwirtschaft". In: Matthiessen, Christian (1990) *Ökonomie und Ethik*, Freiburg: Hochschulverlag, S. 9-30.

Krämer, Jochen / Richter, Jürgen (Hg)(1997) *Schöne neue Arbeit: die Zukunft der Arbeit vor dem Hintergrund neuer Informationstechnologien*, Mössingen-Talheim: Talheimer.

Krebs, Angelika (2002) *Arbeit und Liebe*, Frankfurt am Main: Suhrkamp.

Krüger, H.J. (o.J.) *Arbeit*. In: Ritter, Joachim (Hg)(1970) *Historisches Wörterbuch der Philosophie*, Band 1 A-C, Basel/Stuttgart: Schwabe & Co, S. 480-487.

Kübler, Hans-Dieter / Elling, Elmar (Hg)(2004) *Wissensgesellschaft. Neue Medien und ihre Konsequenzen*, Bonn: BpB.

Laclau, Ernesto / Mouffe, Chantal (2001) *Hegemony and Socialist Strategy*, London: Verso. Oldenbourg.

Lafargue, Paul (2001) *Das Recht auf Faulheit*, 3. Aufl., Grafenau: Trotzdem.

Langheinrich, Marc / Mattern, Friedemann (2003) "Digitalisierung des Alltags. Was ist Pervasive Computing?" In: *Aus Politik und Zeitgeschichte*, B 42, Bonn: BpB, S. 6-12.

Laubacher, Robert J. / Malone, Thomas W. (1997) *Two Scenarios for 21st Century Organizations: Shifting Networks of Small Firms or All-Encompassing 'Virtual Countries'?*, Massachusetts: MIT.

Lohmann, Karl Reinhard / Priddat, Birger P. (Hg)(1997) *Ökonomie und Moral. Beiträge zur Theorie ökonomischer Rationalität*, München: R. Oldenbourg.

Leyendecker, Hans (2003) *Die Korruptionsfalle*, Reinbek: Rowohlt.

Locke, John (1970) *Two Treaties of Government* 2, ed. by P.Laslett, Cambrigde: Univ. Press.

Luhmann, Niklas (1988a) *Arbeitsteilung und Moral*, 2. Auflage, Frankfurt am Main: Suhrkamp.

Luhmann, Niklas (1988b) *Die Wirtschaft der Gesellschaft*, Frankfurt am Main: Suhrkamp.

Mander, Jerry / Cavanough (Hg)(2003) *Eine andere Welt ist möglich. Alternativen zur Globalisierung*, München: Riemann.

Marcuse, Herbert (1965) *Kultur und Gesellschaft*, Frankfurt am Main: Suhrkamp.

Marcuse, Herbert (2004) *Der eindimensionale Mensch*, 4. Auflage, München: dtv.

Marx, Karl (1867a) "Das Kapital", Bd.1. In: MEW (1962) Bd. 23., Berlin: Dietz.

Marx, Karl (1867b) "Das Kapital", Bd.2. In: MEW (1962) Bd. 24., Berlin: Dietz.

Marx, Karl (1867c) "Das Kapital", Bd.3. In: MEW (1962) Bd. 25., Berlin: Dietz.

Marx, Karl / Engels, Friedrich (1957) *Die deutsche Ideologie*, Berlin: Dietz.

Marx, Karl (1844) "Ökonomisch-philosophische Manuskripte". In: MEW (1968) Bd.1., Berlin: Dietz.

Marx, Karl / Engels, Friedrich (1999) *Manifest der Kommunistischen Partei*, Stuttgart: Reclam.

Matthes, Joachim (Hg)(1983) *Krise der Arbeitsgesellschaft. Verhandlungen des 21. Deutschen Soziologentages in Bamberg 1982*, Frankfurt am Main: Campus.

Matthiessen, Christian (Hg)(1990) *Ökonomie und Ethik*, Freiburg: Hochschulverlag.

McLuhan, Marshall (1968) *Die magischen Kanäle. Understanding Media*, Düsseldorf: Econ.

Meissner, M. (1971) "The long arm of the job". In: *Industrial Relations* 10, 3, S. 239-260.

Mill, John Stuart (1976) *On Politics and Society*, ed. by Geraint L. Williams, Harvester Press.

Moldaschl, Manfred / Voß, Günter G. (Hg)(2002) *Subjektivierung von Arbeit*, München: Rainer Hampp.

Moldaschl, Manfred / Thießen, Friedrich (Hg)(2003) *Neue Ökonomie der Arbeit*, Marburg: Metropolis.

Müller-Armack, Alfred (1981) *Genealogie der sozialen Marktwirtschaft*, Bern: Paul Haupt.

Negri, Antonio / Hardt, Michael (2001) *Empire*, Harvard: University Press.

Negri, Antonio / Hardt, Michael (2004) *Multitude*, Frankfurt am Main: Campus.

Negroponte, Nicholas (1995) *Being Digital*, London: Hodder & Stoughton.

Negt, Oskar (1984) *Lebendige Arbeit, enteignete Zeit*. Frankfurt am Main: Campus.

Negt, Oskar (2001) *Arbeit und menschliche Würde*, Göttingen: Steidl.

Nida-Rümelin, Julian (1999) *Demokratie als Kooperation*, Frankfurt am Main: Suhrkamp.

Nida-Rümelin, Julian / Thierse, Wolfgang (Hg)(2001) *Philosophie und Politik V: Für eine Politik der Würde*, Essen: Klartext.

Nida-Rümelin, Julian / Thierse, Wolfgang (Hg)(2002) *Philosophie und Politik VI: Martha C. Nussbaum - Für eine aristotelische Sozialdemokratie*, Essen: Klartext.

Nida-Rümelin, Julian / Thierse, Wolfgang (Hg)(2004) *Philosophie und Politik VII: Benjamin R. Barber - Soziale Gerechtigkeit*, Essen: Klartext.

Nida-Rümelin, Julian / Thierse, Wolfgang (Hg)(2005) *Philosophie und Politik VIII: Thomas M. Scanlon - Politische Gleichheit*, Essen: Klartext.

Nietzsche, Friedrich (1999a) *Menschliches, Allzumenschliches*, KSA 2, hg. v. Giorgio Colli und Mazzino Montinari, München: de Gruyter.

Nietzsche, Friedrich (1999b) *Morgenröthe*, KSA 3, hg. v. Giorgio Colli und Mazzino Montinari, München: de Gruyter, S. 9-331.

Nietzsche, Friedrich (1999c) *Die fröhliche Wissenschaft*, KSA 3, hg. v. Giorgio Colli und Mazzino Montinari, München: de Gruyter, S. 343-651.

Noltenius, Rainer (Hg.)(2000) *Gibt es ein Leben ohne Arbeit? Arbeitslosigkeit in Kunst und Medien*, Essen: Klartext.

OECD (2001) *Recent Trends in Privatisation*, Paris: OECD.

Offe, Claus (1984) *Arbeitsgesellschaft*, Campus: Frankfurt am Main.

Offe, Claus / Heinze, Rolf G. (Hg)(1990) *Organisierte Eigenarbeit*, Frankfurt am Main: Campus.

Offe, Claus (1986) *Sozialstaat und Beschäftigungskrise* Hamburg: VSA.

Oswalt, Philipp (Hg)(2004) *Schrumpfende Städte*, Ostfildern: Hatje Cantz.

Platon (1973) *Der Staat*, Stuttgart: Kröner.

Polanyi, Karl (1978) *The Great Transformation*, Frankfurt am Main: Suhrkamp.

Postman, Neil (2001) *Die zweite Aufklärung*, Berlin: Berliner Taschenbuch Verlag.

Prantl, Heribert (2005) *Kein schöner Land. Die Zerstörung der sozialen Gerechtigkeit*, München: Knaur.

Priddat, Birger P. (2000) *Arbeit an der Arbeit - Verschiedene Zukünfte der Arbeit*, Marburg: Metropolis.

Priddat, Birger P. (Hg)(1999) *Kapitalismus, Krisen, Kultur*, Marburg: Metropolis.

Rambach, Anne / Rambach, Marine (2001) *Les intellos précaires*, Paris: Fayard.

Rawls, John (1971) *A Theory of Justice*, Cambridge / Massachusetts: Belknap Press of Harvard University Press.

Rawls, John (1993) *Political Liberalism*, New York: Columbia University Press.

Reich, Robert (1993) *Die neue Weltwirtschaft. Das Ende der nationalen Ökonomie*, Berlin:

Ullstein.

Ricardo, David (1959) *Über die Grundsätze der politischen Ökonomie und der Besteuerung*, Berlin: Akademie.

Rifkin, Jeremy (2004) *The end of work*, New York: Penguin.

Ridderstrale, Jonas / Nordström, Kjell A. (2000) *Funky Business. Wie kluge Köpfe das Kapital zum tanzen bringen*, London: Financial Times Prentice Hall.

Rosenblum, Nancy L. / Post, Robert C. (Hg)(2002) *Civil Society and Government*, Princeton: University Press.

Rotz, Rudolf von (1994) *Arbeit. Individuelle Bedürfnisse und organisatorische Effizienz*, Bern: Lang.

Russel, Betrand (2002) *Lob des Müßiggangs*, München: dtv.

Sassen, Saskia (1996) *Losing Control? Sovereignty in an Age of Globalization*, New York: Columbia University Press.

Sassen, Saskia (Hg)(2002) *Global networks, linked cities*, New York: Routledge.

Sassen, Saskia (2003) *De-Nationalization*, Princeton: University Press.

Saul, John Ralston (1994) *The Doubter's Companion. A Dictionary of Aggressive Common Sense*, New York: Free Press.

Saul, John Ralston (1997) *The unconscious civilization*, New York: Free Press.

Sauer, Dieter (2005) *Arbeit im Übergang*, Hamburg: VSA.

Schmidt-Bleek, Friedrich (Hg)(2004) *Der ökologische Rucksack. Wirtschaft für eine Zukunft mit Zukunft*, Stuttgart: Hirzel.

Schui, Herbert / Blankenburg, Stephanie (2002) *Neoliberalismus: Theorie, Gegner, Praxis*, Hamburg: VSA.

Schumpeter, J.A. (1950) *Kapitalismus, Sozialismus und Demokratie*, Bern: Francke.

Schnack, Dieter / Gesterkamp, Thomas (1996) *Hauptsache Arbeit?*, Reinbek: Rowohlt

Schulte, Dieter (1996) *Arbeit der Zukunft*, Köln: Bund.

Seneca (1996) *Über das rechte Leben*, hrsg.v. Gerhard Krüger, 2. Aufl., Heidelberg: C.F. Müller.

Sennett, Richard (2000) *Der flexible Mensch*. 4. Aufl., Berlin: Siedler.

Sennett, Richard (2005) *Die Kultur des neuen Kapitalismus*, Berlin: Berlin-Verl.

Smith, Adam (1776) *The Wealth of Nations*, ed. 1970 Harmondsworth: Penguin Books.

Smith, Adam (1978) *Der Wohlstand der Nationen*, München: dtv.

Simon, Josef (2003) *Kant - Die fremde Vernunft und die Sprache der Philosophie*, Berlin: de Gruyter.

Soros, George (2001) *Die offene Gesellschaft. Für eine Reform des globalen Kapitalismus*, Berlin: Alexander Fest.

Spath, Dieter / Kern, Peter (Hg)(2003) *Office 21. Mehr Leistung für innovative Arbeitswelten*, Stuttgart: Fraunhofer.

Spath, Dieter / u.a. (2005) *e3World. Work, learning, performance - Lernen für die Arbeit von morgen*, Wiesbaden: Universum.

Steinfath, Holmer (Hg)(1998) *Was ist ein gutes Leben? Philosophische Reflexionen*, Frankfurt am Main: Suhrkamp.

Stiglitz, Joseph (2002) *Globalization and its discontents*, New York / London: Penguin.

Strange, Susan (1986) *Casino Capitalism*, Oxford: Basil Blackwell.

Strasser, Johano (1999) *Wenn der Arbeitsgesellschaft die Arbeit ausgeht*, Zürich: Pendo.

Strasser, Johano (2001) *Leben oder Überleben*, Zürich: Pendo.

Taylor, Frederick W. (1911) *The principles of scientific management*, New York: Harper.

Taylor, Charles (1995) *Das Unbehagen an der Moderne*, Frankfurt am Main: Suhrkamp.

Thurow, Lester C. (1996) *The Future of Capitalism*, New York: William Morrow.

Turner, Adair (2001) *Just Capital. The liberal economy*, Oxford: Macmillan.

Tocqueville, Alexis de (1984) *Über die Demokratie in Amerika*, hrsg.v. Jacob P. Mayer, München: dtv.

Voß, G. Günter (Hg)(2001) *tagaus - tagein. Neue Beiträge zur Soziologie alltäglicher Lebensführung*, München: Rainer Hampp.

Waring, Stephen P. (1991) *Taylorism Transformed, Scientific Management Theory since 1945*, Chapel Hill: North Carolina Press.

Weber, Max (1958) *Gesammelte politische Schriften*, Tübingen.

Weber, Max (1981) *Die protestantische Ethik und der Geist des Kapitalismus*, Gütersloh: Mohn.

Wiener Börse (2004) *Einmaleins der Börse*, Wien: Wiener Börse AG.

Williamson, O.E. (1990) *Die ökonomischen Institutionen des Kapitalismus: Unternehmen, Märkte und Kooperationen*, Tübingen: Mohr.

Wolman, William (1998) *Der Verrat an der Arbeit. Ist der Kapitalismus noch vor sich selbst zu retten?* Bern: Scherz.

Wustmans, Hildegard (Hg)(1996) *Arbeit und Menschenwürde*. Bornheim: Ketteler.

Young, Michael (1958) *The Rise of the Meritocracy*, London: Thames and Hudson.

Printed by
CPI books GmbH, Leck